U0232427

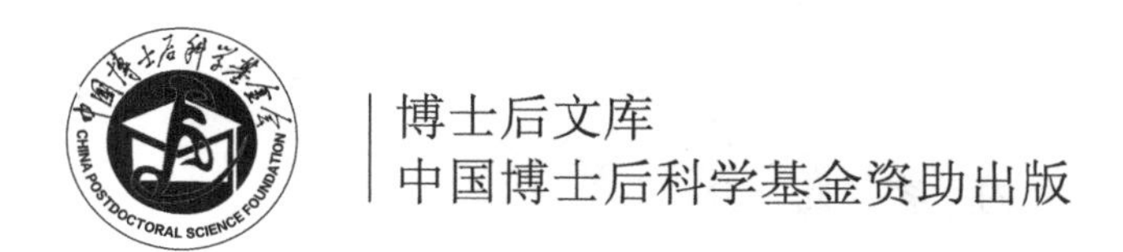

松嫩平原杨树防护林与农田土壤特性差异研究

王文杰　王慧梅　王　琼　武　燕　仲召亮　裴忠雪　著

科学出版社
北　京

内 容 简 介

本书以东北松嫩平原地区为研究对象，于 2012 年分别采集了兰陵、肇东、杜蒙、肇州、富裕、明水 6 个地点的杨树防护林带及其相邻农田土壤样品，并对每个样地的基础数据进行了调查。主要从土壤有机碳截获、土壤肥力、土壤物理性质与化学性质、丛枝真菌特征产物球囊霉素相关土壤蛋白含量及组成、土壤物理化学组分及养分碳截获、土壤矿物 X 射线衍射特征、土壤傅里叶红外线官能团组成、杨树和农田土壤同位素丰度变化及碳周转、土壤孔隙特征及调节效率差异等方面分别探索了杨树防护林与农田的差异。本书共分为 11 章，研究内容将为我国东北地区实行退耕还林政策、“三北”防护林土壤维持功能评价提供科学合理的数据支撑。

本书适合从事植物学、生态学、林学、土壤学等领域的科研工作者和研究生使用。

图书在版编目（CIP）数据

松嫩平原杨树防护林与农田土壤特性差异研究/王文杰等著.
—北京：科学出版社, 2017.1
（博士后文库）
ISBN 978-7-03-050037-3

Ⅰ.①松…　Ⅱ.①王…　Ⅲ. ①松嫩平原–杨树–防护林带–研究
②松嫩平原–农田–土壤–特性–研究　Ⅳ.①S727.24 ②S15

中国版本图书馆 CIP 数据核字(2016)第 231860 号

责任编辑：张会格　夏　梁 / 责任校对：赵桂芬
责任印制：赵　博 / 封面设计：刘新新

科 学 出 版 社 出版
北京东黄城根北街 16 号
邮政编码：100717
http://www.sciencep.com

中煤（北京）印务有限公司印刷
科学出版社发行　各地新华书店经销
*
2017 年 1 月第　一　版　开本：720×1000　B5
2025 年 1 月第三次印刷　印张：13 1/2
字数：251 000
定价：88.00 元
(如有印装质量问题, 我社负责调换)

《博士后文库》编委会名单

《博士后文库》序言

博士后制度已有一百多年的历史。世界上普遍认为，博士后研究经历不仅是博士们在取得博士学位后找到理想工作前的过渡阶段，而且也被看成是未来科学家职业生涯中必要的准备阶段。中国的博士后制度虽然起步晚，但已形成独具特色和相对独立、完善的人才培养和使用机制，成为造就高水平人才的重要途径，它已经并将继续为推进中国的科技教育事业和经济发展发挥越来越重要的作用。

中国博士后制度实施之初，国家就设立了博士后科学基金，专门资助博士后研究人员开展创新探索。与其他基金主要资助“项目”不同，博士后科学基金的资助目标是“人”，也就是通过评价博士后研究人员的创新能力给予基金资助。博士后科学基金针对博士后研究人员处于科研创新“黄金时期”的成长特点，通过竞争申请、独立使用基金，使博士后研究人员树立科研自信心，塑造独立科研人格。经过30年的发展，截至2015年年底，博士后科学基金资助总额约26.5亿元人民币，资助博士后研究人员五万三千余人，约占博士后招收人数的1/3。截至2014年年底，在我国具有博士后经历的院士中，博士后科学基金资助获得者占72.5%。博士后科学基金已成为激发博士后研究人员成才的一颗“金种子”。

在博士后科学基金的资助下，博士后研究人员取得了众多前沿的科研成果。将这些科研成果出版成书，既是对博士后研究人员创新能力的肯定，也可以激发在站博士后研究人员开展创新研究的热情，同时也可以使博士后科研成果在更广范围内传播，更好地为社会所利用，进一步提高博士后科学基金的资助效益。

中国博士后科学基金会从2013年起实施博士后优秀学术专著出版资助工作。经专家评审，评选出博士后优秀学术著作，中国博士后科学基金会资助出版费用。专著由科学出版社出版，统一命名为《博士后文库》。

资助出版工作是中国博士后科学基金会“十二五”期间进行基金资助改革的一项重要举措，虽然刚刚起步，但是我们对它寄予厚望。希望通过这项工作，使博士后研究人员的创新成果能够更好地服务于国家创新驱动发展战略，服务于创新型国家的建设，也希望更多的博士后研究人员借助这颗“金种子”迅速成长为国家需要的创新型、复合型、战略型人才。

中国博士后科学基金会理事长

前　言

东北地区不仅是重要的国有林区，也是国家重要的商品粮基地，作为世界三大黑土区之一的土壤是其重要基础。有别于西部严重干旱问题、西南地区山坡陡峭易引发水土流失问题，我国东北地区地势较为平坦，最重要的问题是土壤质量退化较为严重——土壤有机质锐减、土壤肥力下降及土壤物理性质恶化。这一过程严重影响作物产量，而且导致大量土壤碳排放，加速全球变暖。

中国作为世界上最大的人工造林国家，目前正在实施的重大生态工程包括退耕还林工程和“三北”防护林工程等。退耕还林工程在国家投资2300亿元的基础上，“十二五”期间继续投入2000亿元，巩固现有的成果。2000年至今，东北三省共完成退耕还林面积5400万亩（1亩≈667m^2，下同），其中黑龙江省1500万亩，辽宁省2700万亩，吉林省1200万亩（三省林业厅网站公布）。“三北”防护林工程自1978年开始实施，总实施面积达406.9万km^2，作为重要组成部分的东北地区，已经营建了大量以杨树人工林为主的农田防护林，其在防御自然灾害、保持农田生产量、改善生态环境和维持生态平衡等方面发挥了重大作用。东北地区的大部分农田，特别是松嫩平原区域土壤由于连年耕种，退化严重，杨树防护林建设如何影响土壤性质，是评价我国重大生态工程效益需要考虑的内容。土壤碳库是地上生物量碳、大气碳库的3～4倍，东北黑土区土壤有机碳更为丰富，杨树防护林营建对土壤碳截获和碳汇持久性的影响需要进行系统的对比研究和计算。选择典型地区，进行深入系统的研究，预期成果不仅对于松嫩平原黑土地力生态恢复具有重要的科学意义，而且对于完善我国人工林碳汇监测方法、实现增汇减排、履行国际气候变化公约等具有现实意义。

本书共包括11章。

第1章：在简单介绍东北地区杨树林分现状、价值评估、防护林研究进展及面临的主要威胁的基础上，提出开展本研究的背景、意义及基本学术思路。

第2章：通过对松嫩平原6个地区72对杨树防护林和农田0～20cm、20～40cm、40～60cm、60～80cm、80～100cm土壤样品理化性质（pH、电导率、容重、比重、孔隙度、含水量）、土壤碳（含量与储量）、土壤肥力（N、P、K、碱解N、速效P、速效K）进行测定，确定杨树防护林建设影响土壤哪些性质，发生在哪些土壤层次，不同地点间一致的规律和不一致的规律各是什么，并重点通过相关分析和回归分析探讨不同地点间土壤碳截获产生差异的原因。

第 3～5 章：重点探讨丛枝真菌特征产物——球囊霉素相关土壤蛋白（GRSP）的功能和作用。第 3 章以松嫩平原农田土壤为研究对象，第 4 章以防护林土壤为研究对象，第 5 章以森林自然保护区为对照，对比研究农田、杨树林球囊霉素相关土壤蛋白。球囊霉素相关土壤蛋白是丛枝菌根真菌菌丝分泌的附着有金属离子的糖蛋白，可以有效地调节土壤物理性质的变化及维持土壤有机碳、氮平衡等。通过含量与种类差异、化学组成（官能团、荧光物质、元素组成）的差异研究，确定不同土地利用的影响模式及 GRSP 在调控土壤物理性质、肥力、碳库方面的可能功能，相关结果将为东北地区退化土壤的生态恢复与丛枝真菌作用提供支持。

第 6～9 章：依托土壤物理化学分级组分（颗粒态、易分解、可溶性、沙和团聚体和酸不溶），从碳、氮、磷、钾分布规律（第 6 章）、土壤主要矿物 X 射线衍射特征与功能（第 7 章）、红外官能团农田-杨树差异及功能（第 8 章）、^{13}C 同位素特征及碳周转规律差异（第 9 章）等多角度，阐明杨树防护林营建如何影响土壤碳汇功能、肥力供应及其持久性，探究防护林建设导致土壤性质变化（第 2 章）的深层次原因。

第 10 章：鉴于土壤孔隙特征相关物理性质的重要性，以土壤容重、孔隙度、比表面积和含水量等物理指标为重点，探讨杨树防护林建设的影响程度与方式，并通过协方差分析，确定产生这种变化的土壤有机物（有机碳）、GRSP 和调控效率变化，从物理性质恶化角度提出通过生物恢复提升土壤物理性质的建议与措施。

第 11 章：结论。通过上述十章的研究内容，确定松嫩平原地区杨树防护林与农田土壤特性的具体差异大小与方式，提出针对性建议。

本研究是在作者主持的黑龙江省杰出青年基金（JC201401）、国家自然科学基金（31170575，41373075）及中国博士后科学基金特别资助（201003406）项目的资助下完成的，特致殷切谢意。本书内容部分来自于作者指导的博士、硕士研究生王琼、武燕、仲召亮、裴忠雪的学位论文。全书共 25.1 万字，其中王文杰 5.1 万字，王慧梅 9 万字，王琼、武燕、仲召亮和裴忠雪等 11 万字；最后由王文杰教授和王琼博士负责统稿、定稿。特别感谢中国博士后科学基金对本书出版的资助。此外，限于作者的水平，本书尚存在不足之处，恳请读者批评指正。

王文杰

2016 年 3 月 30 日

目　录

第 1 章　杨树防护林研究进展及开展土壤特性研究的必要性

1.1　我国与农业相关的重大森林生态保护工程

1.1.1　“三北”防护林工程

“三北”防护林工程是指在中国三北地区（西北、华北和东北）建设的大型人工林业生态工程。“三北”防护林体系东起黑龙江宾县，西至新疆的乌孜别里山口，北抵北部边境，南沿海河、永定河、汾河、渭河、洮河下游、喀喇昆仑山脉，包括新疆、青海、甘肃、宁夏、内蒙古、陕西、山西、河北、辽宁、吉林、黑龙江、北京、天津等 13 个省（自治区、直辖市）的 559 个县（旗、区、市），总面积 406.9 万 km^2，约占我国陆地面积的 42.4%。从 1979～2050 年，分三个阶段、七期工程进行，规划造林 5.35 亿亩。到 2050 年，“三北”地区的森林覆盖率将由 1977 年的 5.05%提高到 15.95%。工程规划期限为 70 年，目前正式启动第五期工程建设。

“三北”防护林总体规划要求：在保护好现有森林草原植被的基础上，采取人工造林、飞机播种造林、封山封沙育林育草等方法，营造防风固沙林、水土保持林、农田防护林、牧场防护林及薪炭林和经济林等，形成乔、灌、草植物相结合，林带、林网、片林相结合，多种林、树合理配置，农、林、牧协调发展的防护林体系。“三北”防护林体系工程，其规模和速度超过美国的“罗斯福大草原林业工程”、前苏联的“斯大林改造大自然计划”和北非五国的“绿色坝工程”，在国际上被誉为“中国的绿色长城”、“生态工程世界之最”，1987 年被联合国环境规划署评为“全球环境保护先进单位”。

“三北”工程建设之初是为了从根本上改变“三北”地区的生态面貌，改善人们的生存条件，促进农牧业稳产高产，维护粮食安全，把农田防护林作为工程建设的首要任务，集中力量建设平原农区的防护林体系，已经取得了显著的生态与社会效益。在风沙治理方面：从新疆到黑龙江的风沙危害区营造防风固沙林 1 亿多亩，使 20%的沙漠化土地得到有效治理，沙漠化土地扩展速度由 20 世纪 80 年代的 2100km^2 下降到 1700km^2。辽宁、吉林、黑龙江、北京、天津、山西、宁夏 7 个省（自治区、直辖市）结束了沙进人退的历史，拓宽了沙区广大人民的生存区域。重点治理的科尔沁、毛乌素两大沙地使其森林覆盖率分别达到 20.4%和 29.1%，不仅实现了土地沙漠化逆转，而且进入综合治理、综合开发的新阶段。赤峰市治理开发沙地 2100 万亩，占沙化土地的 58%；榆林沙区森林覆盖率已由 1977 年的 18.1%上升到 38.9%，沙化土地治理度达 68.4%（http://baike.baidu.com/view/695089.htm）。在水土流失治理方面：在黄土高原和华北山地等重点水土流失区，坚持山、水、田、林、路统一规划，生物措施与工程措施相结合，按山系、分流域综合治理，营造水保林和水源涵养林 723 万 hm^2，水土流失治理面积由工程建设前的 5.4 万 km^2 增加到现在的 38.6 万 km^2，局部地区的水土流失得到有效治理。重点治理的黄土高原造林 779.1 万 hm^2，新增水土流失治理面积 15 万 km^2，使黄土高原水土流失治理面积达到 23 万 km^2 以上，近 50%的水土流失面积得到不同程度的治理，水土流失面积减少 2 万 km^2 以上，土壤侵蚀模数大幅度下降，每年入黄泥沙量减少 3 亿 t 以上（http://baike.baidu.com/view/695089.htm）。在农区防护林方面：农田防护林作为改善农业生产条件的一项基础设施，人们始终将其放在“三北”防护林体系优先发展的地位，共营造农田防护林 3600 多万亩，有 3.23 亿亩农田实现林网化，占“三北”地区农田总面积的 65%。平原农区实现了农田林网化，一些低产低质农田变成了稳产高产田。“三北”地区的粮食单产量由 1977 年的 118kg/亩，提高到 2007 年的 311kg/亩，总产量由 0.6 亿 t 提高到 1.53 亿 t（http://baike.baidu.com/view/695089.htm）。在森林资源培育方面：“三北”防护林体系建设使“三北”地区的森林资源快速增长，木材及林产品产量不断增加，改变过去缺林少木的状况。截至 2012 年，“三北”地区活立木蓄积量达 10.4 亿 m^3，年产木材 655.6 万 m^3，不仅使民用材自给有余，而且带动了木材加工业和乡镇企业、多种经济的发展。“四料”（燃料、肥料、饲料、木料）俱缺的状况已有很大改变，特别是已建成了 1870 万亩薪炭林，加上林木抚育修枝，解决了 600 万户农民的燃料问题。营造的牧防林保护了大面积草场，营造的 7500 万亩灌木林和上亿亩杨、柳、榆、槐树的枝叶为畜牧业提供了丰富的饲料资源，“三北”地区牲畜存栏数和畜牧业产值成倍增长（http://baike.baidu.com/view/695089.htm）。在经济与社会发展方面：林业的发展不仅改善了生态环境，也促进了农村经济的发展，“三北”地区将资源优势转变为经济优势，已发展经济林 5670 万亩，建设了一批名、特、优、新果品基地，年产干鲜果品 1228 万 t，比 1978 年前增长了 10 倍，总产值达 200 多亿元。甘肃省林果业已发展成为全省农村经济的重要支柱之一，1997 年全省农民人均林果业收入达 300 元，占收入的 25%，有 41 个县的林果特产税收入超过 100 万元。河北省张家口市大力发展经济林，林业产值由 9000 万元增加到 3 亿元，有 240 个村、15 万户农民靠林果业实现了脱贫致富（http://baike.baidu.com/view/695089.htm）。

目前存在的主要问题包括：投入相对较少问题，“三北”工程东西横跨近9000里（1里=500m），担负着北拒八大沙漠、四大沙地，内保黄土高原、华北平原，南护北京、天津等地的重要任务，尽管国家投资数百亿元，但是仍然不及京沪高铁总投入的1/20。后续管护问题，部分工程区生态环境恶化得到控制后，人们对于防护林的保护意识变得淡薄，甚至出现故意毁坏的行为。例如，2013年2月底，内蒙古赤峰敖汉旗牛古吐乡所辖村镇有人举报，称该地近几年陆续出租、卖了几万亩用于防沙固沙林的柠条。该地所属的大五家村于2011年4月与山西王姓商人签订合同，将村里的9000多亩柠条地转给其承包，每亩200元，时间70年，每年转让价格2.84元/亩（http://baike.baidu.com/view/695089.htm）。更新换代问题，“三北”防护林是我国北方重要的绿色生态屏障，但是部分林木已经进入过熟期阶段，防护林的生态功能和防护效益明显下降，需要根据以往的失败和成功经验，并针对现在的生态环境问题，提出更新换代的造林树种、造林方式和方法等。

自 1978 年开始，东北地区主要以杨树人工林作为农田防护林来防御自然灾害、维护基础设施、保护生产、改善环境和维持生态平衡等，发挥其最大的防风、固沙、保持水土和调节径流的作用，起到维持东北地区国家粮仓的作用。截至 2007 年，我国杨树人工林总面积已达 700 万 hm^2（方升佐，2008），杨树人工林在防风固沙、保持水土、降低噪声、植物修复、废水再利用、碳固定及减轻全球温室效应等方面发挥了非常重要的作用。

1.1.2　退耕还林工程

退耕还林工程始于1999年，是迄今为止我国政策性最强、投资量最大、涉及面最广、群众参与程度最高的一项生态建设工程，也是最大的强农惠农项目，仅中央投入的工程资金就超过4300多亿元，是迄今为止世界上最大的生态建设工程。工程建设范围包括北京、天津、河北、山西、内蒙古、辽宁、吉林、黑龙江、安徽、江西、河南、湖北、湖南、广西、海南、重庆、四川、贵州、云南、西藏、陕西、甘肃、青海、宁夏、新疆等25个省（自治区、直辖市）和新疆生产建设兵团，共1897个县（含市、区、旗）。根据因害设防的原则，按水土流失和风蚀沙化危害程度、水热条件和地形地貌特征，将工程区划分为10个类型区，即西南高山峡谷区、川渝鄂湘山地丘陵区、长江中下游低山丘陵区、云贵高原区、琼桂丘陵山地区、长江黄河源头高寒草原草甸区、新疆干旱荒漠区、黄土丘陵沟壑区、华北干旱半干旱区、东北山地及沙地区。同时，根据突出重点、先急后缓、注重实效的原则，将长江上游地区、黄河上中游地区、京津风沙源区及重要湖库集水区、红水河流域、黑河流域、塔里木河流域等地区的856个县作为工程建设重点县（http://baike.baidu.com/view/2886872.htm）。

退耕还林的现行政策规定主要有：①国家无偿向退耕农户提供粮食、生活费补助。粮食和生活费补助标准为：长江流域及南方地区每公顷退耕地每年补助粮食（原粮）2250kg；黄河流域及北方地区每公顷退耕地每年补助粮食（原粮）1500kg。从 2004 年起，原则上将向退耕户补助的粮食改为现金补助。中央按每千克粮食（原粮）1.40 元计算，包干给各省（自治区、直辖市）。具体补助标准和兑现办法，由各地政府根据当地实际情况确定。每公顷退耕地每年补助生活费 300 元。粮食和生活费补助年限，1999～2001 年还草补助按 5 年计算，2002 年以后还草补助按 2 年计算；还经济林补助按 5 年计算；还生态林补助暂按 8 年计算。尚未承包到户和休耕的坡耕地退耕还林的，只享受种苗造林费补助。退耕还林者在享受资金和粮食补助期间，应当按照作业设计和合同的要求在宜林荒山荒地造林。②国家向退耕农户提供种苗造林补助费。种苗造林补助费标准按退耕地和宜林荒山荒地造林每公顷 750 元计算。③退耕还林必须坚持生态优先。退耕地还林营造的生态林面积以县为单位核算，不得低于退耕地还林面积的 80%。对超过规定比例的多种经济林只给予种苗造林补助费，不补助粮食和生活费。④国家保护退耕还林者享有退耕地上的林木（草）所有权。退耕还林后，由县级以上人民政府依照《中华人民共和国森林法》、《中华人民共和国草原法》的有关规定发放林（草）权属证书，确认所有权和使用权，并依法办理土地用途变更手续。⑤退耕地还林后的承包经营权期限可以延长到 70 年。承包经营权到期后，土地承包经营权人可以依照有关法律、法规的规定继续承包。退耕还林地和荒山荒地造林后的承包经营权可以依法继承、转让。⑥资金和粮食补助期满后，在不破坏整体生态功能的前提下，经有关主管部门批准，退耕还林者可以依法对其所有的林木进行采伐。⑦退耕还林所需前期工作和科技支撑等费用，国家按照退耕还林基本建设投资的一定比例给予补助，由国务院发展计划部门根据工程情况在年度计划中安排。退耕还林地方所需检查验收、兑付等费用，由地方财政承担。中央有关部门所需核查等费用，由中央财政承担。⑧国家对退耕还林实行省、自治区、直辖市人民政府负责制。省、自治区、直辖市人民政府应当组织有关部门采取措施，保证按期完成国家下达的退耕还林任务，并逐级落实目标责任，签订责任书，实现退耕还林目标（http://baike.baidu.com/view/2886872.htm）。

1999～2004 年，国家共安排退耕还林任务 1916.55 万 hm^2，其中退耕地造林 788.62 万 hm^2，宜林荒山荒地造林 1127.93 万 hm^2。2000～2004 年，中央累计投入 748.03 亿元，其中种苗造林补助费 143.74 亿元，前期工作费 1.21 亿元，生活费补助 62.85 亿元，粮食补助资金 540.23 亿元。主要建设成效包括：①水土流失和土地沙化治理步伐加快，生态状况得到明显改善。退耕还林工程的实施，使我国造林面积由以前的每年 400 万～500 万 hm^2 增加到连续 3 年超过 667 万 hm^2，2002 年、2003 年、2004 年退耕还林工程造林分别占全国造林总面积的 58%、68%和 54%，西部一些省区占到 90%以上。退耕还林调整了人与自然的关系，改变了农民广种薄收的传统习惯，工程实施大大加快了水土流失和土地沙化治理的步伐，生态状况得到明显改善。据长江水利委员会环境监测报告，2003 年长江上游宜昌站年输沙量减少 80%，主要支流的输沙量低于多年平均值。②大大加快了农村产业结构调整的步伐。过去，山区、沙区干部群众明知坡耕地和沙化耕地种粮产量低，有调整结构的愿望，但调整后短期内没有生计来源，导致结构调整缓慢。退耕还林给农村调整产业结构提供了一个较长的过渡期，为农业产业结构调整提供了良好机遇。各地把退耕还林作为解决“三农”问题的重要措施，合理调整土地利用和种植结构，因地制宜地推行生态林草、林果药、林竹纸、林草畜及林经间作、种养结合、产业配套等多种开发治理模式，大力发展生态产业和循环经济，促进了农业产业结构调整。③保障和提高了粮食综合生产能力。退耕还林后，由于生态状况的改善、生产要素的转移和集中，农业生产方式由粗放经营向集约经营转变，工程区及中下游地区农业综合生产能力得到保障和提高。同时，退耕还林调整了土地利用结构，把不适宜种植粮食的耕地还林，有利于促进农、林、牧各业协调发展；退耕还林还发展了大量的水果、木本粮油等林木资源，培育了丰富的牧草资源，不仅能增加食物的有效供给，还能调整和优化食物结构。④较大幅度增加了农民收入。一是国家粮款补助直接增加了农民收入。到 2004 年年底，退耕还林工程已使 3000 多万农户、1.2 亿农民在国家补助粮款中直接受益，农民人均获得补助 600 多元。由于退耕还林营造的经济林木目前绝大部分还没有进入盛果期，再过几年，退耕还林对农民增收的贡献将越来越大（http://baike.baidu.com/view/2886872.htm）。

退耕还林项目作为一个国家的政策被实施以来，为了生态环境恢复的目标，在中国东北已经退耕了 360 万 hm^2（2011 年黑龙江省 100 万 hm^2，吉林省 80 万 hm^2，辽宁省 180 万 hm^2，数据来源于省级林业管理部门）（Liu et al.，2008；Zhang et al.，2000）。作为世界三大黑土区之一的中国东北部是我国重要的商品粮生产基地（Liu et al.，2010），它的森林资源对于木材生产和生态服务而言非常重要（Li，2004）。同中国西部干旱地区和西南部的陡峭地区的水土流失问题相反的是（陈光升等，2008），严重的土壤退化和粮食生产力减少是中国东北部最大的挑战（Liu et al.，2010）。此外，土壤有机碳（soil organic carbon，SOC）的释放加速了全球变暖（Piao et al.，2009）。退耕还林工程在东北地区实施以来，到目前为止仅有有限的数据是关于可能的土质提升和有机碳储存（Wang et al.，2011b）。土壤质量对于通过植被评估农田林地对土壤资源的影响是非常重要的（Lal，2004a；Stockmann et al.，2013）。

1.2　东北地区杨树林现状、价值及研究进展

1.2.1　东北地区杨树面积、蓄积量与生态价值

杨树作为一种主要的造林树种，在我国东北的造林面积达 667 万 hm^2（Zhao，2002；Zhu，2013）。表 1-1 列出了东北三省（黑龙江省、吉林省和辽宁省）杨树林的面积、蓄积量和碳储量等信息。相比于全国杨树林的数据，东北三省杨树林的面积和蓄积量的百分比分别是 20.89%和 27.86%，东北三省杨树林平均蓄积量和碳密度分别是全国杨树林蓄积量和碳密度平均值的 1.25 倍和 1.12 倍。

表 1-1　我国东北杨树林面积、蓄积量和碳储量（贾黎明等，2013）

Table 1-1　Poplar forest area，volume and carbon storage in NE China

相关指标	林型	黑龙江	吉林	辽宁	东北三省总计	全国总计	东北三省占全国比例
面积/（$\times10^4hm^2$）	杨树林	122.45	52.61	35.92	210.98	1 010.26	20.89%
	天然林	58.74	13.04	0.94	72.72	253.03	28.74%
	人工林	63.71	39.57	34.98	138.26	757.23	18.26%
蓄积量/（$\times10^4m^3$）	杨树林	9 352.04	4 403.45	1 552.59	15 308.10	54 939.14	27.86%
	天然林	5 315.90	1 841.30	94.01	7 251.21	20 904.27	34.69%
	人工林	4 036.14	2 562.15	1 458.58	8 056.87	34 034.90	23.67%
平均蓄积量/（m^3/hm^2）	杨树林	76.37	83.70	43.22	67.76	54.38	1.25 倍
	天然林	90.50	141.2	100.01	110.57	82.62	1.34 倍
	人工林	63.35	64.75	41.70	56.60	44.98	1.26 倍
碳储量/t	杨树林	38.16	17.31	8.35	63.82	261.84	24.37%
	天然林	20.28	6.08	0.35	26.71	82.62	32.33%
	人工林	17.88	11.23	8.01	37.12	179.22	20.71%
碳密度/（t/hm^2）	杨树林	31.16	32.91	23.26	29.11	25.92	1.12 倍
	天然林	34.53	46.63	36.80	39.32	32.65	1.20 倍
	人工林	28.06	28.39	22.89	26.45	23.67	1.12 倍

注：平均蓄积量是每公顷的蓄积量，是平均值，碳密度同理

1978 年，“三北”防护林工程在中国的华北、东北和西北启动，主要目的是保护农田免受风沙的侵蚀，被称为“绿色万里长城”。在中国东北，防护林的覆盖面积已从 5%升高到 15%，农田防护林选择的主要树种是杨树（Zhao，2002；Zhu，2013），东北三省全部的杨树林面积是 138.26 万 hm^2，其中防护林的面积占整个杨树林面积的 31.0%。较大比例的防护林面积分布在黑龙江（21.53 万 hm^2）和吉林（17.08 万 hm^2）两省（表 1-2）。

表 1-2　东北三省防护林长度、面积和比例（郑晓和朱教君，2013）

Table 1-2　Shelterbelt forest length，area in NE China and comparison with whole China data

东北三省	防护林长度/万 km	防护林面积/万 hm^2	全部杨树林面积/万 hm^2	防护林占全部杨树林面积比例/%
黑龙江	9.93	21.53	63.71	33.80
吉林	7.88	17.08	39.57	43.20
辽宁	1.97	4.27	34.98	12.20
总计	19.78	42.88	138.26	31.00

以吉林省西部地区杨树人工林 105.35 万 hm^2 为例进行经济价值、生态价值和社会价值估算发现（表 1-3），总价值达 2840.07 亿元，平均每年为 113.60 亿元。其中，产生的经济效益共 223.59 亿元，生态效益共 2501.48 亿元，社会效益共 115 亿元，经济效益：生态效益：社会效益= 1.94：21.75：1.00。可见，其生态效益远远大于经济效益和社会效益，而在生态效益中，制氧与固碳所产生的生态效益最大，分别为 1171.4 亿元和 716.18 亿元。

表 1-3　杨树林经济价值、生态价值和社会价值分配表（高峻崇，2010）

Table 1-3　Economic，ecological and social values allocations of poplar forests in western Jilin Province

分类	项目	价值/亿元	百分比/%	百分比小计/%
经济效益	林地出租	90.61	3.20	7.90
	立木材积	122.65	4.30	
	立木剩余物	10.33	0.40	
生态效益	减少土壤侵蚀	67.58	2.40	88.10
	肥力流失	264.63	9.30	
	森林育土	2.94	0.10	
	改善农业小气候	184.25	6.50	
	防治风沙灾害	90.00	3.20	
	固碳	716.18	25.20	
	制氧	1171.40	41.20	
	滞尘	4.50	0.20	
社会效益	增加就业	47.25	1.60	4.00
	防灾减灾	67.75	2.40	
总计		2840.07	100.00	

1.2.2　东北防护林对土壤影响及功能研究进展

防护林对土壤微生物和土壤动物的影响：相比于农田，杨树防护林中土壤微生物相关参数土壤微生物量碳（MBC）和氮矿化速率（PNM）分别有 22.00%和 41.67%的下降，而代谢熵 qCO_2 有 26.35%的升高（表 1-4）。农田造林也影响了土壤动物的数量，土壤动物的生物特性和生活习惯在土壤养分循环和评估土壤质量方面扮演着重要的角色，有一些土壤动物在农田和杨树林中均广泛存在，还有的土壤动物（金龟子科幼虫）在杨树林中的数量很大，而在农田中数量稀少（表 1-4）。

表 1-4　杨树防护林对土壤微生物和土壤动物的影响

Table 1-4　Influences on soil microbes and soil animals from shelterbelt poplar forests

相关指标	农田	杨树林
土壤微生物（Mao and Zeng，2010）		
微生物量碳/(μg/g)	200	156
N 矿化潜力/[μg N/(g·d)]	0.60	0.35
代谢熵 qCO_2/[mg C/(g MBC·h)]	3.15	3.98
土壤动物（数量）（殷秀琴等，2003）		
辐螨亚目 Actinedida	508（+++）	58（++）
革螨亚目 Gamasida	325（+++）	62（++）
甲螨亚目 Oribatida	102（++）	59（++）
蚁科 Formicidae	97（++）	148（+++）
金龟子科幼虫 Scarabaeidae	1（+）	237（+++）
节跳虫科 Isotomidae	36（++）	5（+）
鞘翅目 Coleoptera	38（++）	0
隐翅虫科 Staphylinidae	1（+）	12（++）
叶蝉科 Jassidae	2（+）	9（++）
步甲科 Carabidae	17（++）	20（++）
鞘翅目幼虫 Coleoptera	21（++）	9（++）
双翅目幼虫 Diptera	4（+）	23（++）
蝉总科 Cicadidae	0	28（++）

注：+++ 表示土壤动物的优势群，百分比超过 10%；++ 表示普通群，1%～10%；+ 表示稀有群，少于 1%

杨树防护林的生态保护功能：研究多集中在防风、气候调节、土壤水分、土壤物理性质与土壤侵蚀控制，特别是提升农业生产力方面（表 1-5）。在改变土壤有机碳和氮的储量（Mao and Zeng，2010；Mao et al.，2010；Bai et al.，2008），以及土壤微生物量和微生物活性（Mao and Zeng，2010）方面也开展了系列工作，为进一步研究奠定了良好基础。

杨树防护林目前面临的主要威胁是病害和虫害（表 1-6）。我国东北杨树林病害和虫害都非常严重，发生病害和虫害的林地面积已达 80%以上（Liu et al.，2004）。杨树烂皮病和杨树溃疡病是杨树林遭受的主要病害，主要危害的是杨树的茎干部分，发病率可高达 50%～100%，发病地区主要在我国东北、华北和西北地区。杨树黑斑病、杨树灰斑病和杨树锈病主要发生在春秋两季，主要危害杨树的叶子和嫩梢，从而造成叶子过早脱落。有关病害的致病菌名称列于表 1-6 中。

表 1-5　杨树防护林的生态防护功能（代力民等，2000；范志平和余新晓，2002；仲召亮等，2015；Fan et al.，2002）

Table 1-5　Ecological functions of poplar shelterbelt forests in published papers

分类	功能描述
防风效益	造林后风速降低 20%
温度调节效应	杨树林带在春、秋、冬季能增加温度 1～3℃，而在夏季能降低温度 6～10℃
空气湿度调节效应	林网内相对湿度较空旷地高 6%～10%
土壤水分	杨树防护林使土壤含水量降低 7.4%，而在 5～6 月土壤含水量升高 1.79%～3.45%
土壤物理性质的改善	和附近的农田相比，杨树防护林的营建使土壤孔隙度增加 4.8%，土壤容重降低 4.3%
土壤侵蚀控制	当植被盖度达到 60%～70%时，可减少土壤侵蚀量 90%以上，且效果稳定
农业生产的改善	造林后玉米、水稻、大豆和小麦的产量提高了13%～26%。光合作用提高了18.9%～51%

表 1-6　我国东北杨树林面临的病害和虫害（金传玲，2004；曹晓冬等，2005；赵长凯等，2012；Wu and Wang，2016）

Table 1-6　Poplar afforestation facing diseases and insects in NE China

主要攻击的部位	症状	病原菌或昆虫的拉丁名	疾病发生时期
病害			
茎干和大的枝条	杨树溃疡病	*Botryosphaeria dothidea*，*Dothiorella gregaria*	4～5 月
	杨树烂皮病	*Valsa sordida*，*Cytospora chrysosperma*	4～5 月，9 月
叶片、叶柄和嫩梢	杨树黑斑病	*Marssonina pupoli*	7～8 月
	杨树灰斑病	*Mycosphaerella mandshurica*	5～6 月
	杨树锈病	*Melampsora pruinosae*	春季
虫害			
叶子	幼虫危害	*Lymantria dispar*，*Leucoma salicis*，*L. candida*，*Cerura menciana*，*Clostera anachoreta*，*Snerinthus planus*，*Cnidocampa flavescens*，*Parasa consocia*，*Bhima idiota*，*Gastropcha populifolia*，*Leucoptera susinella*，*Phyllocnistis saligna*，*Zeugophora scutellaris*，*Pristiphora conjugata*，*Messa taianensis*，*Buprestis confluenta*	整个生长季节
茎干和枝条	成虫危害	*Parnops glasunowi*，*Byctiscus princeps*，*B. befulae*，*Cicadella viridis*，*Serica orientalis*	整个生长季节
	幼虫和成虫危害	*Chrysomela populi*，*Ch. salicivorax*，*Ch. vigintipunctata*，*Agelastica alni*	整个生长季节
	若虫危害	*Lepidosaphes salicina*，*Quadraspidiotus gigas*	全年
	幼虫危害	*Paranthrene tabanifomis*，*Phassus excrescens*，*Cryptorrhynchus lapathi*，*Saperda populnea*，*Anoplophora glabripennis*，*Xylotrechus rusticus*，*Cossus cossus*，*Holcocerus insularis*	整个生长季节
苗圃	幼虫和成虫危害	*Paranthrene tabanifomis*，*Phassus excrescens*，*Cryptorrhynchus lapathi*，*Saperda populnea*，*Anoplophora glabripennis*，*Xylotrechus rusticus*，*Cossus cossus*，*Holcocerus insularis*，*Anomala corpulenta*，*Xylinophorus mongolicus*	整个生长季节

杨树的虫害主要包括三类，分别危害杨树叶子、杨树茎干和杨树苗圃。危害杨树叶子的害虫由于不断地吃杨树的叶子而导致杨树生长缓慢，如舞毒蛾（*Lymantria dispar*）、柳毒蛾（*Leucoma salicis*）、杨毒蛾（*L. candida*）、杨双尾舟蛾（*Cerura menciana*）、杨扇舟蛾（*Clostera anachoreta*）和蓝目天蛾（*Snerinthus planus*）等。伤害杨树茎干的虫害发生的概率可达 50%，但因其隐藏在茎干的内部，所以很难防治，这类害虫包括柳蛎盾蚧（*Lepidosaphes salicina*）、杨笠圆盾蚧（*Quadraspidiotus gigas*）。以幼虫危害干部的有：白杨透翅蛾（*Paranthrene tabanifomis*）、柳蝙蛾（*Phassus excrescens*）、杨干象（*Cryptorrhynchus lapathi*）、青杨天牛（*Saperda populnea*）、光肩星天牛（*Anoplophora glabripennis*）、青杨虎天牛（*Xylotrechus rusticus*）、蒙古木蠹蛾（*Cossus cossus*）等。还有一些幼虫和成虫能够危害苗圃，主要包括铜绿丽金龟（*Anomala corpulenta*）和蒙古象甲（*Xylinophorus mongolicus*）等（金传玲，2004）。有关杨树虫害的更多细节描述见表 1-6。

如何防治杨树的病虫害一直是人们探索和研究的课题。用化学方法来防治病虫害已经被广泛采用，大量针对特定的昆虫和病原菌的药物的利用也取得了很好的效果（金传玲，2004；曹晓冬等，2005；赵长凯等，2012；Wu and Wang，2016）。然而，化学杀虫剂的过度利用会极大地污染环境，所以，需要采用生物的方法来防治病虫害。但是，到目前为止，关于用生物学的方法来防治杨树病虫害的报道还很少。

1.3　松嫩平原概况与土壤功能重要性

1.3.1　松嫩平原基本概况与土壤退化

松嫩平原是东北平原的组成部分。位于大小兴安岭与长白山山脉及松辽分水岭之间，主要由松花江和嫩江冲积而成。松嫩平原地跨黑龙江省和吉林省，西以景星—龙江朱家坎—甘南太平湖一线与大兴安岭相接，东部及东北部以科洛河—七星泡—小兴安岭—南北河西—铁力—巴彦龙泉镇与小兴安岭为界，东南是龙凤山—五常安家—阿城亚沟—滨西以东与东部山地为界，南达松辽分水岭，整个平原呈菱形。由于受地质历史时期地壳抬升的影响，地势较高，除哈尔滨—齐齐哈尔—白城的三角形地区外，海拔多在 200～250m。本研究所选区域海拔集中在 150～200m，地理位置 121°40′～128°30′E，42°30′～51°20′N，总面积 17.6 万 km^2，其中耕地面积 5.6 万 km^2。该区属于温带季风性气候，年平均气温 4℃左右，年降水量 350～500mm。

松嫩平原上分布有嫩江、讷河、依安、五大连池、北安、海伦、绥化、望奎、青冈、明水、富裕、林甸、齐齐哈尔、龙江、大庆、安达、肇东、哈尔滨、五常、宾县、巴彦、木兰、长春、吉林、扶余、德惠、榆树、农安、蛟河、松原等 37 个县市。

松嫩平原在大地构造上属新华夏构造体系第二沉降带北部，亦称松辽断陷。燕山运动以后，形成一地堑式盆地，四周为断裂所限，东西两侧为海西褶皱带，中部为地台构造，已具现代地貌的雏形。松嫩平原区内第四纪地层的厚度及分布情况：山前台地区以冲积洪积层为主，厚 10～100m，多数为 10～20m。冲积平原区以冲积、湖积物为主，沼泽、风积次之，第四系最厚可达 100～150m，一般为 40～60m，东部薄，西部厚，在齐齐哈尔至杜尔伯特之间厚度达 150m。岩相的变化：由山地边缘台地区过渡到平原中部，由砂、砂砾石或粘土夹碎石逐渐变为粘土或黄土状亚粘土，下部为细砂，底部为砂、砾石。

松嫩平原占黑龙江省面积的 1/3 以上，其中耕地面积 559 万 hm^2。土壤肥沃，黑土、黑钙土占 60%以上。松嫩平原中南部地区广泛发育着黑钙土，有机质含量 4%～8%。腐殖质组成以胡敏酸为主，代换性盐基离子以钙、镁为主，属盐基饱和土壤，土壤 pH 为微碱性。作为世界三大黑土区之一的松嫩平原，盛产大豆、小麦、玉米、甜菜、亚麻、马铃薯等，是黑龙江省和国家的重要商品粮基地，粮食商品率占 30%以上；草场集中，包括齐齐哈尔、甘南、龙江、泰来、杜尔伯特、富裕、林甸、大庆、安达、肇东、肇州、肇源等县市境内草场，约 200 余万 hm^2，以羊草、小叶樟、野豌豆、星星草等优势种组成的一等、二等、三等草场面积占 76%，畜牧业发达。石油资源丰富，有全国最大的原油生产基地和全国著名的大庆油田。松嫩平原粮食产量占东北地区粮食总产量的 47.11%，占全国粮食总产量的 11.89%（杨飞等，2013）。

农业生产和化肥施用结构的长期不合理等已经导致东北黑土地日趋板结、可耕性变差。东北黑土地原来有 1m 厚土层，现在只有 40～60cm，松辽平原上一锹下去见黄土的“破皮黄”地已经有很多，而普遍认为现在的退化速度是 1cm/年，如果再不注意提高耕地质量，农业可持续发展将受到严重威胁。我们综合不同学者的研究结果计算得出的土壤有机碳损失速率、土壤氮损失速率和土壤容重增加速率如图 1-1 所示。开发近 50 年来土壤有机碳年损失速率为 235.8g/（m^2·年），氮损失速率为 20.3g/（m^2·年），而容重增加速率为 8.3mg/（cm^3·年）（图 1-1）。土壤肥力缺失，目前通过大量施肥，能够得到补充，但土壤物理性质恶化的恢复更加困难。

1.3.2　退化土壤造林改良土壤的重要性

全球土壤碳库是生物碳库的 4 倍，大气碳库的 3 倍（Lal，2004b），土壤碳库可视为大气 CO_2 的重要源和汇（Trumbore，1997），其储量的任何变化都将在很大程度上改变大气 CO_2 浓度和影响全球碳平衡（Jenkinson et al.，1991；Tao et al.，2008）。目前，世界各国都在研究通过增加土壤碳截获来缓解本国 CO_2 的减排压力，特别是退化农田营建人工林被认为有可能在生物量和土壤碳累积两方面起到增汇作用。

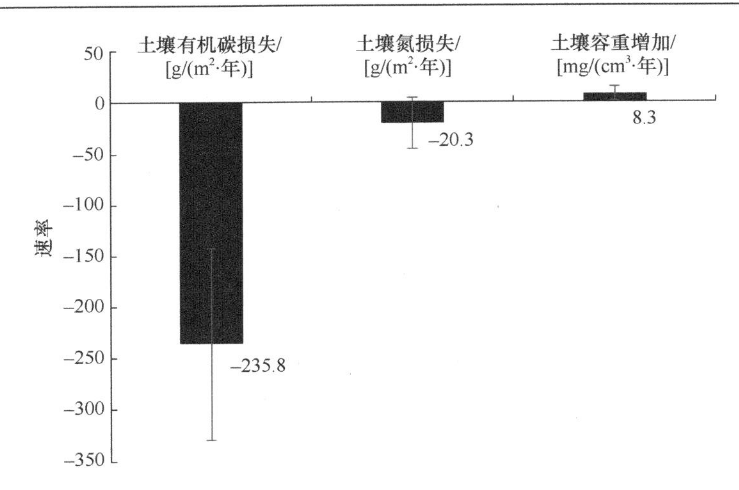

图 1-1　农业开发导致土壤有机碳、氮和容重的变化速率（Wang et al.，2011a）
Fig. 1-1　Changing rates of SOC，N，and bulk density owing to agricultural development

碳截获的重要性：造林对土壤有机碳储量的影响依赖于当地环境条件和造林实践过程，不同的研究者对造林所引起的有机碳的变化有不一致的结论。有人认为，造林能增加（Resh et al.，2002；Lemma et al.，2006；Hernandez-Ramirez et al.，2011；Wang et al.，2011b；Wei et al.，2012b）或减少有机碳的积累（Zhao et al.，2007；Mao and Zeng，2010；Farley et al.，2004）；也有研究认为，造林后有机碳储量在初期会下降，然后才开始积累（Jug et al.，1999）。由于这些矛盾，需要更多的研究来评估在废弃的农田上造林后有机碳的变化规律，并寻找影响有机碳截获的主导因子，为人工林经营管理及碳汇功能评价奠定基础。松嫩平原防护林拥有栽种年限长（＞30 年）及毗邻农田的特点（郑晓等，2013），这使得防护林成为研究退耕还林对土壤性质造成的影响的理想配对样地。由于有机碳的组分也与土壤碳截获的持久性直接相关，因此对不同组分的区分能够增强对土壤碳累积的有效性和机理的理解（Six and Jastrow，2002）。通过对不同有机碳组分进行分离，确定不同组分碳截获量，一方面可以判断土壤碳储量发生变化的原因，另一方面可以根据不同组分易分解性差异，确定退耕所导致的碳截获变化是否具有持久性，对于科学认识土壤碳截获功能具有重要意义。

土壤肥力的重要性：人们在关注造林后土壤碳截获潜力的同时，造林所引起的土壤理化性质及土壤肥力变化也是很多学者考察的重点。快速生长的人工林相比其他植被类型需要更多的土壤养分（Mendham et al.，2003；Merino et al.，2004；Zhang et al.，2004）。人工林的快速生长对土壤肥力产生了负面的影响（Nosetto et al.，2012）。由于地上生物量的生长吸收大量的养分而归还土壤的养分相对过少，土壤肥力降低（Berthrong et al.，2009b）。但也有研究得出不一样的结论，认为在贫瘠的土壤上造林能改善土壤肥力，并受树种、林分组成、林龄及林分生产力的影响（Bhojvaid and

Timmer，1998；Singh et al.，2004）。同时，这种土地利用的变化也会使土壤的理化特性发生很大改变（Barré，2009；Drever and Vance，1994；Farley et al.，2005；Hinsinger et al.，1992；Jobbágy and Jackson，2004；Pernes-Debuyser et al.，2003；Velde and Peck，2002；Verboom and Pate，2006）。研究造林后土壤肥力和理化性质的变化，以及与有机碳变化的内在关系是我们综合评价造林生态效益的关键。

土壤真菌的重要性：陆地上 90%以上的植物都能够与丛枝菌根真菌（arbuscular mycorrhizal fungi，AMF）建立共生关系（Li and Feng，2001），从而提高植物在逆境中的生存能力。AMF 入侵植物以后，一方面根外菌丝可以在土壤中形成庞大的菌丝网络（Song et al.，2000）；另一方面还能通过分泌物调节土壤结构（Rillig，2004），进行物质和信息传递（Graves et al.，1997）。美国马里兰大学的 Wright 和 Upadhyaya 在 121℃高温下用 20mmol/L 的柠檬酸钠溶液从 AMF 菌丝表面提取了一种能够和单克隆抗体 MAb32B11 发生免疫性荧光反应的未知蛋白，并发现此蛋白非常稳定，难溶于水，只有用偏碱性的柠檬酸钠溶液才能提取得到。进一步根据提取的难易程度将这种蛋白分为总球囊霉素相关土壤蛋白（total glomalin related soil protein，TG）和易提取球囊霉素相关土壤蛋白（easily extractable glomalin related soil protein，EEG）。球囊霉素相关土壤蛋白（GRSP）在土壤生态系统中广泛分布，在热带雨林、灌木林、草原等土壤生态系统中，都有 GRSP 的存在（Lovelock et al.，2004; Rillig et al.，2001; Wright and Upadhyaya，1998）。例如，CO_2 浓度升高（Chemini and Rizzoli，2014）、全球气候变暖（唐宏亮等，2009），以及各种农业措施对 GRSP 的总量均可造成影响。GRSP 在贫瘠土壤中的含量通常较肥沃土壤高，并且可以通过改善土壤的透气性、排水性能，提高土壤微生物的活性（Jastrow et al.，1998）；同时，GRSP 还可以巩固土壤颗粒的稳定性进而影响土壤碳的储藏量，防止其他碳水化合物的流失，从而成为有机质的主要组成部分，成为有机碳、总氮的重要来源（李涛和赵之伟，2005）。

新技术在土壤碳截获、肥力及土壤有机物分析方面获得很大进展。例如，GRSP 已经进行了固体磁共振和红外光谱扫描研究（Schindler et al.，2007），X 射线吸收近边缘结构光谱和热解场电离质谱研究（Gillespie et al.，2011），蛋白质组学研究（Bolliger et al.，2008），GRSP 的荧光组成特性研究（Aguilera et al.，2011），焦磷酸测序研究（Lim et al.，2010），微生物碳和代谢熵研究（Lupatini et al.，2013），限制性片段长度多态性研究（Kasel et al.，2008），不同土地利用方式下 AMF 的多样性研究（Kasel et al.，2008；Lupatini et al.，2013）等。土壤颗粒分级及组分也开始使用红外光谱技术、X 射线衍射技术、X 射线光电子能谱技术、同位素定年技术（Wei et al.，2012a；Wang et al.，2014c；Li et al.，2013a）等，使得分析机制更加清晰。

1.4　本书的基本思路与技术路线

由上述三节的分析可以看出，松嫩平原作为我国重要的粮食基地，防护林与农田已经形成了研究农田上营建杨树林对土壤影响的天然优良、长期设置的实验样地。这种绝无仅有的样地，能够为我国现在正在开展的退耕还林提供重要数据支撑，对开展相关研究具有重要的科学意义，对未来实践具有指导意义。

本书的基本思路和技术路线如下（图 1-2）。

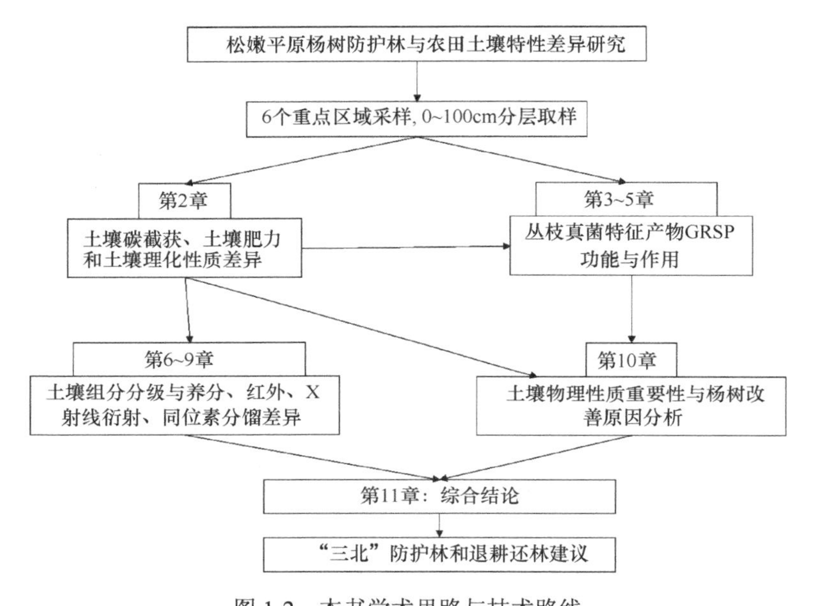

图 1-2　本书学术思路与技术路线

Fig. 1-2　Academic thought and technology roadmap of this research

第 2 章　杨树防护林和农田土壤碳截获、土壤肥力和土壤理化性质差异

被誉为“绿色万里长城”的“三北”防护林工程涉及我国北方 13 个省（自治区、直辖市）的 551 个县（旗、市、区），总面积 406.9 万 km^2。营建的这种大面积农田防护林在减少水土流失、改善生态环境、确保粮食稳产高产等方面都发挥了重要作用。然而对于防护林建设后有机碳、土壤肥力和土壤理化性质的变化及内在关系却少有报道。

松嫩平原是“三北”防护林在东北地区的重要组成部分，以杨树林为主。在这一地区，营建杨树防护林对有机碳截获、土壤肥力和土壤理化性质的影响如何，不同地点、土壤深度和不同树木大小之间存在多大差异，调控土壤有机碳截获大小的限制因子是什么，这些问题需要系统研究给予科学回答。为此，本研究选取中国东北松嫩平原地区 6 个地点共 144 个杨树防护林及农田配对样地作为研究对象，研究 0～20cm、20～40cm、40～60cm、60～80cm、80～100cm 5 个土壤剖面上有机碳、土壤肥力和土壤理化性质的变化情况，以探寻防护林建设后有机碳、土壤肥力和土壤理化性质的变化规律及影响有机碳变化的关键影响因子。

2.1　材料与方法

2.1.1　研究地点自然状况概述

松嫩平原 6 个采样点（兰陵、肇东、杜蒙、富裕、肇州、明水）的分布情况如图 2-1 所示。样地基本概况如表 2-1 所示，以及附录 1 和附录 2 内容，主要土壤类型为草甸土、黑钙土和风沙土，详细参见附录 2 图片。

2.1.2　研究地点的选择和土壤样品的采集

中国实施“三北”防护林工程，即在原有的农田上营建防护林，具体做法是在 500m×500m 的农田四周栽种 4～6 列杨树防护林，构成大片的防护林和农田网格带，这也给本次研究中样地的确定及样品的采集提供了便利条件。我们在松嫩平原地区确定 6 个采样地点（附录 1 和附录 2）后，每个采样地点中按照配对样地法选取杨树防

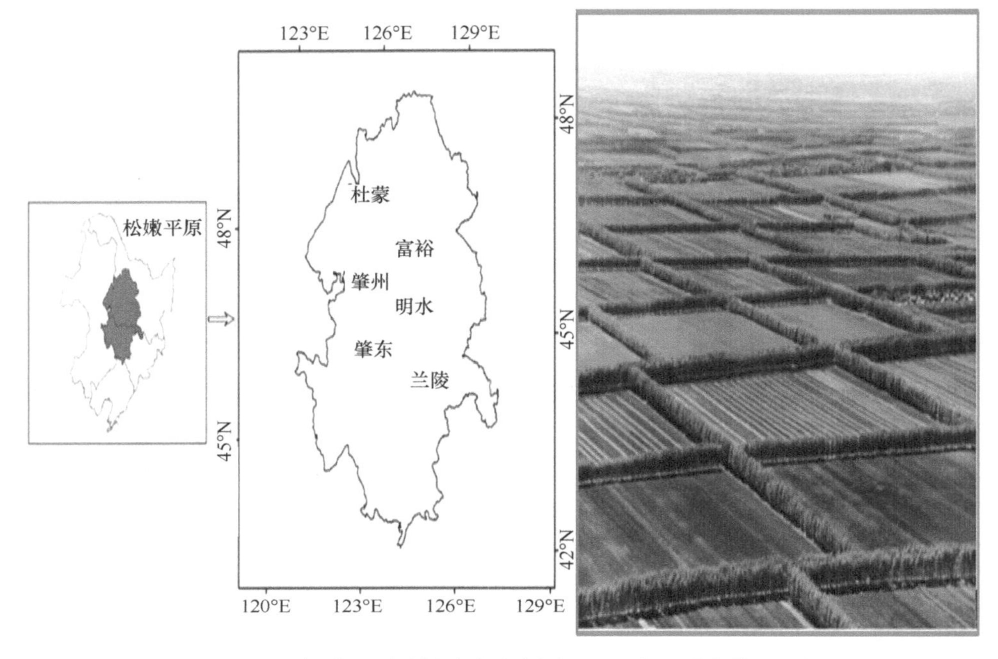

图 2-1 东北松嫩平原采样地点分布图及“三北”防护林远观图

Fig. 2-1 Study sites in the Songnen Plain，Northeast China and Three-North far-sight picture

右侧远观图取自 http://dangshi.people.com.cn/n/2012/1109/c120280-19531042-15.html.

表 2-1 采样地点概况

Table 2-1 Basic information of sampling sites

相关指标	兰陵	明水	杜蒙	肇东	肇州	富裕
样地数	24	24	24	24	24	24
土壤类型	黑钙土	黑钙土	风沙土	草甸土	黑钙土	黑钙土
pH	7.64	7.36	8.49	8.45	8.53	8.45
电导率/(μS/cm)	103.47	77.52	95.91	130.98	128.78	121.21
林龄/年	23.3	19.4	23.0	19.8	23.7	17.1
胸径/cm	28.5	22.4	23.5	19.8	24.6	20.8
树高/m	20.6	14.2	13.9	13.6	14.7	12.4

护林和附近农田配对样地 24 个（12 对），防护林长期栽种于固定的农田上（国家防护林管理政策要求，采伐成熟林后必须重新造林），大部分杨树防护林和农田之间均开挖壕沟以阻断杨树根系对农田土壤的影响。杨树防护林和农田的相关历史资料来自当地的农民。配对样地农田中主要种植玉米。在各研究样地中分别设置一个 10m×50m 的样方，调查并记录样地的海拔、经纬度，测定样方内树木的密度、树高及胸径。在杨树防护林及农田内分别挖一个大约 0.8m×1m×1m 的土坑，清除土坑表面的枯枝落叶

后，将 1m 深的土坑划分成 0～20cm、20～40cm、40～60cm、60～80cm 及 80～100cm 5 个取样深度，在每个土层的中间部位用容积为 $100cm^3$ 的环刀取 4 份土样，混合后带回实验室备用。野外采集的土壤样品带回实验室后，自然风干至恒重，用环刀法测定土壤的容重。去除土壤中的根系，样品碾碎后过 2mm 的土壤筛，收集筛出的石块和砂砾，并测定其质量和体积，随后将土壤样品放在粉碎机中粉碎，过 0.25mm 的土壤筛后，将样品保存备用。

2.1.3　实验方法

主要按照鲍仕旦（2000）、Wang 等（2011c）的方法测定土壤性质。土壤相关指标的测定包括有机碳含量、总氮含量、碱解氮含量、全钾含量、速效钾含量、全磷含量、速效磷含量、土壤 pH、土壤容重、电导率和土壤含水量。有机碳含量采用重铬酸钾外加热法测定；总氮含量采用半微量凯氏定氮法测定；碱解氮含量采用碱解扩散法测定；全磷/全钾含量采用氢氧化钠熔融-钼锑抗比色法/氢氧化钠熔融-火焰光度计法测定；速效磷含量采用 0.05mol/L HCL-0.025mol/L（1/2 H_2SO_4）法测定；速效钾含量采用 NH_4OAc 浸提-火焰光度法测定；pH、电导率采用 5g 土壤∶25mL 去离子水法，用酸度计（型号：SartoriusPB-10）和电导率仪测定（型号：DDS-307。厂家：上海雷磁）样品的 pH 与电导率；土壤容重使用干重/$400cm^3$ 的计算方法；土壤含水量使用（鲜重–干重）/干重×100%的计算方法。

2.1.4　数据分析

有机碳储量计算利用下面的公式：

$$有机碳储量=\alpha\times\rho\times H_{农田\,i}（H_{杨树\,i}）\times（1-V_{砂砾}）\tag{2-1}$$

式中，α 代表土壤有机碳含量（g/kg）；ρ 代表土壤的容重（g/cm^3）；H_i 代表第 i 层的土层厚度（m）；$V_{砂砾}$代表砂砾的体积百分数。

我们使用多因素方差分析的统计学方法，研究防护林建设对有机碳、土壤肥力和土壤理化性质的影响和 14 个土壤指标在不同地点、不同深度、不同树木大小之间的差异。5 个独立因子分别是：2 种土地使用类型（防护林、农田）；6 个采样地点（杜蒙、富裕、兰陵、明水、肇东、肇州）；5 个土层深度（0～20cm、20～40cm、40～60cm、60～80cm、80～100cm），3 个树高分组（＜12m，n=200；12～18m，n=290；＞18m，n=230）；3 个胸径分组（＜15cm，n=210；15～30cm，n=290；＞30cm，n=220）。14 个被测量的土壤参数分别是有机碳（含量和储量）、土壤肥力（土壤总氮、碱解氮、全磷、速效磷、全钾、速效钾）、土壤理化性质（比重、容重、孔隙度、含水量、电导率、pH），利用 SPSS 17.0 进行统计学分析。为了探寻碳截获的影响因子，利用 JMP

5.0.1 进行回归分析，研究有机碳变化（*Y*）和土壤理化性质或肥力指标（*X*）。

2.2 结果与分析

2.2.1 多因素方差分析结果

表 2-2 显示，土地利用类型的变化（在农田上营建防护林）对有机碳含量及储量并未产生整体显著影响（$p>0.05$），但防护林土壤肥力指标全钾、速效钾及土壤理化性质指标容重、孔隙度、含水量与农田间差异显著（$p<0.05$）。

表 2-2 防护林建设对有机碳、理化指标和肥力指标影响及其受地点、土深、林木生长的交互影响

Table 2-2 The influence of poplar shelterbelt forests on soil organic carbon, physicochemical and fertility parameters, and the interaction of the sites, depth, growth of tree

独立因子	类型		类型×地点		类型×深度		类型×树高		类型×胸径	
	F 值	显著性	*F* 值	显著性	*F* 值	显著性	*F* 值	显著性	*F* 值	显著性
土壤碳相关指标										
有机碳含量/(g/kg)	0.569	0.451	*29.133*	*0.000*	*125.718*	*0.000*	*2.674*	*0.031*	0.964	0.426
有机碳储量/(kg/m^2)	1.079	0.299	*27.385*	*0.000*	*125.913*	*0.000*	1.880	0.112	1.133	0.340
土壤理化性质相关指标										
比重	3.694	0.055	1.581	0.108	*2.467*	*0.012*	0.410	T	0.683	0.604
容重/(g/cm^3)	*86.835*	*0.000*	*31.497*	*0.000*	*8.872*	*0.000*	*4.070*	*0.003*	0.740	0.565
孔隙度/%	*8.833*	*0.003*	*6.745*	*0.000*	*7.268*	*0.000*	0.862	0.487	1.171	0.322
含水量/%	*13.676*	*0.000*	*105.258*	*0.000*	*10.634*	*0.000*	*6.887*	*0.000*	0.308	0.873
pH	3.004	0.083	*60.979*	*0.000*	*10.537*	*0.000*	*5.595*	*0.000*	*3.972*	*0.003*
电导率/(μS/cm)	0.319	0.572	*8.132*	*0.000*	*7.483*	*0.000*	0.923	0.450	0.842	0.499
土壤肥力相关指标										
总氮/(g/kg)	0.230	0.632	*14.865*	*0.000*	*81.900*	*0.000*	2.031	0.088	1.649	0.160
C/N	0.519	0.471	0.526	0.872	1.159	0.321	0.604	0.660	1.544	0.188
碱解氮/(mg/kg)	0.158	0.691	*5.077*	*0.000*	*41.211*	*0.000*	0.721	0.578	0.328	0.859
全钾/(g/kg)	*4.438*	*0.036*	*6.108*	*0.000*	*22.811*	*0.000*	1.465	0.211	*2.456*	*0.045*
速效钾/(mg/kg)	*6.249*	*0.013*	*6.493*	*0.000*	*21.999*	*0.000*	0.500	0.736	0.504	0.733
全磷/(g/kg)	*0.917*	*0.339*	*12.959*	*0.000*	*28.169*	*0.000*	0.365	0.833	1.881	0.112
速效磷/(mg/kg)	1.016	0.314	*15.556*	*0.000*	*8.854*	*0.000*	1.681	0.153	2.047	0.086

注：斜体表示达到显著或者极显著（$p<0.05$ 或 $p<0.01$）的相关关系

土地利用类型和采样地点、土层深度、树高及胸径均存在交互作用：与地点间存在显著交互作用主要表现在防护林有机碳、土壤理化性质、土壤肥力共 13 项指标上，显示防护林建设对上述 13 项指标的影响在不同地点间差异极显著（p=0.000）；与土层深度之间存在交互作用的主要是土壤碳等 14 项指标，说明防护林建设对上述 14 项指标的影响在不同土层深度之间差异极显著（p=0.000）；与树高之间存在交互作用，农田防护林建设所导致的有机碳含量、土壤容重、土壤含水量及土壤 pH 的变化在不同树高分组之间差异是显著的（p<0.05）；与胸径之间显著的交互作用主要体现在全钾和 pH 两项指标的变化上。

2.2.2 对土壤整体存在影响的 5 个指标及差异大小

通过表 2-2 的分析可知，土壤容重、孔隙度、含水量、全钾、速效钾在杨树防护林和农田之间整体差异显著（p<0.05）。表 2-3 具体列出防护林各项指标相对于农田的变化量，防护林营建对土壤容重（降低 4.3%）和含水量（降低 7.4%）有极显著影响（p=0.000），而对土壤孔隙度和土壤全钾（4.4%）及速效钾（15.1%）有显著提高作用（p<0.05）。

表 2-3 防护林建设显著影响的 5 个土壤指标及其差异大小

Table 2-3 The 5 parameters significantly affected by poplar shelterbelt forests and the size of the differences

类型	容重/(g/cm^3)	孔隙度/%	含水量/%	全钾/(g/kg)	速效钾/(mg/kg)
农田	1.472	38.865	12.443	50.760	62.346
杨树	1.408	40.733	11.522	53.010	71.784
变化/%	–4.3	4.8	–7.4	4.4	15.1
显著性	0.000	0.003	0.000	0.036	0.013

2.2.3 存在显著类型×地点交互作用的 13 个指标及差异大小

表 2-2 的分析结果显示，土地利用类型和采样地点之间存在交互作用，主要表现为容重、孔隙度等 13 项土壤指标，说明这 13 项指标杨树防护林和农田的差异在不同采样地点之间表现不一致（p=0.000）。表 2-4 具体列出这种地点间的差异大小。

有机碳相关指标碳含量变化量在不同地点之间差异较大：杜蒙、富裕、兰陵和肇东建设防护林后有机碳含量均有所升高，肇东的碳汇功能最明显（升高 9.8%），而明水和肇州碳含量稍有下降；对于碳储量的变化，只有兰陵和肇东表现为碳汇功能，而其余 4 个地点碳储量均下降，肇东依然为最大碳汇地点（升高 7.8%），明水为最大碳源地点（降低 10.4%）（表 2-4）。

表 2-4 杨树防护林与农田之间差异受采样地点显著影响的 13 项土壤指标及差异大小

Table 2-4 Thirteen parameters had significant type × site interactions and their differences size

地点	类型	土壤碳相关指标		土壤理化性质相关指标					土壤肥力相关指标					
		有机碳含量/(g/kg)	有机碳储量/(kg/m^2)	容重/(g/cm^3)	孔隙度/%	含水量/%	pH	电导率/(μS/cm)	总氮/(g/kg)	碱解氮/(mg/kg)	全钾/(g/kg)	速效钾/(mg/kg)	全磷/(g/kg)	速效磷/(mg/kg)
杜蒙	农田	7.31	2.29	1.60	33.17	6.18	8.35	107.85	0.63	45.54	57.94	56.51	0.20	5.57
	杨树	7.68	2.26	1.51	38.09	4.56	8.50	80.86	0.68	47.16	57.57	65.33	0.20	4.85
	变化	5.1%	−1.3%	−6.0%	14.8%	−26.2%	1.8%	−25.0%	7.9%	3.6%	−0.6%	15.6%	0.0%	−12.9%
富裕	农田	8.77	2.55	1.49	37.87	16.81	8.48	110.82	0.91	60.46	50.08	75.37	0.29	2.74
	杨树	8.89	2.41	1.40	40.46	16.42	8.49	133.11	1.01	65.12	51.37	84.51	0.28	3.25
	变化	1.4%	−5.5%	−6.0%	6.8%	−2.3%	0.1%	20.1%	11.0%	7.7%	2.6%	12.1%	−3.4%	18.6%
兰陵	农田	10.47	3.02	1.47	39.96	11.32	7.56	107.13	1.01	75.53	47.97	71.80	0.39	6.91
	杨树	10.84	3.10	1.44	40.37	10.31	7.57	99.30	0.99	62.67	55.52	82.29	0.36	5.60
	变化	3.5%	2.6%	−2.0%	1.0%	−8.9%	0.1%	−7.3%	−2.0%	−17.0%	15.7%	14.6%	−7.7%	−19.0%
明水	农田	15.06	4.33	1.45	37.70	17.01	7.33	77.01	1.26	77.50	56.32	76.73	0.41	11.00
	杨树	14.85	3.88	1.33	42.21	16.18	7.45	82.91	1.19	86.39	48.64	95.35	0.40	8.53
	变化	−1.4%	−10.4%	−8.3%	12.0%	−4.9%	1.6%	7.7%	−5.6%	11.5%	−13.6%	24.3%	−2.4%	−22.5%
肇东	农田	10.56	2.93	1.40	44.28	13.74	8.44	151.43	1.03	59.28	42.64	47.82	0.28	3.39
	杨树	11.59	3.16	1.39	40.35	12.90	8.53	120.48	1.07	57.15	51.04	58.45	0.28	3.72
	变化	9.8%	7.8%	−0.7%	−8.9%	−6.1%	1.1%	−20.4%	3.9%	−3.6%	19.7%	22.2%	0.0%	9.7%
肇州	农田	8.49	2.37	1.41	40.20	9.60	8.57	118.26	0.84	57.93	49.61	45.84	0.28	7.48
	杨树	8.09	2.20	1.38	42.93	8.76	8.57	138.85	0.84	49.91	53.92	44.77	0.25	8.70
	变化	−4.7%	−7.1%	−2.1%	6.8%	−8.8%	0.0%	17.4%	0.0%	−13.8%	8.7%	−2.3%	−10.7%	16.3%
变化	平均值	2.3	−2.3	−4.2	5.4	−9.5	0.8	−1.3	2.5	−1.9	5.4	14.4	−3.9	−1.6
	变化范围	−4.7%～9.8%	−10.4%～7.8%	−8.3%～−0.7%	−8.9%～14.8%	−26.2%～−2.3%	0%～1.8%	−25%～20.1%	−5.6%～11.0%	−17.0%～11.5%	−13.6%～19.7%	−2.3%～24.3%	−10.7%～0.0%	−22.5%～18.6%
	显著性 *p* 值	0.000	0.000	0.000	0.000	0.000	0.000	0.000	0.000	0.000	0.000	0.000	0.000	0.000

土壤理化性质相关指标在杜蒙的变化幅度较其他地点大。例如，土壤容重在各个地点均有所下降，杜蒙和明水下降幅度较大，分别为 6.0%和 8.3%；除肇东外，孔隙度均有升高，杜蒙的升高幅度达 14.8%；建设防护林后各地点含水量均下降，下降幅度最大的杜蒙（26.2%）是富裕（2.3%）的 23 倍；各地点土壤 pH 均有上升，杜蒙和明水上升幅度较大；电导率的变化在不同地点之间变化规律不同，杜蒙、兰陵、肇东下降 7.3%～25.0%，而富裕、明水和肇州升高 7.7%～20.1%。

土壤肥力指标变化在各地点之间差异显著：防护林土壤总氮含量虽升高 2.5%，但各个地点表现不同，兰陵、明水和肇州稍有下降，而杜蒙、富裕和肇东均有较大幅度升高；防护林土壤碱解氮与农田相比有 1.9%的下降，杜蒙、富裕和明水防护林土壤碱解氮分别增加 3.6%、7.7%和 11.5%，而兰陵、肇东和肇州分别下降 17.1%、3.6%和 13.8%；防护林土壤全钾和农田相比升高 5.4%，各个地点的变化量为–13.6%～19.7%；防护林土壤速效钾和农田相比升高 14.4%，6 个地点中除肇州下降 2.3%外，其余 5 个地点土壤全钾含量均有所升高，升高幅度最大的在明水（24.3%）；防护林土壤全磷和农田相比下降 3.9%，富裕、兰陵、明水、肇州下降 2.4%～10.7%，其余 2 个地点全磷含量不变；防护林土壤速效磷含量与农田相比下降 1.6%，降低幅度最大的在明水（22.5%），而上升幅度最大的在富裕（18.6%）。

2.2.4　存在显著类型×土壤深度交互作用的 14 个指标及差异大小

土地利用类型和土层深度之间存在交互作用（表 2-2），主要体现在土壤比重、容重、孔隙度等 14 项土壤相关指标上，显示这些指标防护林与农田之间的差异，在不同土层之间存在显著差异（p=0.000）。这种差异的具体大小如表 2-5 所示。

有机碳相关指标碳含量变化在不同土层之间差别较大：20～60cm 表现为碳汇，提高 6.5%～7.8%，而其他三层（0～20cm、60～100cm）表现为碳源，降低–3.7%～–0.4%。碳储量的变化在不同土层之间有类似的变化规律。

土壤理化性质相关指标在表层的变化和其他各层有明显的不同：表层比重升高 0.4%，而其余各层比重下降 0.4%～4.8%；各土层防护林土壤容重均低于农田，但表层的下降幅度最小；除 80～100cm 土层外，其他各层的孔隙度变化呈现升高的趋势，表层孔隙度升高幅度较大（7.1%）；只有表层的含水量升高 2.9%，而其余各层下降 6.7%～13.7%；表层的 pH 升高 3.1%，而其他各土层变化不大；表层的电导率有大幅度的下降（降低 34.3%），而 20～80cm 各层均有所上升。

土壤肥力指标总氮、碱解氮、全钾、速效钾、全磷、速效磷等林分与农田间的差异在不同土壤层显著不同：全钾在表层（0～20cm）和底层（80～100cm）的变化情况相似，而与其他各土层不同，土壤全钾含量在表层和底层分别下降 7.9%和 17.0%，而在其他 3 个土层均有所提高。速效磷在表层升高 18.2%，而其他各土

表 2-5　杨树防护林与农田之间差异受土层深度显著影响的 14 个土壤指标及差异大小

Table 2-5　Fourteen parameters had significant type×depth interactions and their differences size

深度	类型	土壤碳相关指标		土壤理化性质相关指标						土壤肥力相关指标					
		有机碳含量/（g/kg）	有机碳储量/（kg/m²）	比重	容重/（g/cm³）	孔隙度/%	含水量/%	pH	电导率/（μS/cm）	总氮/（g/kg）	碱解氮/（mg/kg）	全钾/（g/kg）	速效钾/（mg/kg）	全磷/（g/kg）	速效磷/（mg/kg）
0～20cm	农田	17.36	4.89	2.54	1.42	42.29	12.65	7.84	161.26	1.42	107.60	44.31	83.49	0.47	8.32
	杨树	17.19	4.65	2.55	1.37	45.31	13.02	8.08	106.02	1.40	108.53	40.80	135.25	0.42	9.83
	变化	–1.0%	–4.9%	0.4%	–3.5%	7.1%	2.9%	3.1%	–34.3%	–1.4%	0.9%	–7.9%	62.0%	–10.6%	18.2%
20～40cm	农田	12.52	3.60	2.48	1.46	39.96	14.36	7.97	108.53	1.26	80.28	52.09	63.43	0.36	5.93
	杨树	13.50	3.68	2.39	1.39	41.56	12.39	8.01	121.00	1.38	76.47	53.84	43.46	0.32	4.30
	变化	7.8%	2.2%	–3.6%	–4.8%	4.0%	–13.7%	0.5%	11.5%	9.5%	–4.7%	3.4%	–31.5%	–11.1%	–27.5%
40～60cm	农田	8.66	2.51	2.41	1.47	37.71	12.75	8.23	96.46	0.94	64.39	44.88	61.94	0.28	5.60
	杨树	9.22	2.54	2.34	1.41	39.30	11.46	8.13	114.59	0.87	54.55	54.52	57.83	0.25	5.08
	变化	6.5%	1.2%	–2.9%	–4.1%	4.2%	–10.1%	–1.2%	18.8%	–7.5%	–15.3%	21.5%	–6.6%	–10.7%	–9.3%
60～80cm	农田	6.96	2.06	2.41	1.50	36.15	11.30	8.26	99.45	0.63	28.08	51.86	50.11	0.25	5.55
	杨树	6.70	1.89	2.40	1.43	39.37	10.55	8.33	110.99	0.66	34.23	65.53	61.00	0.24	4.39
	变化	–3.7%	–8.3%	–0.4%	–4.7%	8.9%	–6.7%	0.8%	11.6%	4.8%	21.9%	26.4%	21.7%	–4.0%	–20.9%
80～100cm	农田	5.03	1.50	2.50	1.51	38.21	11.16	8.31	94.72	0.50	33.18	60.67	52.77	0.19	5.51
	杨树	5.01	1.41	2.38	1.44	38.13	10.19	8.38	93.67	0.51	33.21	50.36	61.38	0.25	5.28
	变化	–0.4%	–6.0%	–4.8%	–4.6%	–0.2%	–8.7%	0.8%	–1.1%	3.2%	0.1%	–17.0%	16.3%	31.6%	–4.2%
变化	平均值	1.8	–3.2	–2.3	–4.3	4.8	–7.3	0.8	1.3	1.7	0.6	5.3	12.4	–3.9	–8.7
	变化范围	–1.0%～7.8%	–8.3%～2.2%	–4.8%～0.4%	–4.8%～–3.5%	–0.2%～8.9%	–13.7%～2.9%	–1.2%～3.1%	–34.3%～18.8%	–7.5%～9.5%	–15.3%～21.9%	–17.0%～26.4%	–31.5%～62.0%	–11.1%～31.6%	–27.5%～18.2%
	显著性 p 值	0.000	0.000	0.012	0.000	0.000	0.000	0.000	0.000	0.000	0.000	0.000	0.000	0.000	0.000

层下降 4.2%～27.5%；各个土层速效钾的变化差异很大，表层升高 62.0%，而 20～40cm 下降 31.5%。

2.2.5　存在显著类型×树高、类型×胸径交互作用的 5 个指标及差异大小

土地利用类型和树高之间存在显著交互作用，主要体现在土壤容重、含水量、pH 和有机碳含量 4 项指标上，而与胸径分组之间的交互作用主要体现在 pH 和全钾上（表 2-2），表 2-6 列出这些差异的具体大小。

表 2-6　杨树防护林与农田之间差异受树高和胸径显著影响的土壤指标

Table 2-6　Six soil parameters had significant type × height and type × DBH interactions and their differences size

类型	树高分组	容重/(g/cm^3)	含水量/%	pH	有机碳/(g/kg)	胸径分组	pH	全钾/(g/kg)
农田		1.51	12.83	8.13	9.09		8.20	51.93
杨树	＜12m	1.44	12.69	8.10	9.08	＜15cm	8.37	51.85
变化		–4.38%	–1.08%	–0.40%	–0.11%		2.14%	–0.14%
农田		1.46	11.33	8.02	10.28		8.10	51.94
杨树	12～18m	1.39	10.79	8.07	10.58	15～30cm	8.20	50.77
变化		–4.83%	–4.78%	0.60%	2.88%		1.20%	–2.24%
农田		1.45	13.17	8.21	10.95		8.06	48.41
杨树	＞18m	1.39	11.09	8.39	11.31	＞30cm	7.98	56.40
变化		–3.77%	–15.81%	2.14%	3.31%		–1.01%	16.50%
显著性 p 水平		0.003	0.000	0.000	0.031		0.003	0.045

随着树高的增加，防护林土壤容重较农田的降低幅度稍微下降（3.77%～4.83%），主要原因是对应农田容重下降趋势明显；而含水量的降低则有明显上升趋势（1.08%～15.81%），说明耗水量随着树高增加而增加；有机碳从变化不大（–0.11%）到提高 3.31%，显示出树木生长增加了土壤碳截获能力。

随着胸径的增加，土壤全钾变化较大，从 2.24%的降低到 16.5%的升高。树高的增加使林地土壤 pH 升高，而胸径的增加使其降低，这可能也是从整体来看，杨树防护林建设对土壤 pH 影响不明显的一个原因。

2.2.6　杨树防护林和农田碳截获差异与其他土壤指标的相关关系分析

为了考察土壤肥力及理化性质变化对土壤碳截获（防护林与农田之差）的影响，利用 SPSS 17.0 软件，分别将不同水平碳含量及碳储量变化与土壤理化性质及肥力变

化（防护林-农田）进行多因素方差分析，以确定显著影响碳截获的土壤因子（表 2-7）。其中将碳含量变化分为 8 个水平：＜–6g/kg、–6～–4g/kg、–4～–2g/kg、–2～0g/kg、0～2g/kg、2～4g/kg、4～6g/kg、＞6g/kg，每个组内的样本数分别为 14、23、48、92、104、31、27、21。碳储量的变化也分为 8 个水平：＜–2kg/m^2、–2～–1kg/m^2、–1～–0.5kg/m^2、–0.5～0kg/m^2、0～0.5kg/m^2、0.5～1kg/m^2、1～2kg/m^2、＞2kg/m^2，每个组内的样本数分别为 8、36、47、86、95、29、42、17。通过多因素方差分析确定碳截获影响因子后，利用 JMP 5.0.1 软件，以土壤肥力或土壤理化性质变化为 *X*，以碳截获量为 *Y* 进行相关分析。

表 2-7 基于不同碳截获分组的土壤其他指标差异的方差分析

Table 2-7 ANOVA results on soil properties differences under different groups of SOC sequestration differences between shelterbelt forest and farmland

理化与肥力指标变化	碳含量变化		碳储量变化	
	F 值	*p* 水平	*F* 值	*p* 水平
比重	1.385	0.120	1.510	0.163
容重	*2.629*	*0.012*	0.753	0.627
孔隙度	1.152	0.330	1.442	0.187
含水量	1.400	0.204	0.973	0.450
pH	1.287	0.255	1.416	0.198
电导率	1.201	0.301	1.105	0.360
全氮	*16.953*	*0.000*	*17.762*	*0.000*
碱解氮	1.776	0.091	1.586	0.138
全钾	1.185	0.311	1.299	0.250
速效钾	1.059	0.390	1.162	0.324
全磷	*2.179*	*0.036*	0.991	0.438
速效磷	1.356	0.223	0.867	0.533

注：斜体表示达到显著或者极显著（$p<0.05$ 或 $p<0.01$）的相关关系

由前所述，防护林建设对土壤理化指标、碳截获和肥力指标均具有很明显的影响，而且这些影响在不同土壤深度、不同地点及不同生长发育阶段均具有明显的差异。从土壤碳截获角度来看，我们对影响碳截获量的大小与土壤理化和肥力指标变化进行了多因素方差分析（表 2-7）。对防护林与农田间土壤碳含量变化存在显著影响的土壤因子包括容重（p=0.012），土壤全氮（p=0.000）和土壤全磷（p=0.036），而与土壤碳储量变化紧密相关的土壤因子是全氮（p=0.000）。除此之外的所有其他土壤因子，对防护林营建所导致的土壤碳截获量变化均不存在显著影响（$p>0.05$）。

表 2-8 列出不同碳截获分组之间，上述确定的 3 个相关因子（容重、氮含量、磷含量）的差异大小，可以看出，随着碳截获由负到正（防护林土壤相较于农田，从碳源到碳汇），容重差异由正到负，氮含量差异由小到大，磷含量的变化规律不明显。

表 2-8　3 个影响因子在不同碳截获水平下的差异比较

Table 2-8　Three soil properties identified from ANOVA and their differences under different SOC sequestration levels

碳含量变化分组/（g/kg）	容重变化/（g/cm³）		氮含量变化/（g/kg）		全磷含量变化/（g/kg）		碳储量变化分组/（kg/m²）	氮含量变化/（g/kg）	
	平均值	误差	平均值	误差	平均值	误差		平均值	误差
<–6	0.041c	0.03	–0.52a	0.10	0.02ab	0.23	<–2	–0.52a	0.13
–6～–4	–0.11a	0.02	–0.33ab	0.08	0.63c	0.18	–2～–1	–0.34a	0.06
–4～–2	–0.05b	0.02	–0.15bc	0.05	0.19abc	0.13	–1～–0.5	–0.13b	0.05
2～0	–0.06b	0.01	–0.04cd	0.04	0.11ab	0.09	–0.5～0	–0.03bc	0.04
0～2	–0.08ab	0.01	0.1e	0.04	0.02a	0.09	0～0.5	0.14d	0.04
2～4	–0.08ab	0.02	0.09de	0.07	0.4bc	0.16	0.5～1	0.12cd	0.07
4～6	–0.07ab	0.02	0.34f	0.07	0.03ab	0.17	1～2	0.19d	0.06
>6	–0.06ab	0.03	0.5f	0.08	–0.17a	0.19	>2	0.66e	0.09

注：不同小写字母代表差异显著（$p<0.05$）

表 2-9 显示不同土层及不同地点土壤总氮的变化与有机碳截获量均呈现极显著正相关，其中，各土层中 R^2 为 0.19～0.51，p 值除 20～40cm 土层外均小于 0.0001，各地点中 R^2 为 0.09～0.41，p 值除杜蒙、富裕和肇东外均小于 0.0001。综合所用的数据分析获得总氮含量变化与有机碳截获量之间的回归方程（图 2-2），防护林相对于农田每获得 1g 氮，林地就有 4.4g 或 1.27kg/m² 的碳截获。

表 2-9　防护林与农田土壤 N 含量变化（*X*）与碳截获（*Y*）相关关系

Table 2-9　The correlation of N content（*X*）and C capture（*Y*）between shelterbelt and farmland

指标		样品数	有机碳含量变化			有机碳储量变化		
			回归方程	R^2	p	回归方程	R^2	p
土层/cm	0～20	72	$Y=4.46X-0.13$	0.25	<0.0001	$Y=1.29X-0.03$	0.26	<0.0001
	20～40	72	$Y=3.79X+0.47$	0.19	<0.0001	$Y=1.08X+0.13$	0.19	0.0001
	40～60	72	$Y=5.17X+0.89$	0.51	<0.0001	$Y=1.50X+0.26$	0.51	<0.0001
	60～80	72	$Y=4.53X-0.54$	0.24	<0.0001	$Y=1.37X-0.16$	0.25	<0.0001
	80～100	72	$Y=5.65X-0.31$	0.32	<0.0001	$Y=1.73X-0.10$	0.32	<0.0001
地点	杜蒙	60	$Y=2.91X+0.12$	0.09	<0.05	$Y=0.99X+0.03$	0.16	<0.01
	富裕	60	$Y=6.45X-0.58$	0.41	0.0001	$Y=1.91X-0.18$	0.41	<0.0001
	兰陵	60	$Y=4.40X+0.64$	0.37	<0.0001	$Y=1.22X+0.17$	0.34	<0.0001
	明水	60	$Y=4.44X+0.04$	0.28	<0.0001	$Y=1.34X+0.02$	0.29	<0.0001
	肇东	60	$Y=3.61X+0.65$	0.18	<0.001	$Y=1.02X+0.19$	0.18	<0.001
	肇州	60	$Y=5.03X-0.59$	0.35	<0.0001	$Y=1.37X-0.15$	0.35	<0.0001

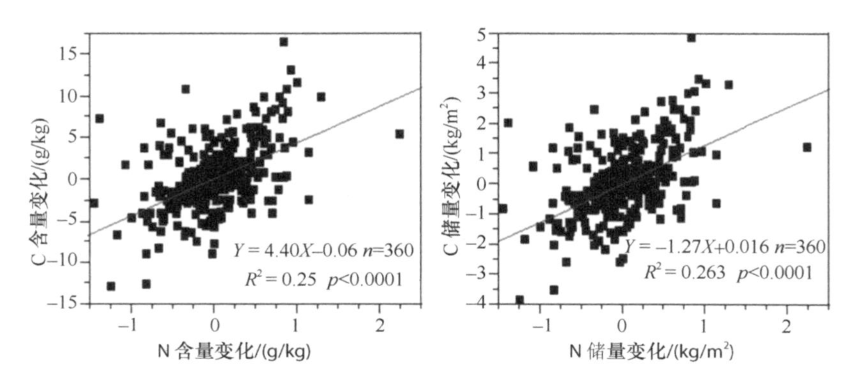

图 2-2　土壤全氮变化与碳含量和碳储量变化的相关关系

Fig. 2-2　The correlation between soil N and C content，C stock

2.3　讨　　论

2.3.1　防护林建设后有机碳的复杂变化

我们的研究表明，农田防护林的营建并未导致有机碳的显著变化（$p>0.05$），但不同深度、地点及树木生长阶段有机碳截获存在明显的差异（p=0.000，表 2-2）：有些地点如肇东、杜蒙、兰陵，防护林营建能够产生土壤碳汇功能，而另外一些地点则更易成为碳源（表 2-4），有些土壤深度，如 20～40cm 和 40～60cm，更容易成为碳汇，而其他深度则成为碳源（表 2-5），较高大的林木、较长的生长时间能够导致更多的碳积累（表 2-6），显示出防护林建设对土壤碳累积的复杂性。有关造林对土壤碳截获影响的复杂性已有报道。有关农田造林对生态系统碳含量及储量影响的研究被大量报道。有些学者认为，在耕地上造林后将导致土壤碳的显著增加（Hooker and Compton，2003；Huntington，1995）。也有研究认为，造林后土壤碳储量在初期会下降，然后逐渐恢复到造林前的水平后才出现碳的净积累（Mao and Zeng，2010；Mao et al.，2010；Huang et al.，2007；Wang et al.，2006；Ritter，2007）。而 Wang 等（2011b）发现，在中国东北农田种植落叶松林后，土壤表层有机碳有 96.4g/（m^2·年）的累积，而深层有机碳没有显著变化，这与我们的研究结果是不一致的。可见，树种的差异、树木根系的量及长度、土壤的类型、造林年限等均是影响土壤碳汇的因素（Guo and Gifford，2002；Paul et al.，2002；Li et al.，2012）。所以评价防护林建设对生态系统的碳汇（源）功能，确实是一个受多种因素影响的复杂问题，我们的研究为综合评估造林对全球生态系统碳循环方面的贡献提供一定的数据支持。

2.3.2　造林改善土壤物理性质、提高土壤肥力，但更耗水

我们的研究表明，农田防护林的建设显著地影响了土壤容重（下降 4.3%）和土壤孔隙度（升高 4.8%），改善了土壤的物理性质。土壤容重和孔隙度是反映土壤物理特性的重要指标，能较好地反映植被土壤的疏松性、结构性、持水性、透水性及水分移动状况等。土壤容重小，表明土壤比较疏松，孔隙多。反之，土壤容重大，表明土壤比较紧实，结构性差，孔隙少（林大仪，2004）。一般而言，容重高的土壤含有高密度砂粒、石砾等物质的可能性大，而容重小的土壤中含有低密度腐殖质等有机质的可能性大。因此，土壤容重指标从侧面反映了土壤中所含有机碳的多少。许多研究均表明，在农田转变成林地的过程中土壤容重下降，孔隙度升高（Maciaszek and Zwydak，1996）。也有研究得出不一样的结论，认为造林后土壤容重和孔隙度并没有显著的变化（Alriksson and Olsson，1995；Davis et al.，2007）。造林所引起的土壤物理特性的改善可能是由于农业管理措施的中断和树种的影响，长时间的耕作会使土壤变得紧实，易造成容重的增加和孔隙度的降低（Niedźwiecki，1984；Domżał et al.，1993；Ellert and Gregorich，1996；Bednarek and Michalska，1998）。此外，树木根系对土壤物理特性也有很重要的影响（Messing et al.，1997）。Smal 和 Olszewska（2008）的研究还发现，土壤容重的降低和孔隙度的提高将归功于相同土层有机碳含量的增加，这与我们的研究结果存在不一致，我们发现造林后土壤容重显著降低（p=0.000），土壤孔隙度显著提高（p=0.003），但并未对有机碳含量和储量产生显著影响（p＞0.05，表 2-2）。

造林耗水问题在我国南方桉树人工林研究中已经获得普遍关注。周国逸等的研究认为湿润指标（降雨与蒸发潜力比值 P/PET）和小流域特征（m）对植被变化水文特征影响最大，在非湿润区域（P/PET＜1）的土地利用变化或者小流域水分持水力过小（m＜2）能够产生很大的水文效应，其中 m 与森林覆盖、坡度和小流域面积紧密相关（Zhou et al.，2015）。我们的研究认为，农田防护林建设在很大程度上通过耗水影响农作物。

人工林的大面积营建对土壤肥力有很大的影响。在利用一些快繁树种造林过程中，地上生物量的生长吸收大量的养分而归还土壤的养分相对过少，导致土壤肥力的降低（Berthrong et al.，2009a）。李召青等（2009）对连续栽种 4 年的加勒比松幼林的研究表明幼林阶段土壤肥力有逐年下降的趋势，其中下降最快的是全磷，其次是速效钾，影响土壤肥力下降的主要因素是水土流失、降雨和植被恢复状况。但也有研究得出不一样的结论，在贫瘠的土壤上造林能改善土壤肥力，并受树种、林分组成、林龄及林分生产力的影响（Bhojvaid and Timmer，1998；Singh et al.，2004）。这些研究提供了造林后土壤肥力变化的重要信息。我们的研究表明，农田防护林营建后显著地提

高了土壤全钾（4.4%）及速效钾（15.1%）的含量（表 2-3），且随着林分的生长土壤钾肥力有恢复（–2.24%～16.5%）的趋势。

2.3.3 氮素的供应差异决定土壤碳截获能力

氮素的动力学变化是影响陆地碳固存的关键因子（Rastetter et al.，1997；Luo et al.，2004）。如果生态系统不能捕获足够的氮与碳储量的增加相匹配，陆地生态系统碳沉降将下调（Hungate et al.，2003；Luo et al.，2004；Reich et al.，2006）。同时，森林生态系统氮的增加也将有助于维持森林碳库的累积（Knops and Tilman，2000）。我们的研究表明，杨树防护林和农田氮素水平的供应差异是决定林地土壤碳截获的关键因子（p=0.000）（表 2-7），且防护林和农田之间氮含量的变化与二者碳含量或碳储量变化呈极显著正相关关系（p＜0.0001）（图 2-2），根据回归方程，杨树防护林每获得 1g 氮就伴随 4.4g 或 1.27kg/m^2 碳的积累。Li 等（2012）综述了 292 个采样地点的研究结果支持我们的结论。

根据我们的研究结果，当防护林氮含量高于农田时，防护林土壤能够截获碳，反之，当农田氮含量高于林地时，防护林土壤将作为碳源将碳释放到大气中，即防护林和农田土壤氮肥的供应差异是土壤碳截获的关键控制因子。这也验证了我们假设的一部分，即土壤肥力变化有可能是土壤碳截获大小的限制因子。虽然不同采样地点及不同深度对总氮含量的变化都产生了极显著影响（p=0.000）（表 2-2，表 2-4，表 2-5），但从总体上看，造林并没有导致防护林土壤总氮含量的显著变化（p＞0.05）（表 2-2）。中国是农业大国，全国农田耕作面积达 15.89 亿亩，农田在耕作过程中经常施加氮肥，氮肥是一个重要的农业系统氮输入来源，2010 年，中国氮肥需求量为 3179 万～3295 万 t，中国目前氮肥消耗量占全世界氮肥施用总量的 30%左右，还将呈现继续增加的趋势。结合我们的研究结果，这种施肥行为更容易造成农田土壤碳的截获。

大气氮沉降和生物固氮能导致造林之后或森林生长过程中氮的增加（Knops and Tilman，2000；Morris et al.，2007）。很多豆科植物的根部能结瘤固氮，与人工林混交，能为人工林提供氮肥。如 13～16 年生的沙棘植株固氮量为 180kg/(hm^2·年)。木麻黄能够生长在碱性强的土壤，其固氮量约为 54kg/(hm^2·年)。因此在中国大面积的农田防护林管理过程中，选择合适的固氮植物作为防护林的伴生植物，以增加防护林土壤氮素的含量，对于增加人工防护林土壤碳截获量不失为一项积极有效的措施。

2.4 小 结

通过对松嫩平原地区 144 个杨树防护林及农田配对样地共 720 个土壤剖面数据分析，我们得出以下几点结论：①杨树防护林的建设使土壤容重和含水量有极显著降低

（p=0.000），土壤孔隙度、全钾及速效钾有显著提高（$p<0.05$），说明防护林的营建改善了土壤物理性质，增强了土壤肥力。②不同采样地点、不同土层深度及树木不同生长阶段对防护林建设后土壤碳、土壤理化性质、土壤肥力等指标的变化均产生显著影响。土壤相关指标在表层的变化与其他各层有明显的不同：防护林表层土壤碳含量稍有下降，中层土壤（20～60cm）碳含量升高 7.2%，表层的含水量升高 2.9%，而其余各层下降 6.7%～13.7%；表层的 pH 升高 3.1%，而其他各土层变化不大，表层的电导率降低 34.3%，而 20～80cm 各层均有所上升，速效磷和速效钾在表层分别升高 18.2% 和 62%，20～40cm 分别下降 27.5%和 31.5%；随着树木的逐渐长高，有机碳从变化不大（–0.11%）到提高 3.31%，随着胸径的增加，土壤全钾变化较大（2.24%的降低到 16.5%的升高）。③防护林与农田之间土壤总氮的变化是影响碳截获的主导因子（p=0.000），碳含量变化与氮含量变化呈极显著正相关关系（$Y=4.4X-0.06$，$R^2=0.25$；$p<0.0001$），即防护林相对于农田每获得 1g 氮，林地就能截获 4.4g 碳，碳储量变化与氮含量变化也呈极显著正相关关系（$Y=1.27X+0.016$，$R^2=0.26$；$p<0.0001$），即防护林相对于农田每获得 1g 氮，林地就能截获 1.27kg/m^2 的碳。

第 3 章　农田真菌代谢产物球囊霉素相关土壤蛋白与土壤功能关系

球囊霉素相关土壤蛋白（GRSP）是美国马里兰大学的 Wright 和 Upadhyaya 从 AMF 菌丝表面提取的一种能够和单克隆抗体 MAb32B11 发生免疫性荧光反应的未知蛋白，此蛋白非常稳定，难溶于水，并根据其提取难易程度分为总提取球囊霉素相关土壤蛋白（total glomalin related soil protein，TG）和易提取球囊霉素相关土壤蛋白（easily extractable glomalin related soil protein，EEG）（Wright et al.，1996；Wright and Upadhyaya，1996）。自从 GRSP 被科学家发现以来，其对不同生态系统的土壤改良调节作用（Miller and Jastrow，2000；Rillig et al.，2003a；Wright，2000；Wright et al.，1996）被大量报道。许多研究还调查了大量环境因素，如气候条件、土地利用方式、土壤性质、植被类型、大气 CO_2 等都可以影响 GRSP 的积累（Rillig et al.，2001；Bedini et al.，2007）。尽管 GRSP 在土壤质量改善中变得越来越重要（Gillespie et al.，2011；Schindler et al.，2007），但是作为我国重要产粮区及“三北”防护林重要区域的松嫩平原在这方面的相关研究很少。

松嫩平原是中国重要商品粮产区之一，地势平坦而土质较为一致，是研究 GRSP（含量和组成）空间变化及其与土壤理化性质关系的理想材料。松嫩平原的粮食产量占东北地区粮食总产量的 47.11%，占全国粮食总产量的 11.89%（Yang et al.，2013），但是尚不清楚松嫩平原土壤肥力的空间变异及其与 GRSP 含量、组成特征的关系。

基于上述原因，本研究选取松嫩平原农田土壤为研究对象，在确定 GRSP（含量和组成）和不同土壤理化指标空间差异的基础上，确定了 GRSP（含量和组成）与松嫩平原农田土壤理化指标的空间变异具有紧密的相关关系，是调控土壤结构功能的基础。我们的结果可以为基于真菌相关土壤肥料来恢复松嫩平原退化的农田土壤提供方法。

3.1　材料与方法

3.1.1　研究区概况及土样采集

研究地点及土壤采集方法同第 2 章。

3.1.2　GRSP 的测定

GRSP 的提取与测定：按照 Wright 和 Upadhyaya（1998）提出的方法稍加修改。易提取球囊霉素土壤相关蛋白（EEG）的提取测定方法：称量 0.5000g 土壤样品于 10mL 离心管中，加入 4mL 柠檬酸钠溶液（20mmol/L、pH=7.0）盖好，同一批土壤样品中加入一个空白样品（10mL 离心管中只加 4mL 柠檬酸钠溶液），所有样品均需振荡摇匀。放入高压灭菌锅前，将离心管密封盖打开一条缝，在 121℃条件下提取 30min。待降压后，配平并盖紧离心管，放入低速离心机中 4000r/min 离心 6min，收集上清液，待测。

总球囊霉素土壤相关蛋白（TG）的提取测定方法：称量 0.1000g 土壤样品放入 10mL 离心管中，加入 4mL GRSP 提取液（柠檬酸钠溶液、50mmol/L、pH=8.0）后盖好，同一批土壤样品中加入一个空白样品（10mL 离心管中只加 4mL GRSP 提取液），所有样品均需振荡摇匀。放入高压灭菌锅之前，将离心管密封盖打开一条缝，在 121℃条件下提取 60min。待降压后，配平并盖紧离心管，放入低速离心机中 4000r/min 离心 6min。收集上清液后倒入 50mL 离心管中，继续向收集完上清液的土壤样品中加入 4mL GRSP 提取液后盖好，所有样品均需振荡摇匀。放入高压灭菌锅之前，将离心管密封盖打开一条缝，在 121℃条件下提取 30min。待降压后，配平并盖紧离心管，放入低速离心机中 4000r/min 离心 6min。将上清液继续倒入第一次提取对应 50mL 离心管中，再重复上述操作至少 2 次，直至提取的上清液中不再出现 GRSP 典型的黄棕色为止。最后将所有 50mL 离心管中上清液振荡摇匀，待测。

采用考马斯亮蓝显色法测定蛋白质含量，以 1kg土壤中蛋白质的克数表示GRSP 的含量，绘制标准曲线。分别吸取上述提取方法中得到的TG和EEG待测液各 0.5mL，以相同批次空白样品作为对照，依次加入 5mL配好的考马斯亮蓝G-250 染色剂。充分摇匀后显色 10min，将 721 紫外分光光度计波长调至 595nm，依次在该波长下测定蛋白质吸光值。最后，根据标准曲线计算出溶液中蛋白质浓度、GRSP含量。

3.1.3　GRSP 提纯，红外官能团、紫外光谱与 3D 荧光光谱分析及激光共聚焦显微镜观察

GRSP 提纯，红外官能团、紫外光谱与 3D 荧光光谱分析参见第 4 章。红外光谱扫描中各吸收峰的面积测量使用 Image J 软件处理，各吸收峰表示的官能团组成参见第 4 章。X 射线衍射扫描中结晶峰的相关计算使用 Jade 5.0 软件分析。

激光共聚焦显微镜荧光观察：按照 Aguilera 等（2011）的描述，取适量 GRSP 冻干样，使其均匀分布在载玻片上（不宜过厚），盖上盖玻片，压实，在共聚焦激光扫

描电镜（Nikon C1，Japan，激发波长 EX=488nm）下观察。

3.1.4 土壤碳、氮、磷、钾与理化性质的测定

土壤理化性质测定同第 2 章。

3.1.5 数据处理

有机碳、总氮、碱解氮、全磷、速效磷、速效钾、全钾的储量计算公式依据 Wang 等（2011b）稍加修改如下：

$$储量= \alpha \times \rho \times （1-V_{gravel}）\times 0.2 \quad (3-1)$$

式中，α 代表上述土壤养分含量；ρ 代表土壤容重；V_{gravel} 为碎石等杂质所占体积百分比；0.2 是土层厚度（m）。

通过 Office 2010 进行数据的初步处理及图形拟合。通过 SPSS 17.0（IBM，Armonk，NY）多重比较（MANOVA）来分析土壤因子和 GRSP 含量在不同地点及不同深度下的变化情况和交互作用。回归分析包括简单线性回归及逐步回归，用于比较土壤因子与 GRSP 含量性质特征的相关关系。通过 JMP 10.0 线性相关分析来确认在不同土层中 EEG、TG 与土壤理化性质的线性相关关系。

3.2 结果与分析

3.2.1 不同地点、土壤深度 GRSP 含量差异分析

通过方差分析表明，地点、土壤深度分别对 EEG、TG 影响显著（$p<0.01$）。但是地点、土壤深度对 EEG、TG 没有交互影响（$p>0.05$）（表 3-1）。

明水是6个地点 EEG 含量最高的，达到0.872g/kg，是最低点兰陵的2.95倍。杜蒙次之，含量为0.502g/kg，显著高于余下的4个地点。EEG 明水显著高于杜蒙，其他地点 EEG 含量差异不显著，均在0.296～0.406g/kg。TG 含量也是明水最高，为6.536g/kg，与其他地点有显著差异，是最低点富裕的3.13倍。其次兰陵含量为4.318g/kg，显著高于杜蒙、富裕（表3-1）。

土壤深度方面，表层 EEG 含量是最底层含量的 2.61 倍。20～40cm 含量为0.557g/kg，显著高于最后三层。TG 含量同样是表层最高，为 6.041g/kg，显著高于其他土层，是最底层的 2.59 倍。20～40cm 含量为 4.109g/kg，与后三层有显著差异，分别是它们的 1.18 倍、1.38 倍和 1.77 倍。40～60cm 含量为 3.492g/kg，与最后一层有显著差异，是最后一层的 1.50 倍（表 3-1）。

综上所述，不同地点的 GRSP 含量有显著差异（$p<0.01$），其中 EEG、TG 含量最高分别为 0.872g/kg 和 6.536g/kg。不同土壤深度的 GRSP 含量差异同样显著（$p<0.01$），其具体表现为表层含量最高，随着土层的加深 GRSP 含量随之显著降低，差异达到 2.61 倍左右。这种垂直变化的趋势在不同地点间差异基本一致（交互作用，$p>0.05$）（表 3-1）。

3.2.2 不同地点 GRSP 组成特征差异分析

红外光谱观测：不同地点 GRSP 的官能团含量差异可用峰面积相对差异来分析（表 3-2）。官能团 I 含量明水最高、富裕次之，含量最高的明水是含量最低的兰陵的 1.2 倍。官能团 II 含量差异较大，肇州含量最高，是兰陵的 2.2 倍。官能团 III 地点间差异达到 1.4 倍。明水的官能团 IV（564）含量高于其他地点，是含量最低的肇州的 1.6 倍。肇东官能团 V 含量最高（133），是含量最低的兰陵的 2.4 倍。明水官能团 VI 含量最高（1416.3），是最低点肇州的 1.5 倍。官能团 VII 含量在各地点相对含量为 29.7～45.7，最高点明水含量是最低点杜蒙含量的 1.5 倍（表 3-2）。由此可见，在这些地区中，不同官能团的地点间差异为 1.2～2.4 倍（表 3-2）。

紫外光谱观测：吸收峰位置稍有差异，为 286～297nm。通过比较不同地点 GRSP 吸光度峰值的大小可以看出，肇州地区 GRSP 的紫外吸光度最高，为 1.74，与兰陵、肇东差异较大，分别是兰陵的 3 倍、肇东的 2.8 倍（表 3-2）。

X 射线衍射：对 6 个地点的 GRSP 进行 X 射线衍射观测，其出峰位置 2θ 为 19.74°～19.9°。各地点的晶粒尺寸从大到小依次为：肇州最大 180Å、其次为肇东、富裕、明水和杜蒙，兰陵最小。尺寸最大的肇州是尺寸最小的兰陵的 1.6 倍。相对结晶度恰好相反，兰陵最高为 1.42%，是最低肇州的 2 倍。其他地点结晶度为 0.86%～0.92%（表 3-2）。

3D 荧光光谱：GRSP 主要包括 7 种荧光类物质，但是不同物质的荧光强度在不同地点有明显差异。类酪氨酸的强度在杜蒙最高达到 8.08，其次肇州为 7.05，分别是强度最低的富裕的 5.4 倍和 4.73 倍。类色氨酸在肇州强度最高为 9.3，其次兰陵为 8.46，富裕最低为 2.39，仅为强度最高的肇州的 1/4 左右。肇东类富里酸强度最高为 28.71，其次兰陵、明水，富裕最低，最大相差 4.3 倍。类可溶性微生物代谢产物区间只存在于兰陵、肇东、肇州，强度分别为 5.89、4.96、3.77。肇东的类腐殖酸荧光强度最大为 57.47，其次兰陵为 38.97，其他地点均为 24.76～36.69，最大相差 2.3 倍。类硝基苯的强度为 44.43～58.37，其中肇州最高、富裕最低，前者是后者的 1.3 倍。肇州的类荧光增白剂相对强度最高为 58.29（表 3-3）。总体上讲，组成 GRSP 的各荧光物质在不同地点的荧光强度有差异，类酪氨酸差值最高，达到 5.4 倍。类荧光增白剂差异最小，为 1.2 倍，同时也证明了 GRSP 是多种物质组成的混合物。

表 3-1　不同深度、不同地点 GRSP 的差异

Table 3-1　Differences in EEG and TG amounts across different regions and at different soil depths（单位：g/kg）

GRSP	地点						土层深度				
	杜蒙	富裕	兰陵	明水	肇东	肇州	0～20cm	20～40cm	40～60cm	60～80cm	80～100cm
易提取球囊霉素相关土壤蛋白 EEG	0.502b	0.351c	0.296c	0.872a	0.354c	0.406bc	0.742a	0.557b	0.409c	0.324cd	0.284d
总球囊霉素相关土壤蛋白 TG	2.637cd	2.089d	4.318b	6.536a	3.551bc	3.598bc	6.041a	4.109b	3.492c	2.970cd	2.328d

注：不同小写字母代表不同土层间或者不同地点间的差异显著性（$p<0.05$）

表 3-2　GRSP 红外、紫外、X 射线衍射数据比较

Table 3-2　Comparison of GRSP compositional traits of infrared functional groups，X-ray diffraction results and UV-visible spectrophotometric properties across different regions

地点	红外光谱观测官能团							X 射线衍射			紫外光谱观测	
	Ⅰ	Ⅱ	Ⅲ	Ⅳ	Ⅴ	Ⅵ	Ⅶ	晶粒尺寸/Å	结晶度/%	2θ/（°）	吸收峰	波长/nm
兰陵	7254	139.7	1821.7	464.7	54.7	1175	34.3	113	1.42	19.82	0.58	288
肇东	7931.3	274.7	2077.7	479.7	133	1230.3	44	139	0.92	19.82	0.63	286
杜蒙	7652.7	301.3	2072.3	434	81.3	1171.7	29.7	132	0.86	19.86	0.8	287
肇州	7706	312	1577	343.3	91.3	976	30	180	0.71	19.74	1.74	297
富裕	8393.3	302.3	2150	445.7	118.7	1215.7	31.7	133	0.9	19.9	1.01	288
明水	8424.7	141.3	1968.3	564	58	1416.3	45.7	132	0.91	19.8	1.24	290
最高/最低	1.2	2.2	1.4	1.6	2.4	1.5	1.5	1.6	2	1.01	3	1.02

注：Ⅰ表示羧酸、酚类、醇类的 O—H 伸缩振动带，有机胺类，酰胺的 N—H 伸缩振动带，芳香 C—H 的伸缩振动带；Ⅱ表示脂肪族 C—H 伸缩振动带；Ⅲ表示羧酸、酮类、氨基化合物中的 C═O 伸缩振动带，羧酸盐类中不对称的 COO—伸缩振动带；Ⅳ表示羧酸盐类中对称的 COO—伸缩振动带，—CH_2—和—CH_3 基因的 C—H 弯曲收缩带；Ⅴ表示 C—O 伸缩振动带，—COOH 的 O—H 弯曲收缩带；Ⅵ表示多糖中 C—O 的伸缩振动带，粘土矿物和氧化物中 Si—O—Si 伸缩振动带；Ⅶ表示 O—H 弯曲收缩带

表 3-3　不同地区不同荧光物质比较

Table 3-3　Differences in fluorescence intensity of different fluorescent compounds of GRSP across different regions

组分	EX/nm	EM/nm	荧光强度						最大/最小
			兰陵	肇东	杜蒙	肇州	富裕	明水	
类酪氨酸	220～250	280～330	3.09	2.5	8.08	7.05	1.49	4.26	5.4
类色氨酸	220～250	330～380	8.46	7.86	5.74	9.3	2.39	5.56	3.9
类富里酸	220～250	380～480	14.54	28.71	11.11	11.15	6.63	14.36	4.3
类可溶性微生物代谢产物	250～360	280～380	5.89	4.96	—	3.77	—	—	1.6
类腐殖酸	250～420	380～520	38.97	57.47	24.76	34.86	25.73	36.69	2.3
类硝基苯	460～470	510～650	54.15	—	49.81	58.37	44.43	51.36	1.3
类荧光增白剂	440	500～520	53.24	50.06	—	58.29	—	51.66	1.2

激光共聚焦扫描显微镜：自体荧光效应主要发生在冻干粉中丝状物上，而片状、球状等其他形状未发现明显的荧光性，说明 GRSP 的荧光物质主要以丝状物存在，而且在不同地点的研究结果类似，荧光物质存在区域不存在地点间的差异（图 3-1）。

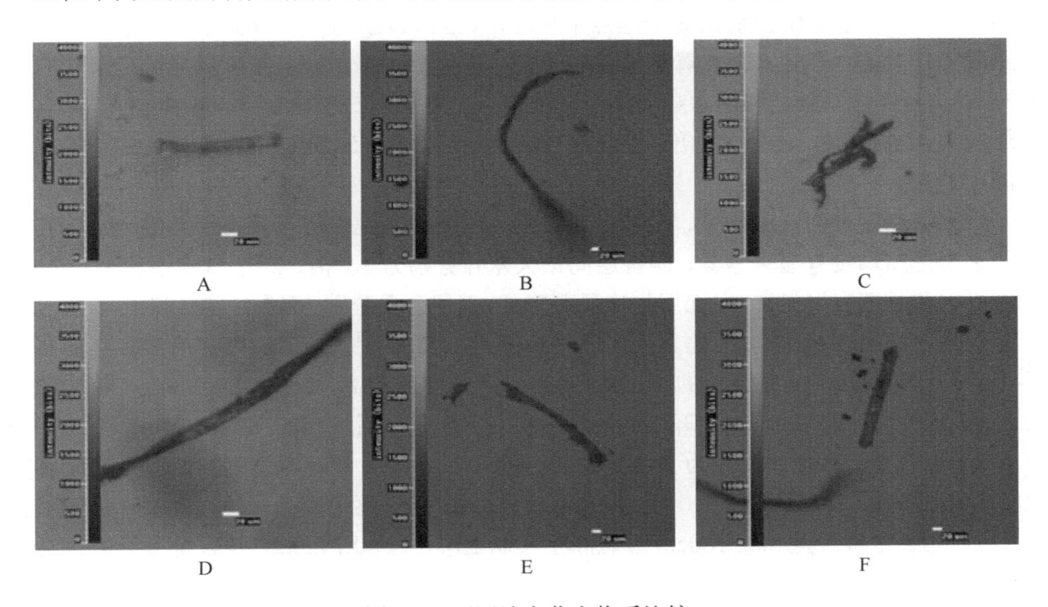

图 3-1　不同地点荧光物质比较

Fig. 3-1　Imaging auto-fluorescent compounds of TG across different regions using confocal laser scanning microscopy

A. 兰陵；B. 肇东；C. 杜蒙；D. 肇州；E. 富裕；F. 明水

3.2.3　土壤的理化性质、肥力指标空间差异

通过方差分析发现，地点、土壤深度对各种土壤理化性质和肥力指标均存在极显著的影响（$p<0.01$）。而不同地点间差异在不同土壤层表现不一致的有（地点和深度显著交互作用）：容重、土壤含水量、pH、电导率、有机碳、总氮、全磷、速效磷、全钾有显著的影响（$p<0.05$）。不同地点间差异在不同土壤层表现基本一致的指标有（地点和深度交互作用不显著）：碱解氮、速效钾（表 3-4）。各种理化性质地点间差异明显。杜蒙容重显著高于其他地点，为 1.61g/cm^3，是容重最低的肇东的 1.2 倍，富裕次之为 1.49g/cm^3。明水、富裕含水量较高，分别为 16.8%和 16.7%，显著高于其他地点，是含水量最低的杜蒙的 2.7 倍。肇州的 pH 最高为 8.55，显著高于杜蒙、兰陵、明水，其中明水 pH 最低为 7.31。肇东电导率最高为 147.02μS/cm，显著高于其他地点，是最低明水的 1.9 倍，其他地点间没有显著差异，均为 106.28～117.08μS/cm。明水有机碳含量显著高于其他地点，达到 15.16g/kg，是最低点杜蒙的 2.1 倍。明水总氮含量显著高于其他地点，为 1.27g/kg，兰陵、肇东含量分别为 1.06g/kg、1.04g/kg，显著高于其余 3 个地点。杜蒙总氮含量最低为 0.62g/kg，仅为明水的 1/2 左右。兰陵的碱解氮含量最高达到 80.79mg/kg，明水次之达到 77.99mg/kg，含量最高的兰陵是最低杜蒙的 1.8 倍。明水全磷含量在 6 个地点中最高，达到 0.41g/kg，显著高于其他地点，是最低点杜蒙的 2.1 倍。速效磷含量明水最高，达到 10.91mg/kg，是含量最低的富裕的 3.6 倍。全钾含量杜蒙和明水显著高于其他地点，分别为 58.03g/kg 和 56.14g/kg，肇东最低为 42.27g/kg，相差 1.4 倍。兰陵速效钾含量最高为 75.23mg/kg，是最低含量肇东的 1.7 倍（表 3-4）。

土壤深度方面，电导率、全磷、速效磷、速效钾都是表层显著高于其他土层，其他土层之间均没有显著差异，四者层间最大差异分别为 1.7 倍、2 倍、1.5 倍和 1.7 倍。有机碳和总氮表层最高，向深层依次显著降低，表层含量分别为 17.43g/kg 和 1.42g/kg，分别是底层的 3.4 倍和 2.8 倍。表层容重最低为 1.42g/cm^3，随着深度的增加，容重显著升高，80～100cm 是表层的 1.1 倍。碱解氮表层显著最高，达到 107.9mg/g。第二层与第三层没有差异，但均显著高于最底两层。表层是最后一层的 3.2 倍。含水量 20～40cm 显著高于其他土层，为 14.27%。表层和 40～60cm 没有显著差异，但是均显著高于最后两层。pH 表层最小，为 7.38，随深度增加 pH 逐渐升高，80～100cm 是表层的 1.1 倍。全钾含量 80～100cm 显著高于其他土层，为 60.74g/kg，是含量最低的表层的 1.4 倍（表 3-4）。

综上所述，土壤理化性质在不同地点差异极显著（$p<0.01$），这些指标差异为 1.2～3.6 倍。不同土壤深度对理化性质的影响也非常显著（$p<0.01$），不同指标层间差异为 1.1～3.2 倍。

表 3-4　不同地区不同深度土壤因子的差异比较

Table 3-4　Variation in soil fertility properties across different regions and at different soil depths

地点与深度		容重/（g/cm³）	土壤含水量/%	pH	电导率/（μS/cm）	有机碳/（g/kg）	总氮/（g/kg）	碱解氮/（mg/kg）	全磷/（g/kg）	速效磷/（g/kg）	全钾/（g/kg）	速效钾/（mg/kg）
地点	杜蒙	1.61a	6.30e	8.35b	108.65b	7.17d	0.62d	44.33b	0.20b	5.87c	58.03a	57.7ab
	富裕	1.49b	16.7a	8.5ab	110.31b	8.61c	0.9c	58.68b	0.29b	3.05d	49.68b	73.84a
	兰陵	1.45c	11.72c	7.61c	106.28b	11.12b	1.06b	80.79a	0.37a	5.86c	49.66b	75.23a
	明水	1.45c	16.8a	7.31d	74.69c	15.16a	1.27a	77.99a	0.41a	10.91a	56.14a	74.88a
	肇东	1.4d	13.23b	8.4ab	147.02a	10.64b	1.04b	58.57b	0.28b	3.41d	42.27c	43.3b
	肇州	1.42d	9.45d	8.55c	117.08b	8.41cd	0.83c	57.75b	0.27b	7.76b	49.23b	45.77b
	最高/最低	1.2	2.7	1.2	2.0	2.1	2.0	1.8	2.1	3.6	1.4	1.7
土壤深度	0～20cm	1.42c	12.56b	7.83c	159.85a	17.43a	1.42a	107.9a	0.44a	8.28a	44.38c	82.92a
	20～40cm	1.46b	14.27a	7.96b	107.11b	12.6b	1.26b	80.6b	0.34b	5.9b	52.17b	62.86b
	40～60cm	1.47b	12.65b	8.22a	95.04b	8.73c	0.94c	64.7b	0.26b	5.56b	44.95c	61.38b
	60～80cm	1.50a	11.21c	8.25a	98.04b	7.04d	0.63d	28.39c	0.24b	5.51b	51.93b	49.54b
	80～100cm	1.50a	11.06c	8.3a	93.31b	5.11e	0.5e	33.49c	0.22b	5.47b	60.74a	52.2b
	最高/最低	1.1	1.3	1.1	1.7	3.4	2.8	3.2	2	1.5	1.4	1.7

3.2.4 土壤理化性质、肥力指标与 GRSP 含量的相关性

由以上分析我们确认了地点、深度间土壤理化性质和 GRSP（EEG 和 TG）含量均具有很大的空间变异性（表 3-1，表 3-4），我们进一步确定了这种差异之间是否存在相关关系（图 3-2～图 3-6，表 3-5）。总体上松嫩平原农田 EEG、TG 含量与有机碳、pH、总氮、容重、含水量、碱解氮、速效磷、速效钾都存在显著的相关关系（$p<0.05$）。其中与容重、pH 呈显著的负相关关系，与含水量、有机碳、总氮、碱解氮、速效磷、速效钾呈显著的正相关关系。与有机碳、pH、总氮、碱解氮的关系最为紧密（$R^2>0.1$，$p<0.01$）。在总体研究的基础上，本研究进一步细化分析不同土层、不同地点的所有理化性质及肥力指标与 EEG 和 TG 含量的相关性。6 个研究地点中，pH 与 EEG 含量在所有地点都有极显著的相关关系（$p<0.01$），与 TG 含量在 66.7%的地点都有显著的相关性。有机碳、总氮、碱解氮与 TG 含量在全部地点都有非常显著的相关关系（$p<0.05$），部分地区相关关系达到极显著水平（$p<0.01$），与 EEG 含量在杜蒙、富裕、肇州、肇东等地显著相关（$p<0.01$）。容重与 TG 含量在杜蒙、富裕、兰陵、明水、肇州等 5 个地点有非常显著的相关关系（$p<0.05$），与 EEG 含量在杜蒙、富裕、肇州等 3 个地点显著相关（$p<0.01$）。GRSP（EEG 和 TG）含量与电导率在 2 个地点（明水、肇东）有显著的相关关系（$p<0.01$），其中 TG 含量与兰陵也显著相关。速效钾与 EEG、TG 含量在 50%的地区（3 个地点）关系显著（$p<0.05$）。在土壤深度方面，所有深度有机碳与 GRSP（EEG 和 TG）含量都有显著的相关性（$p<0.05$），pH 与 GRSP（EEG 和 TG）含量在 20～100cm 土层均有极显著的相关性（$p<0.01$）。总氮含量在 20～80cm 与 EEG 含量显著相关（$p<0.05$），在全部土壤深度都与 TG 含量有非常显著的相关性（$p<0.01$）。电导率都在 40～100cm 与 GRSP 含量有显著的相关性（$p<0.05$），碱解氮都在 20～40cm、60～80cm、80～100cm 与 GRSP 含量有显著的相关性（$p<0.05$）。速效磷与 GRSP 含量在 20～80cm 有显著的相关性（$p<0.05$），速效钾与 GRSP 含量在 20～40cm、60～80cm 有显著的相关性（$p<0.05$）。可以看出，深层土壤，如＞20cm 土壤，GRSP 含量与各理化性质更具有相关性。

逐步回归分析结果对简单线性回归结果具有很好的验证效果（表 3-5）。EEG 含量与其他土壤指标通过逐步回归分析发现，不同指标的进入顺序为 pH、有机碳、全磷、速效磷、容重、电导率，而与 TG 含量逐步回归进入顺序为有机碳、pH、容重、全磷、速效磷、电导率。这一结果显示 pH 和有机碳与 GRSP 含量具有最紧密的相关关系，这与简单线性结果一致。而在一些理化性质上，由于不同理化性质之间存在相互影响，因此逐步回归与线性回归结果也不完全一致。例如，总氮与 GRSP 含量有较强的线性相关，而由于与有机碳的相互影响，在逐步回归中并没有进入回归方程。同理电导率进入了与 GRSP 含量的逐步回归分析中，而未在线性回归中体现等。

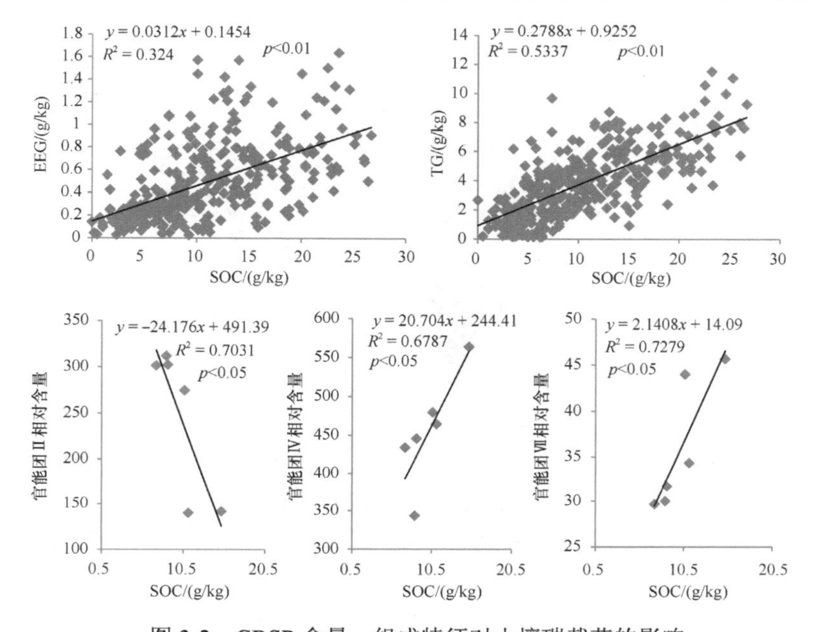

图 3-2　GRSP 含量、组成特征对土壤碳截获的影响

Fig. 3-2　SOC sequestration regulated by GRSP amount and composition attributes

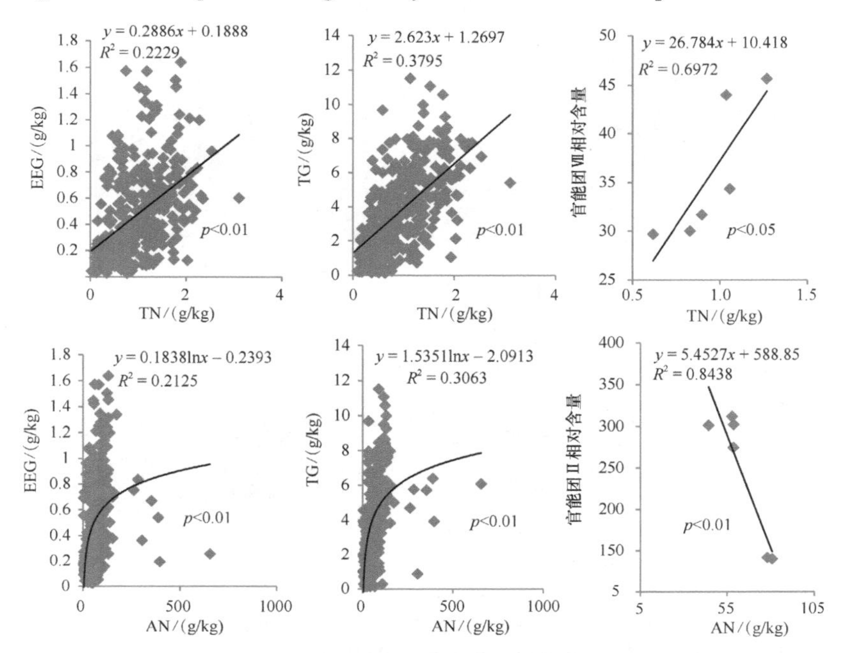

图 3-3　GRSP 含量、组成特征对氮的影响

Fig. 3-3　N regulated by GRSP amount and compositional attributes

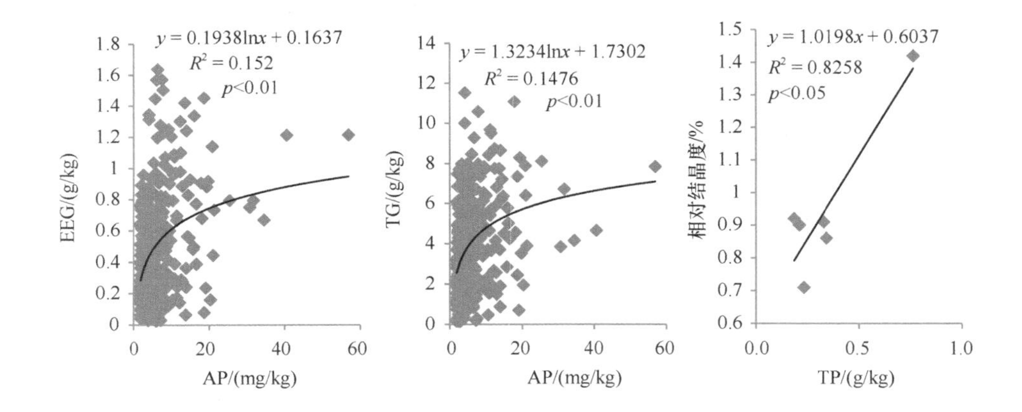

图 3-4　GRSP 含量、组成特征对磷的影响
Fig. 3-4　P regulated by GRSP amount and compositional attributes

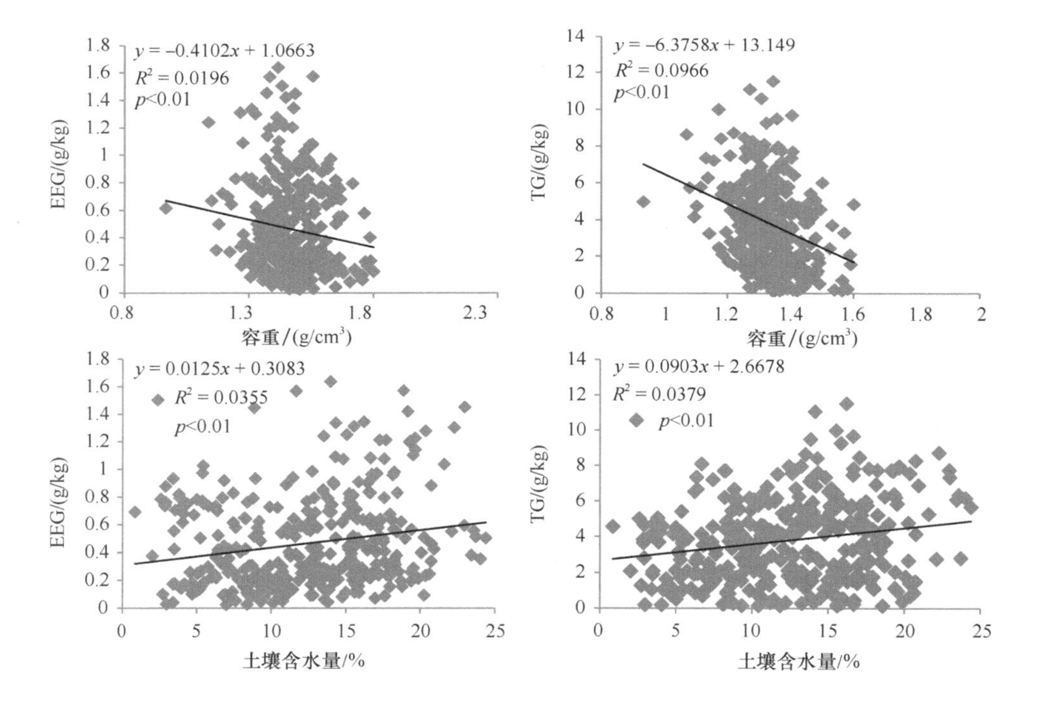

图 3-5　GRSP 含量、组成特征对土壤物理性质的影响
Fig. 3-5　Soil physical function regulated by GRSP amount and compositional attributes

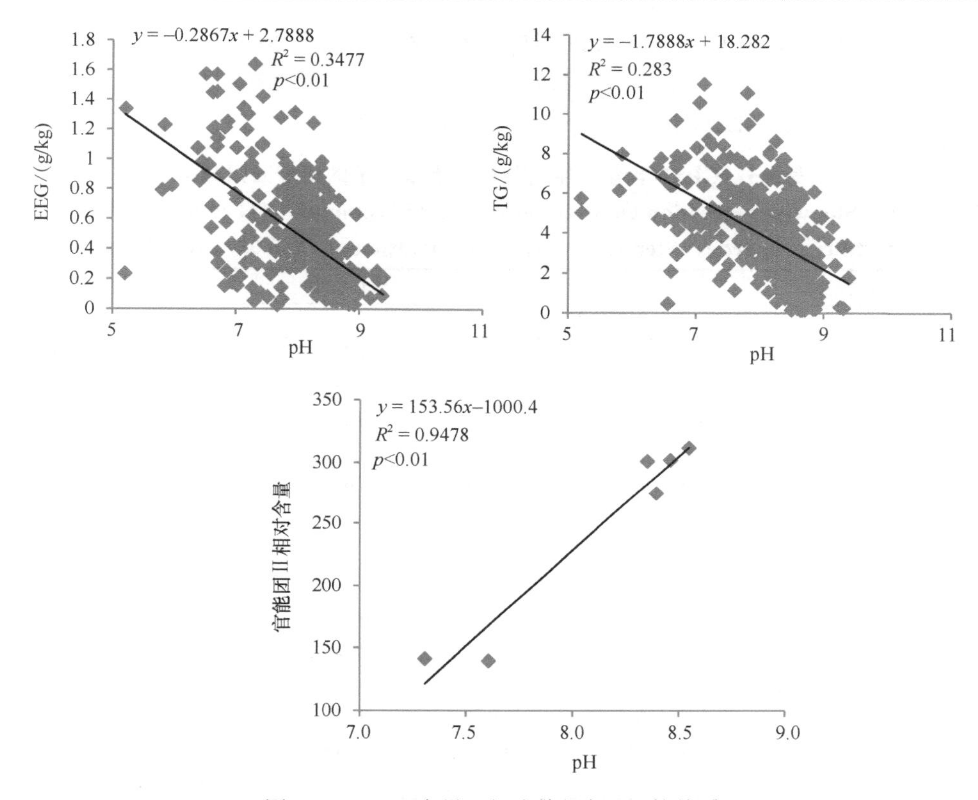

图 3-6　GRSP 含量、组成特征与 pH 的关系

Fig. 3-6　GRSP amount and compositional attributes regulated by soil pH

3.2.5　土壤理化性质、肥力指标与 GRSP 组成特征的相关性

通过分析 GRSP 组成特征与测定的所有土壤理化性质及肥力指标的相关关系，我们发现了如下显著的相关关系：红外官能团 II 与 pH 有极显著的正相关关系（$p<0.01$），与有机碳、碱解氮有显著或极显著负相关关系（$p<0.05$ 或 $p<0.01$）。红外官能团Ⅳ、Ⅶ与有机碳呈显著的正相关关系（$p<0.05$）。其中红外官能团Ⅶ还与总氮表现为显著的正相关关系（$p<0.05$）。相对结晶度与全磷也有较好的正相关关系（$p<0.05$）（图 3-2～图 3-4）。

逐步回归分析结果与简单线性相关分析具有很好的吻合性（图 3-2，图 3-3，表 3-5）。与红外官能团 II 相关的土壤因子只有 pH（$p<0.01$），其他因子均未进入。而与红外官能团Ⅳ、Ⅶ相关的土壤因子只有有机碳（$p<0.05$），其他所有土壤理化指标均未进入。此外，GRSP 的相对结晶度与土壤全磷显著相关，其他土壤因子未进入逐步回归方程（$p<0.05$）。从正负相关性来看，逐步回归中 GRSP 各种组成特征与相关的指标均呈显著的正相关，在线性分析中得到同样的结果。从相关的土壤理化指标的个数来看，简

单线性相关能够发现更多的与 GRSP 组成特征有相关性的土壤因子，如 pH、有机碳、总氮、碱解氮、全磷等。而在逐步回归中由于理化因子之间存在相互影响，进入回归方程中的因子较线性回归少，只有 pH、有机碳和全磷。

表 3-5 GRSP 含量、结构特征与土壤因子的逐步回归分析

Table 3-5 Stepwise regression analysis between GRSP amount，TG compositional traits，and soil fertility properties（Stepwise regression：inclusion at *F*>0.05；exclusion at *F*>0.1）

GRSP 含量与组成	相关指标	*B*	Std. Error	*t*	Sig.
GRSP 含量					
EEG	常数	1.389	0.261	5.323	0.000
	pH	–0.196	0.021	–9.336	0.000
	有机碳/(g/kg)	0.026	0.002	10.91	0.000
	全磷/(g/kg)	–0.063	0.019	–3.405	0.001
	速效磷/(g/kg)	0.008	0.002	3.554	0.000
	容重/(g/cm^3)	0.274	0.117	2.344	0.020
	电导率/(μS/cm)	0.0001	0	–2.075	0.039
TG	常数	10.573	0.1115	9.485	0.000
	有机碳/(g/kg)	0.273	0.015	18.683	0.000
	pH	–1.019	0.126	–8.117	0.000
	容重/(g/cm^3)	–0.06	0.016	–3.767	0.000
	全磷/(g/kg)	–0.32	0.111	–2.881	0.004
	速效磷/(g/kg)	0.034	0.013	2.501	0.013
	电导率/(μS/cm)	–0.002	0.001	–2.414	0.016
TG 组成特征					
C—H	常数	–1000.4	146.4	–6.83	0.002
	pH	153.6	18	8.52	0.001
COO—、—CH_2、—CH_3	常数	244.4	74.8	3.27	0.031
	有机碳/(g/kg)	20.7	7.12	2.91	0.044
O—H	常数	14.09	6.88	2.05	0.110
	有机碳/(g/kg)	2.141	0.66	3.271	0.031
结晶度	常数	0.604	0.093	6.523	0.003
	全磷/(g/kg)	1.02	0.234	4.354	0.012

3.3 讨 论

3.3.1 GRSP 含量及组成特征的差异

我们的研究是对前人研究的重要补充。前人通过核磁共振氢谱与腐殖酸对比分析，发现 GRSP 是一种与金属铁紧密联系的由有机质、氨基酸和碳水化合物组成的混合物（Nichols，2003），Wright 等（1998）曾研究发现，GRSP 具有凝集素结合能力，并且通过高效毛细管电泳法表明 GRSP 是一种带有天冬酰胺链的糖蛋白；Aguilera 等（2011）通过激光共聚焦扫描显微镜观察到，在铝离子胁迫下 GRSP 的自体荧光效应的强弱变化等。我们的研究也发现 GRSP 的荧光特性，并确认了可能存在的 7 种荧光物质（表 3-2，表 3-3）。通过红外光谱、紫外光谱及 X 射线衍射发现，杨树防护林及农田中的 GRSP 特性相似（Wang et al.，2014b）。总体上，我们发现 GRSP 是一个多化合物、多官能团、低相对结晶度而且具有自发荧光的混合物（表 3-2，表 3-3，图 3-1）。多官能团组包括 O—H、N—H、C—H、COO—、C—O、Si—O—Si 伸缩振动带和 O—H、C—H 弯曲振动带（表 3-2），并且我们在 GRSP 中发现了 7 种荧光物质（表 3-3）。GRSP 的紫外吸收峰位置在 286～297nm，吸光度在 0.58～1.74。X 射线衍射发现 GRSP 的衍射角 2θ 为 19.74°～19.9°，出现明显的衍射结晶峰，晶粒尺寸和相对结晶度分别为 113～180Å、0.71%～1.42%（表 3-2）。

除此之外，GRSP 的组成特征指标的空间变异是我们研究的一个发现，通过分析，GRSP 的 7 组官能团中 C—O 伸缩振动带、—COOH 的 O—H 弯曲收缩带差异最大，达到 2.4 倍。脂肪族 C—H 伸缩振动带相差 2.2 倍，差异最小的 O—H 伸缩振动带也达到 1.2 倍。紫外吸光度最大差异达到 3 倍，而地点间 GRSP 晶粒尺寸和相对结晶度最大差距分别达到 1.6 倍和 2 倍（表 3-2）。7 种荧光物质地点间差异也不尽相同，其中类酪氨酸荧光强度差距达到 5.4 倍，类荧光增白剂差距最小也有 1.1 倍（表 3-3）。多数研究认为 GRSP 性质较为固定，并没有太多关注其组成上的差异。我们的结果是对前人研究的重要补充，并为 GRSP 的组成特征与土壤理化性质的关系研究提供了重要依据和参考。

除了 GRSP 性质特征差异明显外，研究同样还发现 GRSP 含量差异也非常显著。类似于之前的研究，如王诚煜等（2013）对内蒙古中北部干旱地区的 GRSP 研究表明，EEG 和 TG 的平均含量分别为 0.79g/kg、1.44g/kg，并且其含量在不同地点的最大差异分别达到 1.4 倍和 1.3 倍。河北省农田不同土层深度 GRSP 含量差异达到 1.4 倍（唐宏亮等，2009），海南达到 1.4 倍（祝飞等，2010）。综合来看，我们的研究发现，EEG、TG 含量在地点间差异分别达到 2.9 倍和 3.1 倍，而不同土壤深度间差异均高达 2.6 倍（表 3-1），平均含量分别为 0.46g/kg 和 3.8g/kg，与其他同类研究中的 GRSP 含量及空间差异研究结果一致。

3.3.2　GRSP 对碳截获的影响

GRSP 含量与性质特征与有机碳具有显著的相关关系，这与前人研究相一致，如 EEG 和 TG 均与有机碳有极显著的相关关系（Woignier et al.，2014）。Fokom 等（2012）拟合了有机碳和 GRSP 的相关关系方程（有机碳含量=0.023GRSP+1.3274，R^2=0.7648），我们的研究也确认了这种关系。分析发现，本研究中 EEG 和 TG 分别占有机碳的 5% 和 37.9%（图 3-2），与前人研究 GRSP 含量为 6.98%～31.34%（唐宏亮等，2009）一致。所以我们认为 GRSP 含量对碳截获有重要影响。

GRSP 的组成成分与有机碳有显著的相关关系，表明 GRSP 的组成成分对碳截获也有重要的影响。有机碳与 GRSP 的脂肪族 C—H 伸缩振动带、对称 COO—伸缩振动带、C—H 弯曲振动带、O—H 弯曲收缩带等官能团的相对含量有显著的正相关（$p<0.05$）（图 3-2）。显著的线性梯度表明，每增加 1 单位的—CH_2 和—CH_3 弯曲振动带，或者 O—H 弯曲振动带，就分别增加 0.05g/kg 和 0.47g/kg 的有机碳。

3.3.3 GRSP 与肥力指标的关系

GRSP 对氮、磷等肥力指标有重要影响（图 3-3，图 3-4）。GRSP 含量与土壤肥力指标相关关系常见于报道中（Rosier et al.，2008；贺学礼等，2011a），GRSP 含量占土壤总氮的 15%（Jorge-Araújo et al.，2015），并且显著相关（总氮=0.004GRSP+0.1069，R^2=0.558）（Fokom et al.，2012）。本研究中，同样发现 GRSP 含量与土壤总氮有极显著的相关关系（$p<0.01$），同样与全磷、速效磷、碱解氮也有显著的相关关系（$p<0.05$）（图 3-3，图 3-4）。但是与土壤钾的相关性不高，这也与前人的研究相符（Dai et al.，2013）。

虽然 GRSP 含量对土壤有重要影响，但 GRSP 性质特征的变化对肥力的影响确少有报道。本研究中确定了 GRSP 性质特征同样对土壤肥力有重要影响，并且总氮、全磷、碱解氮与 C—H 收缩振动带、O—H 弯曲振动带、相对结晶度有显著的相关性（图 3-3，图 3-4）。显著的线性相关表明，每增加 1 单位的 C—H 收缩振动带、O—H 弯曲振动带会贡献 0.03g/kg 的总氮，减少 0.18mg/kg 的碱解氮及 0.98g/kg 的全磷。以前报道了 Al^{3+} 可能会影响到 GRSP 的性质特征，而本研究首次提出 GRSP 性质特征与土壤肥力指标的相关关系。

3.3.4 GRSP 与土壤物理性质及土壤酸碱度的关系

GRSP 与土壤物理性质及土壤酸碱度受 GRSP 含量影响，而与其组成特征指标相关性不大（图 3-5，表 3-5）。Wright 和 Upadhyaya（1998）通过广泛的土壤实验，提出了 GRSP 与土壤团聚体的水稳定性有正相关关系。Wright 等（1999）在研究耕地在管理过渡过程中的 GRSP 含量及团聚体稳定性的变化时，进一步验证了 TG 对团聚体稳定性有非常大的影响（$y=17.9x+1.4$，$p<0.001$，$R^2=0.78$）。并且许多研究均证明 GRSP 使土壤更加抗侵蚀（Rillig，2004；Rillig et al.，2001，2002）。本研究中 GRSP 含量与土壤容重呈极显著负相关（$p<0.01$），与含水量显著正相关，这与之前的研究

相一致（Vasconcellos et al.，2013）。但是官能团、荧光物质等各种性质特征与土壤物理性质均没有相关性，表明各种 GRSP 的性质特征对土壤物理性质没有影响。尽管 GRSP 含量与 pH 的关系早就被证明过（Feng et al.，2011；王诚煜等，2013），但是 GRSP 性质特征与 pH 的关系很少被提及。我们的研究结果表明，较高的 pH 可能会与 C—H 伸缩振动带有一定的关联（图 3-6，表 3-5），与第 4 章东北防护林中的发现相符。

3.4 小　　结

通过松嫩平原大面积的样品采集及多种先进技术的运用，我们确定了 GRSP 是一个多化合物、多官能团、低相对结晶度而且具有自发荧光效应的混合物。其不仅在含量上存在较大的空间差异，其化学组成特性在不同地点也存在很大的差异。不仅 GRSP 含量，其组成特征也与土壤碳截获、土壤肥力、土壤理化性质具有显著相关关系。但是在调节土壤物理性质方面，主要取决于 GRSP 的含量多少。上述结果为 GRSP 成为土壤质量及功能评价指标的必要性提供了佐证，为今后 GRSP 及其与土壤功能关系，特别是其组成特征方面的研究提供了重要参考和依据。也为基于主要次生代谢产物 GRSP 研究农田丛枝菌根真菌（AMF）等提供了基础数据支撑。

第4章　杨树防护林真菌代谢产物球囊霉素相关土壤蛋白特征

GRSP是从枝真菌（AMF）菌丝及孢子体的特征代谢产物，如第3章所述，其含量组成在地点、土壤深度间具有很大的差异，在杨树防护林内的变化，尚未见系统报道。本章的假设认为，不同地点和不同土层深度间GRSP含量和组成成分存在较大的差异，而一些非生物环境和肥力因素，如土壤pH和土壤碳、氮、磷、钾等，应该与这种变化存在紧密关系。东北地区松嫩平原地势相对平坦，气候较为一致，有大量农田防护林带，在第3章农田附近的防护林带选取土壤剖面进行采样。研究目的是探索GRSP含量和组成成分空间差异问题，并且利用相关分析研究GRSP含量和组成成分与土壤理化性质之间的关系。

4.1　材料与方法

4.1.1　研究样地概况和土壤样品的采集

研究地点及土壤采集方法同第2章。

4.1.2　土壤相关理化指标测定、GRSP含量测定、提取纯化及组成特征研究方法

土壤相关理化指标的测定同第2章。

GRSP的提取与测定同第3章。

TG的提取与纯化：将每个地点的12块样地0～20cm土层土壤按比例均匀地混成一份，共6份。将上述6份土壤按照下面的方法分析测定。称取1.00g土壤样品于50mL离心管中，加入8mL配好的pH=8、50mmol/L柠檬酸钠溶液，在121℃条件下高压灭菌60min，取出后4000r/min离心15min，将上清液移至离心杯中，继续加等量的pH=8、50mmol/L柠檬酸钠溶液提取TG，重复上述操作直至上清液变得透明。将移出的上清液储存在4℃条件下直至纯化过程。为了使TG沉淀，在上清液中滴加0.1mol/L盐酸至pH=2.1，冰浴60min，4000r/min离心15min，弃上清。滴加0.1mol/L氢氧化钠溶液至TG沉淀物中直至其完全溶解，将此溶液转移至透析袋（8000～14 000Da）中，

夹好两端后，放入去离子水中，此过程需要不断搅动，并且每隔 12h换一次水，持续 60h左右（Gillespie et al.，2011）。透析结束后，10 000r/min离心 10min，去除一些土壤小颗粒等杂质，冻干，置于干燥器中备用。

X 射线衍射扫描：分别取少量干燥器中的 TG 样品，置于 X 射线衍射仪器中，X 射线衍射仪器型号为日本理学 D/Max2200 型（Rigaku Japan），光管为 Philips 生产，靶材为 Cu，扫描步距 0.02°，电流电压分别为 30mA、40kV，衍射角 2θ 为 10°～40°。X 射线衍射扫描主要分析 TG 样品的结晶峰位置、晶粒尺寸、相对结晶度等信息。相关图谱可参见第 7 章图 7-1。X 射线衍射扫描中结晶峰的相关计算使用 Jade 5.0 软件分析。

红外光谱扫描：称取干燥器中 TG 样品 2.00mg，加入 200mg 溴化钾粉末，充分研磨，压制成圆片，放入红外光谱仪器中待测。红外光谱仪型号为 IRAffinity-1（SHIMADZU Japan），波谱为 4000～500cm^{-1}。官能团与吸收峰的对应关系参照 Johnson 和 Aochi（1996）的研究（图 4-1）。红外光谱扫描中各吸收峰的面积作为官能团相对含量指标，使用 Image J 软件进行测量。

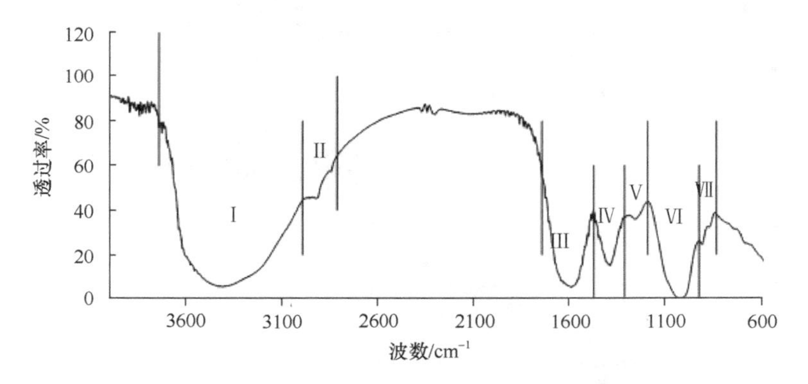

图 4-1　官能团划分方法的示意图

Fig. 4-1　Schematic diagram with partition method of functional traits

各波数范围分别代表：Ⅰ. 3750～3000cm^{-1} 表示羧酸、酚类、醇类的 O—H 伸缩振动带，有机胺类、酰胺的 N—H 伸缩振动带，芳香族 C—H 的伸缩振动带；Ⅱ. 3000～2820cm^{-1} 表示脂肪族 C—H 伸缩振动带；Ⅲ. 1750～1480cm^{-1} 表示羧酸、酮类、氨基化合物中的 C═O 伸缩振动带，羧酸盐类中不对称的 COO—伸缩振动带；Ⅳ. 1480～1320cm^{-1} 表示羧酸盐类中对称的 COO—伸缩振动带，—CH_2—和—CH_3 基团的 C—H 弯曲收缩带；Ⅴ. 1320～1200cm^{-1} 表示 C—O 伸缩振动带，—COOH 的 O—H 弯曲收缩带；Ⅵ. 1200～930cm^{-1} 表示多糖中 C—O 的伸缩振动带，粘土矿物和氧化物中 Si—O—Si 伸缩振动带；Ⅶ. 930～840cm^{-1} 表示 O—H 弯曲收缩带（Johnson and Aochi，1996）

三维荧光光谱扫描：称取干燥器中 TG 样品 1.00mg 置于 10mL 离心管中，加入 1mL 0.1mol/L 氢氧化钠溶液溶解，稀释 5 倍后，放进 F-7000 荧光光谱仪（F-7000，日立公司，日本）中待测，在室温（20℃ ± 2℃）下使用 700V 的氙灯，扫描速度为 1200nm/min。激发波长设定为 220～470nm，发射波长设定为 280～650nm，间隔波长均为 5nm。溶解有机物根据荧光光谱中不同的激发和发射波长（Chen et al.，2003）

划分并鉴定（http://microspheres.us/microsphere–basics/fluorochromes–excitation–emission–wavelengths/248.html）出 7 种荧光物质（图 4-2）。

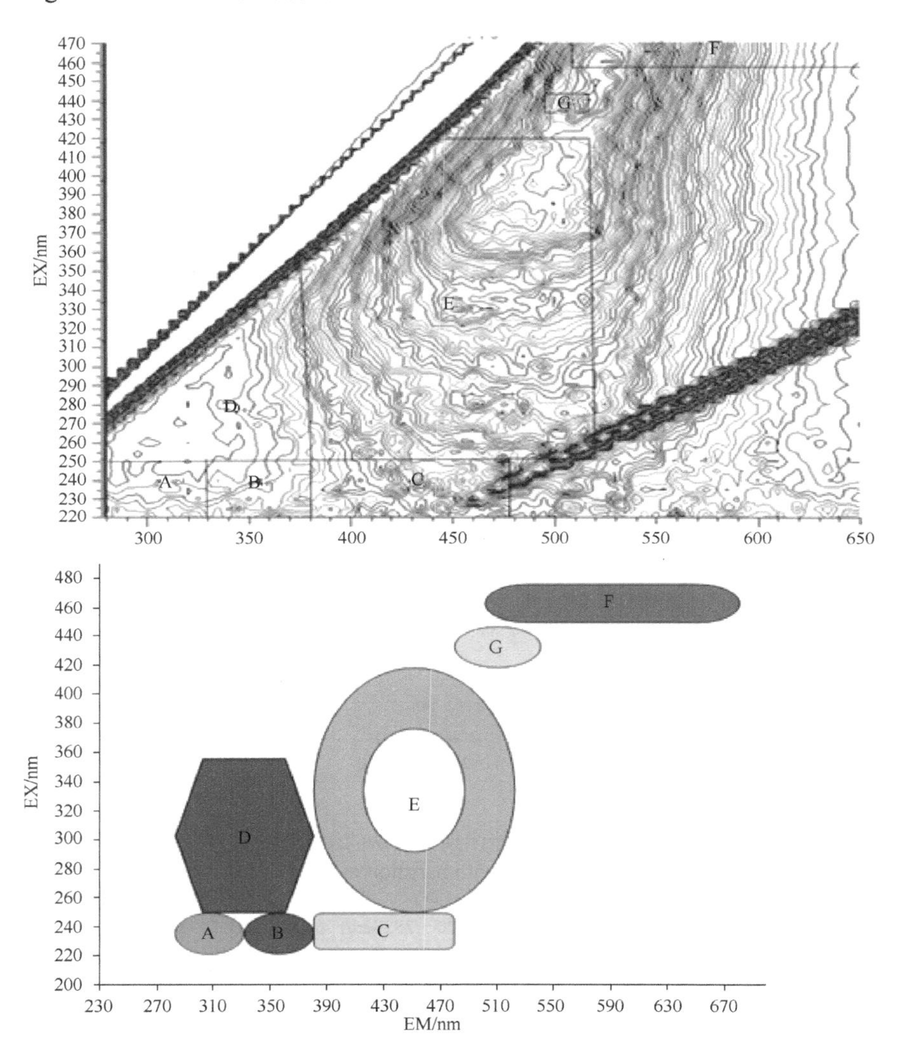

图 4-2　3D 荧光光谱中划分 GRSP 荧光物质的方法示意图。上边的图表示荧光物质分区的指纹图谱，下边的图表示荧光物质分区的模式图

Fig. 4-2　Schematic diagrams with partition method of fluorescent substances of GRSP by using 3-D fluorescence spectrum. Above diagram shows fingerprint of the partition of fluorescent substances, below diagram shows pattern of the partition of fluorescent substances

A. 类酪氨酸（EX=220～250nm，EM=280～330nm）；B. 类色氨酸（EX=220～250nm，EM=330～380nm）；C. 类富里酸(EX=220～250nm，EM=380～480nm)；D. 类可溶性微生物代谢产物(EX=250～360nm，EM=280～380nm)；E. 类腐殖酸（EX=250～420nm，EM=380～520nm）；F. 类硝基苯（EX=460～470nm，EM=510～650nm）；G. 类荧光增白剂（EX=440nm，EM=500～520nm）

紫外光谱扫描：称取干燥器中 TG 样品 1.000mg，用 1mL 0.1mol/L 氢氧化钠溶液将其溶解，稀释 10 倍，放进原子吸收光度计中待测，扫描波长为 250～450nm。紫外光谱扫描主要测定 TG 样品的紫外吸收峰。

4.1.3　数据处理

不同土层及地点 GRSP 含量、土壤理化性质指标的方差分析和 GRSP 含量的空间差异的多重比较均使用 SPSS 17.0 和 JMP 5.0.1 统计软件处理。拟合曲线和绘制图表使用 Excel 2010。

4.2　结果与分析

4.2.1　不同土层、地点土壤理化性质指标的差异

在松嫩平原地区，土壤平均 pH 和平均容重均随土层深度加深而逐渐增大（$p<0.05$），土壤平均含水量和平均电导率均随土层深度加深而逐渐降低（$p<0.05$）。不同地点间，土壤 pH 最高的肇州是土壤 pH 最低的明水的 1.15 倍；土壤容重最高的是杜蒙（1.51g/cm^3）；土壤含水量表现为富裕（17%）＞明水（16%）＞肇东（13%）＞兰陵=肇州（9%）＞杜蒙（5%）；富裕的土壤电导率是明水的土壤电导率的 1.88 倍（表 4-1）。

表 4-1　松嫩平原杨树防护林带不同土壤理化性质空间（地点、土层）差异的双因素方差分析结果

Table 4-1　Two-way ANOVA results on spatial（site，soil layer）variations of different soil physicochemical properties in poplar shelterbelt forests in Songnen Plain

指标	F 与 p 值	pH	电导率/(μS/cm)	容重/(g/cm^3)	含水量/%
地点	F 值	55.21	2.08	29.76	111.05
	p 值	0.000	0.068	0.000	0.000
土层深度	F 值	7.13	3.90	7.62	9.34
	p 值	0.000	0.004	0.000	0.000
交互作用	F 值	0.26	0.56	1.55	1.22
	p 值	1.000	0.937	0.062	0.232
地点相关的差异（平均值和它们的统计显著性）					
杜蒙		8.49a	105.70ab	1.51a	5.00d
富裕		8.46a	152.10a	1.40bc	17.00a
兰陵		7.68b	122.60ab	1.43b	9.00c
明水		7.44b	80.90b	1.32d	16.00a
肇东		8.51a	114.90ab	1.39bc	13.00b
肇州		8.53a	139.50ab	1.38c	9.00c
最大/最小		1.15	1.88	1.14	3.40

续表

指标	F与p值	pH	电导率/(μS/cm)	容重/(g/cm³)	含水量/%
土层深度相关的差异（平均值和它们的统计显著性）					
0～20cm		8.08ab	105.20b	1.37c	13.00a
20～40cm		8.00b	173.70a	1.39bc	12.00ab
40～60cm		8.15ab	114.40ab	1.41abc	11.00ab
60～80cm		8.32a	110.20b	1.43ab	10.00b
80～100cm		8.38a	92.90b	1.43a	10.00b
最大/最小		1.05	1.87	1.04	1.30
平均值		8.19	119.28	1.41	11.20

注：不同小写字母代表不同土层间或者不同地点间的差异显著性（$p<0.05$）

4.2.2 不同土层、地点的 GRSP 含量的差异

不同地点、不同土层及地点与土层交互作用中 TG 和 EEG 含量均存在显著差异（$p<0.05$）（表 4-2）。松嫩平原地区的 TG 含量为 0～20cm 土层＞20～40cm 土层＞40～60cm 土层＞60～80cm 土层＞80～100cm 土层，且差异显著（$p<0.05$）；不同地点间的 TG 含量明水最高，肇州最低，明水比肇州高出 68.18%。松嫩平原地区的 EEG 含量随着土层的加深呈下降趋势且差异显著（$p<0.05$）；不同地点间的 EEG 含量明水最高（0.87g/kg），肇东最低（0.22g/kg），明水比杜蒙高 81.25%（表 4-2）。

表 4-2 松嫩平原杨树防护林土壤 GRSP 空间（地点、土层）差异的双因素方差分析结果

Table 4-2 Two-way ANOVA results on spatial (site, soil layer) variations of GRSP (TG, EEG) concentration in poplar shelterbelt forests in Songnen Plain

指标	F与p值	TG 含量/(g/kg)	EEG 含量/(g/kg)
地点	F值	62.75	65.59
	p值	0.000	0.000
土层深度	F值	64.87	39.32
	p值	0.000	0.000
交互作用	F值	2.14	1.14
	p值	0.003	0.310
地点相关的差异（平均值和它们的统计显著性）			
杜蒙		2.93cd	0.48b
富裕		2.65d	0.38bc
兰陵		4.05c	0.30cd
明水		6.60a	0.87a
肇东		5.25b	0.22d
肇州		2.10d	0.33cd
最大/最小		3.14	3.95

续表

指标	F与p值	TG含量/(g/kg)	EEG含量/(g/kg)
土层深度相关的差异（平均值和它们的统计显著性）			
	0～20cm	6.29a	0.67a
	20～40cm	4.51b	0.51b
	40～60cm	3.81bc	0.38bc
	60～80cm	2.92cd	0.33c
	80～100cm	2.11d	0.26c
	最大/最小	2.98	2.58
	平均值	3.93	0.43

注：不同小写字母代表不同土层间或者不同地点间的差异显著性（$p<0.05$）

4.2.3　不同地点TG组成成分上的差异

红外光谱扫描实验主要对TG波谱中7个波数范围组分进行了分析（图4-1）。通过划分区域计算各吸收峰面积（表4-3），发现Ⅰ号官能团兰陵相对含量最高，Ⅱ号官能团杜蒙相对含量最高，Ⅲ、Ⅳ号官能团肇东相对含量最高，Ⅴ、Ⅶ号官能团肇州相对含量最高，Ⅵ号官能团明水相对含量最高，各个地点同一官能团相对含量之间不存在显著差异（$p>0.05$）。这7种官能团相对含量表现为Ⅰ>Ⅲ>Ⅵ>Ⅳ>Ⅱ>Ⅴ>Ⅶ。

表4-3　松嫩平原不同地点TG不同官能团吸收峰所占面积的差异性分析

Table 4-3　Differences of absorption peak area of functional traits of TG at different sites in Songnen Plain

地点	不同波段官能团的吸收峰面积						
	3750～3000cm^{-1}	3000～2820cm^{-1}	1750～1480cm^{-1}	1480～1320cm^{-1}	1320～1200cm^{-1}	1200～930cm^{-1}	930～840cm^{-1}
杜蒙	7293.0	331.3	1949.7	520.7	102.3	1150.0	26.7
富裕	8052.3	291.3	2019.3	444.0	113.0	1187.7	17.3
兰陵	8559.0	176.3	2045.7	483.3	59.0	1437.0	24.0
明水	8489.3	185.3	2083.0	536.7	65.7	1508.3	31.3
肇东	8203.7	301.3	2181.7	567.3	114.0	1205.3	18.3
肇州	7708.0	267.3	1960.0	453.3	116.7	1175.7	36.3
最大/最小	1.17	1.88	1.12	1.28	1.98	1.31	2.10
平均值	8050.9	258.8	2039.9	500.9	95.1	1277.3	25.7

注：各波数范围分别代表Ⅰ. 3750～3000cm^{-1}表示羧酸、酚类、醇类的O—H伸缩振动带，有机胺类、酰胺的N—H伸缩振动带，芳香族C—H的伸缩振动带；Ⅱ. 3000～2820cm^{-1}表示脂肪族C—H伸缩振动带；Ⅲ. 1750～1480cm^{-1}表示羧酸、酮类、氨基化合物中的C═O伸缩振动带，羧酸盐类中不对称的COO—伸缩振动带；Ⅳ. 1480～1320cm^{-1}表示羧酸盐类中对称的COO—伸缩振动带，—CH_2—和—CH_3基团的C—H弯曲收缩带；Ⅴ. 1320～1200cm^{-1}表示C—O伸缩振动带，—COOH的O—H弯曲收缩带；Ⅵ. 1200～930cm^{-1}表示多糖中C—O的伸缩振动带，粘土矿物和氧化物Si—O—Si伸缩振动带；Ⅶ. 930～840cm^{-1}表示O—H弯曲收缩带（Johnson and Aochi，1996）

X 射线衍射实验结果发现在 $2\theta=19.8°$时 TG 可以结晶，如表 4-4 所示，晶粒尺寸大小表现为杜蒙＞富裕＞肇州＞兰陵＞明水＞肇东，相对结晶度则表现为明水＞兰陵＞富裕＞杜蒙＞肇东＞肇州，晶粒尺寸平均为 129.3nm，结晶度平均为 1.08%。

表 4-4　松嫩平原各地点 TG 组成成分特征及差异

Table 4-4　Differences of compositional parameters of purified TG of different sites in Songnen Plain

地点	X 射线衍射		紫外光谱扫描			三维荧光光谱扫描						
	晶粒尺寸/nm	相对结晶度/%	OD 值	EX=295nm 时 EM 最大波长	EM 最大波长处荧光强度	A	B	C	D	E	F	G
兰陵	125	1.35	1.14	495	28.28	6.41	6.39	13.14	—	33.78	51.88	52.51
肇东	98	0.70	1.02	500	20.53	1.74	2.85	9.32	—	31.77	52.37	50.07
杜蒙	174	0.73	1.05	465	29.52	5.11	5.82	11.84	3.16	42.18	—	59.17
肇州	130	0.69	1.21	460	25.74	7.78	5.84	11.62	6.45	34.33	57.91	—
富裕	138	1.05	1.27	465	30.49	6.46	8.76	15.93	—	35.95	51.43	52.88
明水	111	1.98	1.37	510	22.57	4.23	5.63	10.4	—	25.70	41.3	—
平均	129.3	1.08	1.18	483	26.2	5.29	5.88	12	1.6	33.95	42.48	35.77
SD	2.61	0.51	0.13	22	3.98	2.13	1.89	2.31	2.69	5.38	21.5	27.87
最大/最小	1.41	2.87	1.34	1.11	1.49	4.47	3.07	1.71	2.04	1.64	1.40	1.18

注：A. 类酪氨酸；B. 类色氨酸；C. 类富里酸；D. 类可溶性微生物代谢产物；E. 类腐殖酸；F. 类硝基苯；G. 类荧光增白剂

TG 紫外最大吸收波长是（294.4±1.8）nm，如表 4-4 所示，OD 值表现为明水＞富裕＞肇州＞兰陵＞杜蒙＞肇东，各地点间无显著差异（p＞0.05）。由于紫外最大吸收波长平均值为 294.4nm，因此在分析松嫩平原地区各地点 TG 发射荧光光谱时，我们将 TG 固定激发波长为 295nm，得到所对应的发射光谱，最大发射波长均为明水＞肇东＞兰陵＞杜蒙=富裕＞肇州，富裕地区的 TG 在最大发射波长时荧光强度最大，平均值为 26.2。

对于三维荧光光谱，从表 4-4 中可以发现，类酪氨酸荧光强度，肇州最高，肇东最低；类色氨酸、类富里酸荧光强度，富裕最高，肇东最低；类可溶性微生物代谢产物荧光强度，肇州最高，杜蒙最低，其他地区没有；类腐殖酸荧光强度，杜蒙最高，明水最低；类硝基苯荧光强度，肇州最高，明水最低，杜蒙没有；类荧光增白剂荧光强度，杜蒙最高，肇东最低，明水、肇州没有。这 7 种物质荧光强度表现为 F＞G＞E＞C＞B＞A＞D。

4.2.4　GRSP 含量和组成成分与土壤相关指标的关系

由图 4-3 可知，松嫩平原杨树防护林土壤 TG、EEG 含量均与土壤 pH 呈显著负相关关系（$p<0.01$）；土壤容重平均值为 1.41g/cm^3，TG、EEG 含量均与土壤容重呈极显著负相关关系（$p<0.01$）；土壤含水量平均值为 11%，TG、EEG 含量均与土壤含水量呈极显著正相关关系（$p<0.01$）；土壤电导率平均值为 119.28μS/cm，TG、EEG 含量与土壤电导率呈正相关关系，但差异不显著（$p>0.05$）。与第 3 章农田结果相比，这些相关关系具有类似的趋势。

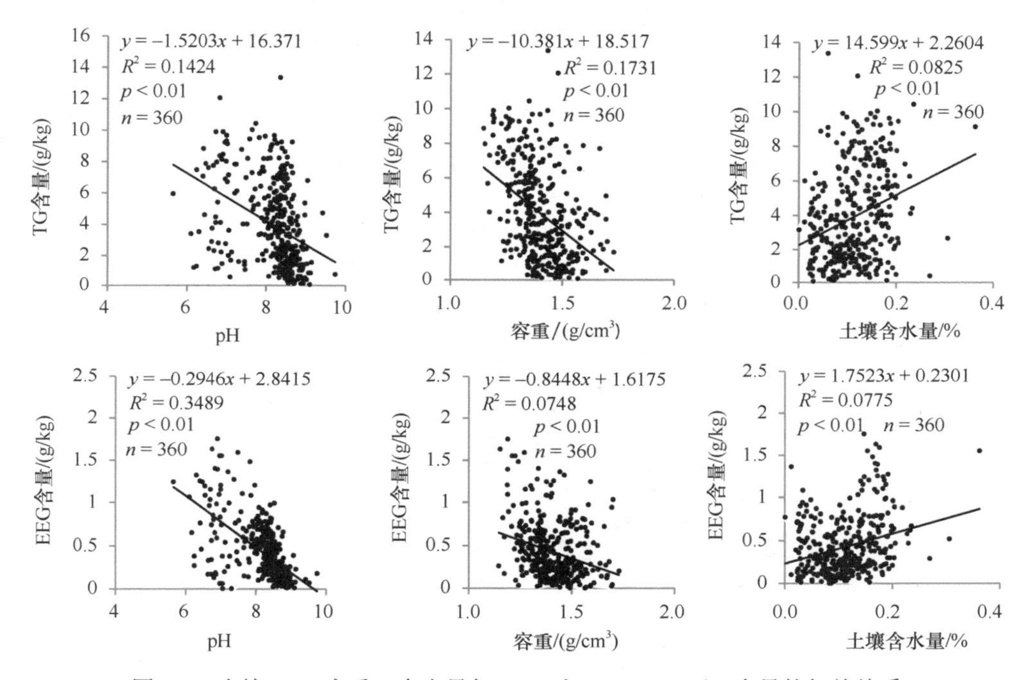

图 4-3　土壤 pH、容重、含水量与 TG（上）、EEG（下）含量的相关关系

Fig. 4-3　Correlations between soil pH，bulk density，moisture and TG concentration（up），EEG concentration（down）

经过分析比较，各土壤理化性质指标中，TG 的组成特征只与土壤 pH 存在显著相关关系（图 4-4），脂肪族 C—H、C—O，—COOH 的 O—H 与土壤 pH 呈显著正相关关系（$p<0.05$）；多糖中 C—O、Si—O—Si、相对结晶度与土壤 pH 呈显著负相关关系（$p<0.05$）。第 3 章中也发现了 pH 对农田 GRSP 的重要影响，主要表现在 pH 与官能团 II 的显著正相关，但是未检测出其他几个相关。

TG 组成特征与 TG 含量也存在显著的相关关系（图 4-5），羧酸、酚类、醇类的 O—H，有机胺类、酰胺的 N—H，芳香族 C—H，多糖中 C—O、Si—O—Si 及相对结晶度均与 TG 含量呈显著正相关关系（$p<0.05$）；类腐殖酸荧光强度与 TG 含量呈显著负相关关系（$p<0.05$）。

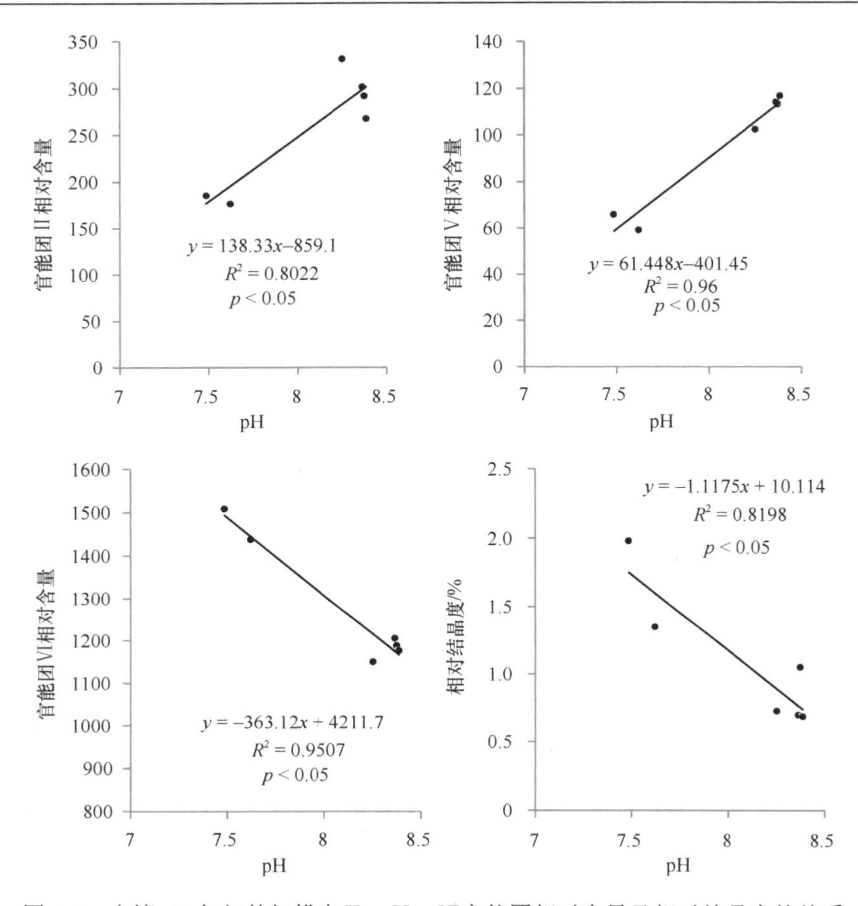

图 4-4　土壤 pH 与红外扫描中 II、V、VI官能团相对含量及相对结晶度的关系

Fig. 4-4　Correlations between soil pH and the concentration of functional trait II, V, VI, relative crystallinity

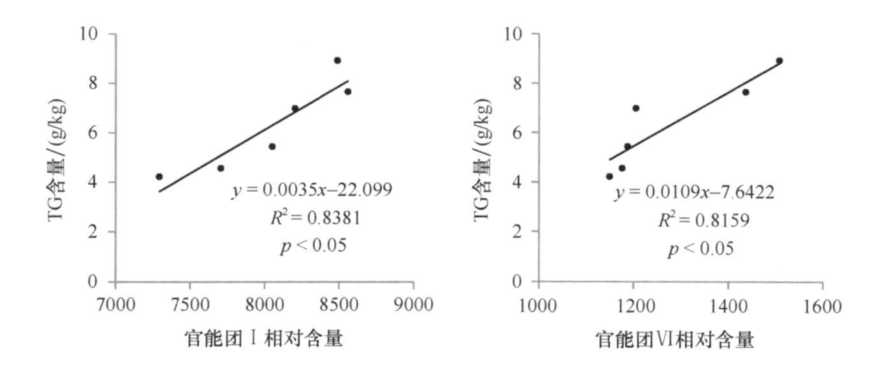

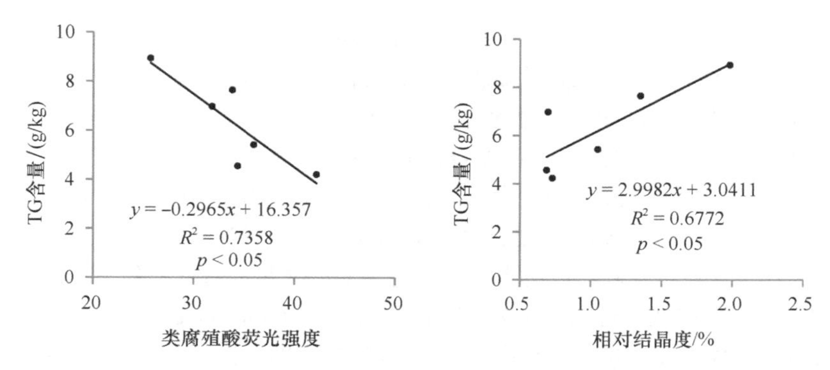

图 4-5 红外扫描中Ⅰ、Ⅵ相对含量、类腐殖酸荧光强度、相对结晶度与 TG 含量的关系
Fig. 4-5 Correlations between TG concentration and the relative content of functional trait Ⅰ，Ⅵ，fluorescence intensity of humic acid-like，relative crystallinity

4.3 讨 论

4.3.1 杨树防护林 GRSP 含量空间分布的差异

在松嫩平原地区，不同土层深度和不同地点均表现出 GRSP 含量的变化差异。对于 TG 含量的变化，不同地点间存在 3.14 倍的最大差异，不同土层间存在 2.98 倍的最大差异；对于 EEG 含量的变化，不同地点间存在 3.95 倍的最大差异，不同土层间存在 2.58 倍的最大差异（表 4-2）。在以前的研究中，也发现了 GRSP 含量在不同土层和地点间存在的差异。例如，唐宏亮等（2009）发现在农田（1.60～2.94g/kg）、人工草地（1.82～3.18g/kg）和果园（1.41～1.91g/kg）中 GRSP 含量随着土层的加深而降低。在蜜橘果园的植物根系周围 0～40cm 深度中，随着土壤深度加深 GRSP 含量呈明显下降趋势，EEG 和 TG 含量分别是 0.3～0.6g/kg 和 0.5～0.8g/kg。在不同土地利用方式下，如在退化的土壤和生长茂盛的橄榄林之间 GRSP 含量的差异是 1.5 倍（Hontoria et al.，2009）。另外，研究发现不同土地利用方式下最大超过 3 倍的地点间差异，含量大小顺序依次为次生林（3.47g/kg）＞稻田（2.87g/kg）＞橡胶人工林（2.27g/kg）＞果园（1.73g/kg）＞甘蔗（1.03g/kg）（祝飞等，2010）。甚至有研究报道不同地点之间 TG 含量的差异可以达到 16 倍（贺学礼等，2011a）。因此，不同土地利用方式、不同地点和不同土层深度均会引起 GRSP 含量较大的差异变化。

4.3.2 纯化 GRSP 组成特征的鉴定及空间差异

根据 GRSP 在土壤生态系统中的重要性，GRSP 的成分组成已成为科学家主要研究的重要问题之一。红外光谱扫描技术适合研究生物聚合物结构和多肽链结构等（陈静涛等，2008；Li et al.，2013a；Johnson and Aochi，1996）。通过使用这种技术，Schindler 等（2007）发现 GRSP 重要的类羧酸功能，而我们发现了 7 种 GRSP 的官能团组，分别是：Ⅰ号官能团（相对含量：8050.9）；Ⅱ号官能团（相对含量：258.8）；Ⅲ号官能团（相对含量：2039.9）；Ⅳ号官能团（相对含量：500.9）；Ⅴ号官能团（相对含量：95.1）；Ⅵ号官能团（相对含量：1277.3）；Ⅶ号官能团（相对含量：25.7）（图 4-1，表 4-3）。不同的 GRSP 官能团间存在 1.12～2.10 倍的差异。这些数据为未来 GRSP 的深入研究奠定基础，同时上述结果也是 GRSP 组成特征的新发现之一。

X 射线衍射扫描技术可以用于分析蛋白质结晶等（Gillespie et al.，2011；Hitchcock et al.，2005）。对于 GRSP，在分析测定其结晶位置和尺寸时，就可以使用这种技术（Stewart-Ornstein et al.，2007；Zubavichus et al.，2008）。Gillespie 等（2011）使用这种技术在原子和分子尺度水平分析鉴定出 GRSP 的化学结构，并揭示出 GRSP 是一种含有蛋白质、腐殖酸、脂质和无机物质的混合物。我们也使用这种技术，发现在 2θ=19.8°时出现 GRSP 的蛋白结晶峰，并测定换算出结晶 GRSP 平均晶粒尺寸（129.3nm）和相对结晶度（1.08%）（表 4-4）。我们通过上述实验再次验证了 GRSP 是一种蛋白复合物。

三维荧光光谱是研究溶液中蛋白质结构的有效方式（鄢远和许金钩，1997），也可以检测溶解有机物的荧光峰值等（Leenheer and Croué，2003）。在丛枝菌根结构和GRSP中进行的荧光检测，可以提供一些关于AMF和GRSP中铝元素的积累信息（Aguilera et al.，2011）。荧光抗体也用于检测丛枝菌根的菌丝和GRSP（Wright，2000）。本研究运用三维荧光光谱技术探索GRSP的荧光组成，发现它是一种包含 7 种荧光物质的混合物，即类酪氨酸、类色氨酸、类富里酸、类可溶性微生物代谢产物、类腐殖酸、类硝基苯、类荧光增白剂（图 4-2，表 4-4）。不同的GRSP荧光物质组成特征间存在 1.18～4.50 倍的差异。这些发现进一步验证了GRSP成分的复杂性。除了GRSP含量外，我们也可以通过GRSP组成特征探索GRSP可能的生态功能（Gillespie et al.，2011；Schindler et al.，2007），同时，我们也量化了不同地点间GRSP组成特征的差异（表 4-3，表 4-4）。本研究表明GRSP的空间差异既表现在GRSP含量上，也表现在GRSP组成特征上。

4.3.3 GRSP 含量和组成特征与土壤理化性质的相关关系

许多学者认为一些生物或者非生物因素可以作为GRSP含量产生差异的原因（Bedini et al.，2007；Bird et al.，2002），然而探索土壤理化性质与GRSP（含量和组成特征）的相关关系的研究相对较少。土壤pH是GRSP含量和组成特征产生差异的主要原因之一。土壤pH能直接影响丛枝菌根真菌的合成（Rillig and Allen，1999；Wu et al.，2011；江艳和武培怡，2009）。以前的研究也发现中性或者微酸性的土壤适合植物根系和真菌的生长（刘润进和李晓林，2000）。很多研究都报道了GRSP含量与土壤pH呈显著负相关关系（Chen et al.，2012；贺学礼等，2008；王诚煜等，2013），与我们的结果一致。同时，我们还发现GRSP组成特征中不同的官能团组成（脂肪族C—H，正相关；C—O和O—H，正相关；C—O、Si—O—Si，负相关）和相对结晶度（负相关）与土壤pH也呈显著相关关系。这些发现都验证了土壤pH对GRSP变化的重要影响。与前人的研究相似（Wu et al.，2011），GRSP含量与土壤容重呈显著负相关关系。这一结果指明了GRSP在调节土壤物理结构功能时的重要性。另外，GRSP的一些组成特征也和土壤容重有相关关系。因此，GRSP含量主要决定了土壤物理结构的修饰。

与第 3 章比较而言，GRSP 含量和组成除了与土壤肥力指标具有显著相关外（碳、氮、磷与含量；氮与官能团Ⅱ、Ⅴ；SOC 与官能团Ⅳ、Ⅶ和Ⅱ；总磷与结晶度），土壤物理化学性质（主要是 pH）也与 GRSP 含量组成具有显著相关性，在不同土地利用中（农田和防护林）具有普遍性。

4.4　小　　结

与农田类似，松嫩平原杨树防护林 TG、EEG 含量在不同地点和土层深度存在显著差异。GRSP（TG、EEG）含量与土壤容重和含水量紧密相关。在第 3 章的基础上，进一步确认 GRSP 荧光组成物质包括类色氨酸、类酪氨酸、类富里酸、类腐殖酸、类硝基苯、类可溶性微生物代谢产物、类荧光增白剂等，而红外官能团包括 O—H、N—H、C—H、C═O、COO—、C—O、Si—O—Si 等相关伸缩振动带和弯曲振动带。与农田类似，TG 在 2θ=19.8°时结晶，平均结晶度和晶粒尺寸分别为 1.08%、129.3nm。土壤 pH 是 GRSP 含量和组成特征（脂肪族 C—H、C—H、—COOH 的 O—H、Si—O—Si、多糖的 C—O 官能团和相对结晶度）产生差异的主要原因之一。这些基础数据均有助于我们进一步了解 GRSP 在维持土壤功能中的机制。

第 5 章　农田、杨树防护林与原始林球囊霉素相关土壤蛋白差异及启示

人们根据自然界土地本身的属性及规律开发和使用土地，有助于退化土地的生态恢复，而科学地人为辅助改变土地利用方式是土壤复原的有效方法之一。如第 1 章及前言所述，国家在生态环境保护方面投入巨大，包括退耕还林、“三北”防护林及正在实施的天然林保护工程。就松嫩平原而言，农田、防护林这种土地利用的改变已经持续了 30 多年，对于恢复土壤功能的程度如何，需要选取一个基础的本底值（如处于保护区的原始森林土壤）进行对比。本章从丛枝真菌特征代谢产物 GRSP 角度，结合土壤理化性质及肥力指标，旨在回答：①与原始林土壤对比，在退化的农田上造林如何影响土壤性质和 GRSP；②GRSP 和土壤性质间存在怎样的相关关系，GRSP 如何调节土壤质量；③对于退化土壤复原措施有什么建议。

5.1　材料与方法

5.1.1　研究样地概况和样品采集

本研究选取中国东北地区 3 种不同的土地利用方式，即原始林、农田和人工林，其中农田与人工林的研究地点概况及原始林、农田、人工林三者的土壤采集方法同第 2 章，但是采集土样只取 0～30cm 土层，而 GRSP 相关分析参见第 3 章和第 4 章。

原始自然森林位于长白山自然保护区内，选取具有典型黑土区域的原始顶级群落阔叶红松混交林，共 7 个样地，每个样地至少间隔 50m。由于原始自然森林属于自然生长，人为干扰和破坏较少，土壤质量依然保持着肥沃的状态，故可以作为退化土壤复原的一种衡量标准。选择的样地主要分布在海拔 764～1008m，127°46′～128°5′E，42°12′～42°24′N 的区域，胸径为 8.74～43.12cm，树高为 9.4～20.6m。主要树种有白桦、红松、水曲柳、蒙古栎、榆树、杨树等。

本研究选取长白山自然保护区内 7 个原始自然森林样地，杨树人工林及其对应的农田区域共计 144 个样地，因此，土壤样品总数为 151 个。在本研究中，GRSP 组成特征的测定分析会将杨树人工林和农田的 6 个样地分别混合，即 6 个采样区域内的 12 个点按比例混成 1 个样品，最终分析样品总数为 19 个。

5.1.2　研究方法

土壤肥力及理化性质测定同第 2 章。GRSP 含量测定、GRSP 提取纯化与相关指标测定（X 射线衍射、红外线光谱）参照第 4 章。

同时增加的测定项目为 X 射线光电子能谱扫描：分别取干燥器中少量 GRSP 样品，置于 X 射线光电子能谱仪器中，X 射线光电子能谱仪器型号为 K-Alpha（Thermo Scientific USA），测试条件是 X 射线 80kV 30mA，Mgka 线。首先对样品进行宽扫，扫描范围为 1000～0eV，主要分析 GRSP 样品的 O、Ca、Al、Fe、Si、C、N、P、K、Na、Mg 元素。

在 3D 荧光光谱测定数据分析方面（第 4 章），新增加了激光-发射光谱的平行因子分析（Wang et al.，2014b），共划分出 8 种主要的荧光物质（图 5-1）。

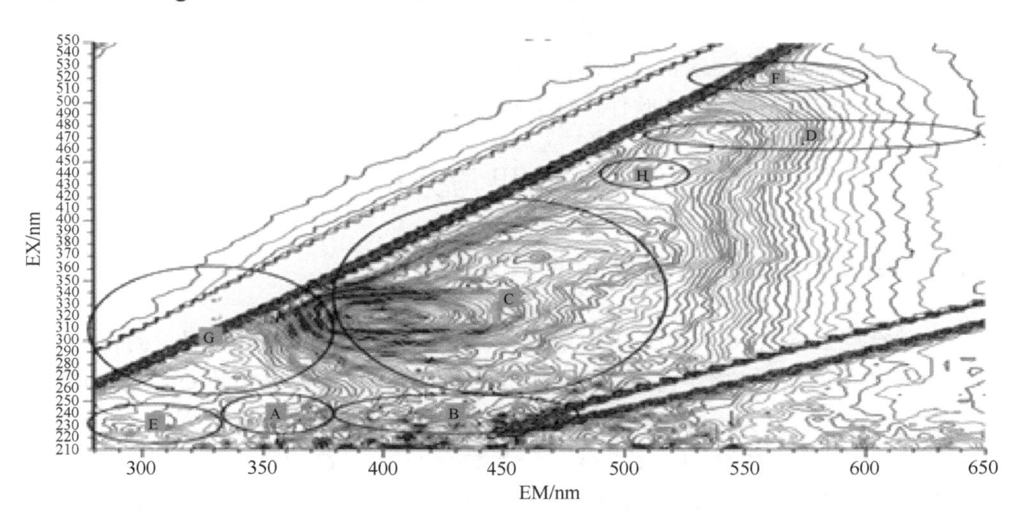

图 5-1　不同土地利用方式下 GRSP 荧光物质划分的示意图

Fig. 5-1　Schematic diagrams with partition method of fluorescent substances of GRSP

A. 类色氨酸（EX=220～250nm，EM=330～380nm）；B. 类富里酸（EX=220～250nm，EM=380～480nm）；C. 类腐殖酸（EX=250～420nm，EM=380～520nm）；D. 类硝基苯（EX=460～470nm，EM=510～650nm）；E. 类酪氨酸（EX=220～250nm，EM=280～330nm）；F. 类尼罗红（EX=515～530nm，EM=525～605nm）；G. 类可溶性微生物代谢产物（EX=250～360nm，EM=280～380nm）；H. 类荧光增白剂（EX=440nm，EM=500～520nm）

激发-发射光谱的平行因子分析参考 Guo 等（2007）的研究。所有激发-发射光谱数据均包括三项矩阵 $I \times J \times K$。三项矩阵可以分解为

$$X_{ijk} = \sum_{f}^{F} c_{if} b_{jf} a_{kf} + \sigma_{ijk} \quad i = 1, \cdots, I; j = 1, \cdots, J; k = 1, \cdots, K \tag{5-1}$$

式中，X_{ijk}是样品 i 在发射波长 j 和激发波长 k 时的荧光强度；F 是组成成分数目；c_{if} 与样品 i 中荧光成分 f 成正比；b_{jf} 和 a_{kf} 分别是荧光成分 f 的激发、发射波长的估计值；σ_{ijk} 是残余项，常数（Guo et al.，2012）。

激发-发射光谱的数据置于 Excel 表格中，将其以这种形式导入 Matlab 7.0 中，然后通过使用 Matlab 7.0 的 n-way 工具（http://www.models.kvl.dk/source/nwaytoolbox/）（Andersson and Bro，2000）进行平行因子分析。为了定量分析激发-发射光谱的数据，使用多重数据分析。

5.1.3　数据分析

不同地点 GRSP（含量和组成）、土壤质量相关性质指标的方差分析和 GRSP（含量和组成）差异的多重比较均使用 SPSS 17.0 和 JMP 5.0.1 软件统计分析。拟合曲线和绘制图表使用 Excel 2010。红外光谱扫描中各吸收峰的面积测量使用 Image J 软件处理，并参照 Johnson 和 Aochi（1996）分析各吸收峰表示的官能团。荧光物质鉴定和相对含量大小使用 Matlab 7.0 软件进行分析和计算。本章中提到的 GRSP 均为 TG。

5.2　结果与分析

5.2.1　GRSP 含量和组成成分的相关关系

通过检验 26 对 GRSP 含量和组成成分的相关关系，共发现 15 对显著的相关关系（表 5-1）。GRSP 含量与类色氨酸、类富里酸、类腐殖酸、OH 结构的 O—H 官能团、Al 元素、O 元素、Si 元素的相对含量呈显著的正相关关系（$p<0.05$）。同时，GRSP 含量与类尼罗红、脂肪族 C—H、C═O、不对称的 COO—、C—O、—COOH 的 O—H、C 元素、Ca 元素、N 元素、Na 元素的相对含量呈显著的负相关关系（$p<0.05$）（表 5-1）。

表 5-1　GRSP 含量和组成成分显著的相关关系（$p<0.05$），不显著的相关关系未在此列出

Table 5-1　Significant correlations between GRSP concentration and compositions（$p<0.05$），and non-significant correlations were not listed here

		方程式	R^2
荧光物质与 GRSP 含量的相关关系			
	类色氨酸	$y = 0.81x-0.59$	0.567
	类富里酸	$y = 2.98x-5.38$	0.509
	类腐殖酸	$y = 2.02x+20.71$	0.333
	类尼罗红	$y = -0.44x+15.14$	0.257

续表

	方程式	R^2
官能团与 GRSP 含量的相关关系		
脂肪族 C—H 伸缩振动带	$y = -11.84x+330.18$	0.548
C═O、不对称的 COO—伸缩振动带	$y = -17.28x+2046.3$	0.214
C—O 伸缩振动带、—COOH 的 O—H 弯曲收缩带	$y = -6.76x+124.71$	0.694
OH 结构的 O—H 弯曲收缩带	$y = 4.87x-0.5$	0.781
元素与 GRSP 含量的相关关系		
铝	$y = 0.33x-0.21$	0.742
氧	$y = 1.11x+25.94$	0.670
硅	$y = 0.69x-0.37$	0.741
钙	$y = -0.03x+0.77$	0.456
碳	$y = -1.93x+62$	0.666
氮	$y = -0.21x+5.46$	0.717
钠	$y = -0.07x+3.77$	0.474

5.2.2　GRSP 含量和组成成分与特征对土壤肥力性质的影响

78 对 GRSP 组成成分和特征与土壤肥力性质相关关系中，有 27 对显著的相关关系（$p<0.05$）（表 5-2）。GRSP 中类色氨酸、类富里酸、类腐殖酸、OH 结构的 O—H 官能团、Al 元素、O 元素、Si 元素的相对含量与有机碳含量呈显著的正相关关系（$p<0.05$）。同时，脂肪族 C—H、C═O、不对称 COO—、C—O、—COOH 的 O—H、C 元素、Ca 元素、N 元素、Na 元素的相对含量与有机碳含量呈显著的负相关关系（$p<0.05$）。另外，GRSP 中的类色氨酸、类富里酸、C═O、不对称 COO—、OH 结构的 O—H、Al 元素、O 元素、Si 元素的相对含量与 N 含量呈显著的正相关关系（$p<0.05$）。同时，类尼罗红、脂肪族 C—H、C—O、—COOH 的 O—H、C 元素、Ca 元素、Na 元素的相对含量与 N 含量呈显著的负相关关系（$p<0.05$）（表 5-2）。

除了 GRSP 组成成分和特征与土壤肥力性质存在显著相关关系外，GRSP 含量与有机碳（R^2=0.8329）、N（R^2=0.7562）含量也呈显著的正相关关系（$p<0.05$）。P 含量与 GRSP 含量呈正相关关系（$p>0.05$）（图 5-2）。

5.2.3　GRSP 含量和组成成分与特征对土壤理化性质的影响

GRSP 含量与土壤 pH、电导率、容重均呈显著的负相关关系（$p<0.05$）（图 5-2）。78 对 GRSP 组成成分和特征与土壤理化性质相关关系中，有 38 对显著的相关关系（$p<0.05$）（表 5-3）。GRSP 中类色氨酸、类富里酸、类腐殖酸、OH 结构的 O—H 官能

表 5-2　土壤肥力性质指标与 GRSP 组成成分和特征的显著相关关系，不显著的相关关系未在此列出

Table 5-2　Significant correlations between soil fertility-related parameters and GRSP compositions（$p<0.05$），and non-significant correlations were not listed here

GRSP 组成成分与特征	有机碳/(g/kg)		总氮/(g/kg)	
	方程式	R^2	方程式	R^2
GRSP 中荧光物质与土壤肥力性质指标的相关关系				
类色氨酸	$y = 0.24x+0.52$	0.485	$y = 3.52x-0.15$	0.390
类富里酸	$y = 0.88x-0.97$	0.422	$y = 11.92x-1.85$	0.300
类腐殖酸	$y = 0.63x+22.81$	0.308	—	—
类尼罗红	—	—	$y = -2.62x+16.09$	0.255
GRSP 中官能团与土壤肥力性质指标的相关关系				
脂肪族 C—H 伸缩振动带	$y = -3.35x+309.09$	0.420	$y = -58.24x+337.9$	0.487
C—O 伸缩振动带、—COOH 的 O—H 弯曲收缩带	$y = -1.92x+112.78$	0.534	$y = -31.01x+124.6$	0.537
C═O、不对称 COO—伸缩振动带	$y = -6.12x+2047.8$	0.256	$y = 98.57x+2084.9$	0.256
OH 结构的 O—H 弯曲收缩带	$y = 1.35x+8.91$	0.574	$y = 23.02x-1.81$	0.641
GRSP 中元素与土壤肥力性质指标的相关关系				
铝	$y = 0.09x+0.53$	0.500	$y = 1.41x+0.02$	0.492
氧	$y = 0.31x+28.02$	0.501	$y = 5.24x+25.66$	0.549
硅	$y = 0.19x+0.88$	0.559	$y = 2.87x+0.17$	0.481
碳	$y = -0.51x+57.56$	0.442	$y = -8.37x+61.02$	0.462
钙	$y = -0.01x+0.77$	0.520	$y = -0.13x+0.75$	0.299
氮	$y = -0.06x+5.15$	0.594	—	—
钠	$y = -0.03x+3.82$	0.647	$y = -0.33x+3.77$	0.370

团、Al 元素、O 元素、Si 元素的相对含量与土壤 pH 呈显著的负相关关系（$p<0.05$）。同时，GRSP 中类硝基苯、O—H、N—H、芳香族 C—H、脂肪族 C—H、C═O、不对称 COO—、C—O、—COOH 的 O—H、C 元素、Ca 元素、N 元素、Na 元素的相对含量与土壤 pH 呈显著的正相关关系（$p<0.05$）（表 5-3）。

GRSP 中类色氨酸、类富里酸、类腐殖酸、OH 结构的 O—H 官能团、Al 元素、O 元素、Si 元素的相对含量与土壤容重呈显著的负相关关系（$p<0.05$）。同时，GRSP 中脂肪族 C—H、C═O、不对称 COO—、C—O、—COOH 的 O—H、C 元素、Ca 元素、N 元素、Na 元素的相对含量与土壤容重呈显著的正相关关系（$p<0.05$）（表 5-3）。

GRSP 组成成分和特征与土壤电导率的相关关系较少（表 5-3）。GRSP 荧光物质组成与土壤电导率没有显著的相关关系（$p>0.05$）。GRSP 中 C—O、—COOH 的 O—H、

OH 结构的 O—H、Al 元素、C 元素、Si 元素、Ca 元素、Mg 元素、N 元素与土壤电导率呈显著相关关系（$p<0.05$）（表 5-3）。

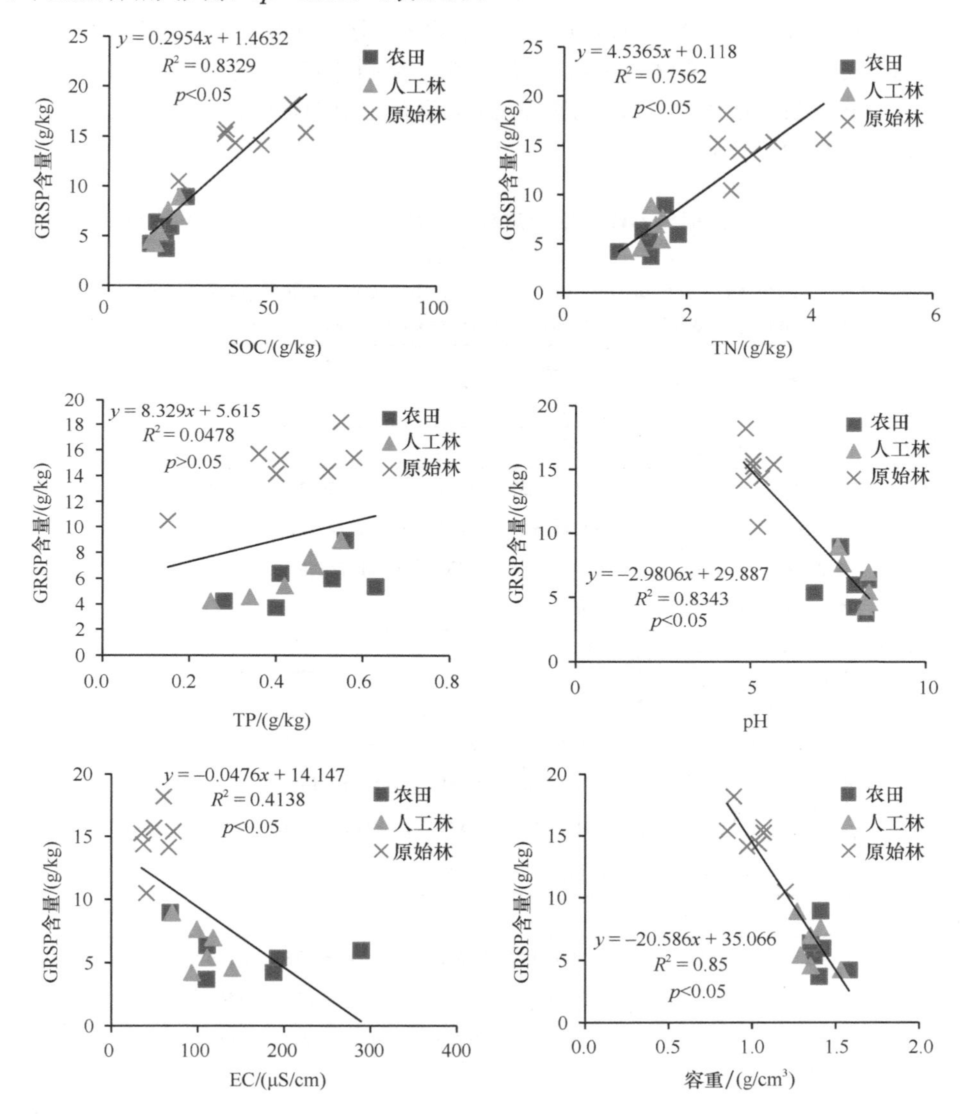

图 5-2　土壤性质与 GRSP 含量的相关关系

Fig. 5-2　Correlations between soil properties and GRSP concentration

5.2.4　GRSP 含量和组成成分及特征与土壤性质的逐步回归分析

逐步回归分析验证和补充了 GRSP 与土壤性质的相关关系。有机碳受 GRSP 含量和 GRSP 组成成分与特征中的 Na 元素、O—H、N—H、芳香族 C—H 的影响（有机碳=79.066+1.855GRSP 含量–11.118Na 元素–0.005O—H、N—H、芳香族 C—H）。N 含量受 GRSP 含量和 GRSP 组成成分与特征中的类可溶性微生物代谢产物、Fe 元素、Al 元素、C═O、不对称 COO—、类尼罗红、类硝基苯、类色氨酸等物质共同调节。对于 P 含量，GRSP 中 Na 元素和 Ca 元素是主要的影响因子，不受 GRSP 含量影响（表 5-4）。

表 5-3　土壤理化性质指标与 GRSP 组成成分和特征的显著相关关系，不显著的相关关系未在此列出

Table 5-3　Significant correlations between soil physicochemical parameters and GRSP compositions（$p<0.05$），and non-significant correlations were not listed here

GRSP 组成成分与特征	土壤 pH		容重/(g/cm^3)		电导率/(μS/cm)	
	方程式	R^2	方程式	R^2	方程式	R^2
GRSP 中荧光物质与土壤理化性质指标的相关关系						
类色氨酸	$y=-2.40x+23.57$	0.464	$y=-16.62x+27.8$	0.474	—	—
类富里酸	$y=-9.12x+85.23$	0.449	$y=-60.34x+97.8$	0.420	—	—
类腐殖酸	$y=-5.84x+79.76$	0.262	$y=-40.60x+90.3$	0.271	—	—
类硝基苯	$y=2.99x+20.22$	0.267	—	—	—	—
GRSP 中官能团与土壤理化性质指标的相关关系						
O—H、N—H、芳香族 C—H 伸缩振动带	$y=195.74x+6420$	0.297	—	—	—	—
脂肪族 C—H 伸缩振动带	$y=39.92x-55.73$	0.585	$y=241.47x-82.16$	0.457	—	—
C═O、不对称 COO—伸缩振动带	$y=75.95x+1360.7$	0.388	$y=452.99x+1318.4$	0.235	—	—
C—O 伸缩振动带、—COOH 的 O—H 弯曲收缩带	$y=24.44x-107.01$	0.852	$y=129.19x-99.84$	0.508	$y=0.34x+27.27$	0.319
OH 结构的 O—H 弯曲收缩带	$y=-17.01x+162.3$	0.895	$y=-100.27x+70.27$	0.664	$y=-0.26x+70.89$	0.395
GRSP 中元素与土壤理化性质指标的相关关系						
铝	$y=-1.14x+10.77$	0.830	$y=-6.40x+10.89$	0.556	$y=-0.02x+4.62$	0.357
氧	$y=-3.69x+61.76$	0.696	$y=-21.44x+63.1$	0.502	—	—
硅	$y=-2.26x+21.59$	0.766	$y=-13.51x+22.88$	0.584	$y=-0.03x+9.53$	0.355
镁	—	—	—	—	$y=-0.0022x+0.61$	0.220
钙	$y=0.09x-0.15$	0.396	$y=0.67x-0.35$	0.444	$y=0.0017x+0.31$	0.265
碳	$y=6.59x-1.41$	0.729	$y=36.96x-2.18$	0.491	$y=0.11x+32.70$	0.407
氮	$y=0.17x+1.96$	0.249	$y=4.04x-1.52$	0.552	$y=0.011x+2.46$	0.346
钠	$y=0.69x-1.24$	0.759	$y=1.78x+0.88$	0.607	—	—

表 5-4 土壤性质与 GRSP（含量和组成成分与特征）的逐步回归分析（使用 *F* 的概率是进入 0.1，删除 0.2）

Table 5-4 Stepwise regression analysis between soil properties and GRSP（concentration and compositions）（The probability of the *F*: enter 0.1，delete 0.2）

进入顺序	GRSP 包括的系数	未标准化系数		标准化系数	*t*	Sig.
		B	Std. Error	Beta 系数		
有机碳/(g/kg)						
	常数	79.066	24.117		3.278	0.005
1	GRSP 含量	1.855	0.348	0.600	5.328	0.000
2	钠	−11.118	3.195	−0.369	−3.480	0.003
3	O—H、N—H、芳香族 C—H 伸缩振动带	−0.005	0.002	−0.161	−1.957	0.069
总氮/(g/kg)						
	常数	3.249	0.638		5.095	0.000
1	GRSP 含量	0.172	0.020	0.899	8.763	0.000
2	类可溶性微生物代谢产物	0.017	0.004	0.211	4.111	0.002
3	铁	0.588	0.096	0.393	6.098	0.000
4	铝	−0.293	0.060	−0.587	−4.837	0.001
5	C═O、不对称 COO—伸缩振动带	−0.002	0.000	−0.336	−5.764	0.000
6	类尼罗红	−0.044	0.010	−0.268	−4.484	0.001
7	类硝基苯	0.017	0.006	0.155	2.579	0.027
8	类色氨酸	0.034	0.015	0.191	2.199	0.053
全磷/(g/kg)						
	常数	0.965	0.168		5.742	0.000
1	钠	−0.226	0.067	−0.881	−3.382	0.004
2	钙	0.358	0.152	0.615	2.359	0.031
土壤 pH						
	常数	3.761	0.990		3.799	0.003
1	OH 结构的 O—H 弯曲收缩带	−0.019	0.005	−0.345	−4.086	0.002
2	C—O 伸缩振动带、—COOH 的 O—H 弯曲收缩带	0.008	0.003	0.203	2.553	0.025
3	O—H、N—H、芳香族 C—H 伸缩振动带	0.001	0.000	0.181	4.854	0.000
4	GRSP 含量	−0.092	0.023	−0.301	−4.021	0.002
5	类硝基苯	0.018	0.007	0.107	2.826	0.015
6	铁	−0.247	0.094	−0.104	−2.625	0.022

续表

进入顺序	GRSP 包括的系数	未标准化系数		标准化系数	t	Sig.
		B	Std. Error	Beta 系数		
土壤容重/(g/cm³)						
	常数	0.512	0.169		3.027	0.011
1	GRSP 含量	–0.030	0.003	–0.674	–9.770	0.000
2	钠	0.160	0.030	0.366	5.360	0.000
3	对称的 COO—伸缩振动带、C—H 的弯曲收缩带	0.001	0.000	0.277	5.514	0.000
4	类荧光增白剂	0.002	0.000	0.206	4.184	0.001
5	类腐殖酸	0.002	0.001	0.145	2.521	0.027
6	类尼罗红	–0.004	0.002	–0.108	–2.079	0.060
电导率/(μS/cm)						
	常数	150.079	29.348		5.114	0.000
1	GRSP 含量	–11.897	2.843	–0.881	–4.185	0.001
2	类腐殖酸	1.593	0.814	0.412	1.957	0.068

就土壤 pH 而言，土壤 pH=3.761–0.019OH 结构的 O–H+0.008C—O、—COOH 的 O—H+0.001O—H、N—H、芳香族 C—H–0.092GRSP 含量+0.018 类硝基苯–0.247Fe 元素。GRSP 含量和类腐殖酸主要调节土壤电导率的大小。土壤容重主要受 GRSP 含量、Na 元素、对称的 COO—、C—H、类荧光增白剂、类腐殖酸、类尼罗红等 GRSP 组分调节（表 5-4）。

5.2.5　不同土地利用方式下土壤肥力、理化性质的差异

原始自然森林的有机碳（41.94g/kg）和总氮（3.05g/kg）含量分别是退化的农田和杨树人工林的土壤有机碳和总氮含量的 2.42 倍和 2.17 倍（$p<0.05$），但是杨树人工林和退化的农田土壤有机碳和总氮则没有显著差异（$p>0.05$）。农田中土壤全磷含量可达 0.47g/kg，而原始自然森林和杨树人工林则只有 0.42g/kg，但是不同土地利用方式下全磷含量没有显著差别（$p>0.05$）（表 5-5）。

土壤理化性质作为重要的生态因子，在生态系统中发挥着不可替代的作用。本研究主要研究土壤 pH、电导率和容重等土壤理化性质。在不同的土地利用方式下，土壤 pH、电导率和容重彼此存在差异（$p<0.05$）（表 5-5）。原始自然森林的土壤呈微酸性（pH=5.14），显著低于偏碱性土壤的杨树人工林（pH=8.08）和退化的农田（pH=7.83）（$p<0.05$）。除此以外，杨树人工林的土壤 pH 显著高于退化的农田土壤 pH（$p<0.05$）。

土壤电导率则是退化农田的最高（159.85μS/cm），分别是杨树人工林和原始自然森林的 1.5 倍和 3.1 倍（$p<0.05$）。原始自然森林的土壤容重（$1.01g/cm^3$）显著低于杨树人工林和退化的农田（$p<0.05$），而且杨树人工林土壤容重和农田土壤容重也表现出显著差异（$p<0.05$）（表 5-5）。

表 5-5　不同土地利用方式下 GRSP 含量和土壤性质的差异
Table 5-5　Variations of GRSP amount and soil properties in different land-uses

指标	原始自然森林	人工林	农田
GRSP 含量（平均值和统计显著性）	14.78a	6.29b	5.77b
土壤肥力性质指标（平均值和统计显著性）			
有机碳/(g/kg)	41.94a	17.2b	17.43b
总氮/(g/kg)	3.05a	1.39b	1.41b
全磷/(g/kg)	0.42a	0.42a	0.47a
土壤理化性质指标（平均值和统计显著性）			
土壤 pH	5.14c	8.08a	7.83b
电导率/(μS/cm)	51.4b	105.22b	159.85a
容重/(g/cm^3)	1.01c	1.37b	1.42a

注：不同小写字母代表不同林型间的差异显著性（$p<0.05$）

5.2.6　不同土地利用方式下 GRSP 含量和组成成分、特征差异

不同土地利用方式下 GRSP 含量存在差异，本研究发现原始自然森林土壤的 GRSP 含量（14.78g/kg）显著高于杨树人工林土壤 GRSP（6.29g/kg）和退化的农田土壤 GRSP（5.77g/kg）（$p<0.05$）。杨树人工林土壤 GRSP 含量比退化的农田土壤 GRSP 增加了 9%，但二者差异并不显著（$p>0.05$）（表 5-5）。

不同土地利用方式的荧光组成成分与特征存在差异，根据荧光检测分析得到，退化的农田土壤 GRSP 中含有 42 种荧光物质，杨树人工林土壤 GRSP 中含有 33 种荧光物质，原始自然森林土壤 GRSP 中含有 30 种荧光物质（表 5-6）。在 19 个研究地点中，全部含有的荧光物质有 4 种：类色氨酸、类富里酸、类腐殖酸、类硝基苯。类酪氨酸和类尼罗红在样地中出现的频率是 80%。类可溶性微生物代谢产物和类荧光增白剂在样地中出现的频率是 60%～80%。综上所述，GRSP 中共有 8 种荧光物质在样地中出现的频率大于 60%，并认为这 8 种荧光物质可能是 GRSP 中主要的荧光物质。

表 5-6 利用平行因子分析得到不同土地利用方式下 GRSP 的 49 种荧光物质

Table 5-6 49 fluorescent substances were observed in different land-uses with parallel factor analysis

No.	EX/EM/nm	可能的荧光物质	可能的分子式	物质观察数的频率				百分数/%
				人工林（No.）	农田（No.）	原始自然森林（No.）	总数（No.）	
1	220～250/330～380	类色氨酸蛋白	$C_{11}H_{12}N_2O_2$	6	6	7	19	100
2	220～250/380～480	类富里酸	$C_{135}H_{182}O_{95}N_5S_2$	6	6	7	19	100
3	250～420/380～520	类腐殖酸	$C_{187}H_{186}O_{89}N_9S_1$	6	6	7	19	100
4	460～470/510～650	（Cl^-）类硝基苯	$C_6H_2ClN_3O_3$	6	6	7	19	100
5	220～250/280～330	类酪氨酸蛋白	$C_9H_{11}NO_3$	5	5	6	16	84.21
6	515～530/525～605	类尼罗红	$C_{20}H_{18}N_2O_2$	6	5	5	16	84.21
7	250～360/280～380	类可溶性微生物代谢产物	—	6	3	3	12	63.16
8	440/500～520	类荧光增白剂	$C_{40}H_{42}N_{12}O_{10}S_2 \cdot 2Na$	4	4	4	12	63.16
9	450～490/515	Aurophosphine	$C_{16}H_{18}N_3Cl$	3	3	3	9	47.37
10	470/540	Astrazon orange R	$C_{28}H_{27}ClN_2$	3	2	4	9	47.37
11	540～590/560～650	Pyronine B	$C_{21}H_{27}ClN_2O$	3	2	2	7	36.84
12	523～557/595	Rhodamine B 200	$C_{28}H_{31}ClN_2O_3$	3	1	2	6	31.58
13	540/550～600	Rose bengal	$C_{20}H_4Cl_4I_4O_5$	2	2	2	6	31.58
14	440/530	Sevron orange	$C_{22}H_{23}ClN_2$	1	2	3	6	31.58
15	365/395	9-（Bis amino-phenyl oxadiazole）	$C_{14}H_{12}N_4O$	1	4	0	5	26.32
16	355～425/460	Acriflavin-like	$C_{27}H_{25}ClN_6$	2	1	1	4	21.05
17	380～415/520～530	5-Hydroxy-tryptamine	$C_{10}H_{12}N_2O$	1	3	0	4	21.05
18	370～385/477～484	Thiolyte	$C_{10}H_{11}BrN_2O_2$	1	2	1	4	21.05
19	465/535	NBD chloride-like	$C_6H_2ClN_3O_3$	3	0	1	4	21.05
20	430/520	Brilliant sulpho-flavin FF	$C_{19}H_{14}N_2O_5S \cdot Na$	1	2	1	4	21.05
21	470/550	Acridine yellow	$C_{15}H_{15}N_3$	1	2	1	4	21.05
22	500/585	Astrazon brilliant red 4G	$C_{23}H_{26}ClN_3$	1	2	1	4	21.05
23	365/420～430	True blue	$C_{20}H_{18}Cl_2N_4O_2$	2	1	0	3	15.79

续表

No.	EX/EM/nm	可能的荧光物质	可能的分子式	物质观察数的频率				百分数/%
				人工林（No.）	农田（No.）	原始自然森林（No.）	总数（No.）	
24	340～380/430	Diamino naphthyl-sulphonic acid	$C_{16}H_{13}N_5O_5S$	1	1	1	3	15.79
25	310～370/520	Dimethylamino-5-sulphonic acid	$C_{12}H_{13}NO_3S$	2	1	0	3	15.79
26	465/565	Phosphine	PH_3	1	0	2	3	15.79
27	530～560/580	Alizarin complexon	$C_{19}H_{15}NO_8$	1	1	1	3	15.79
28	535～553/605	Pontachrome blue black BB-like	$C_{20}H_{13}N_2O_5S\cdot Na$	1	1	1	3	15.79
29	530/590	Sevron brilliant red B	$C_{24}H_{15}N_3Na_2O_7S_3$	2	1	0	3	15.79
30	510/580	Thiazine red R	$C_{24}H_{15}N_3O_7S_3\cdot 2Na$	0	2	0	2	10.53
31	365/495	Nuclear yellow	$C_{25}H_{25}N_7O_2S\cdot 3HCl$	1	1	0	2	10.53
32	365/460	Stilbene isothio sulphonic acid	$C_{14}H_{12}N_2O_8S_2$	1	1	0	2	10.53
33	375/430	C.I. Fluorescent brightener 41-like	$C_{15}H_{11}NS$	0	1	1	2	10.53
34	340/490～520	Dopamine	$C_8H_{11}NO_2$	0	1	1	2	10.53
35	450/530	7-Nitrobenz-2-Oxa-1，3-Diazole（NBD）Amine	$C_{38}H_{68}N_4O_3$	0	0	2	2	10.53
36	430/550	Berberine sulphate	$C_{40}H_{36}N_2O_8O_4S$	0	1	1	2	10.53
37	370/440	Calcofluor RW	$C_{14}H_{17}NO_2$	1	0	0	1	5.26
38	370/430	Leucophor PAF	$C_{40}H_{40}N_{12}Na_4O_{16}S_4$	1	0	0	1	5.26
39	395/465	Leucophor WS	$C_{14}H_{17}NO_2$	0	1	0	1	5.26
40	350/405～482	Indo-1	$C_{32}H_{31}N_3O_{12}$	0	1	0	1	5.26
41	360/465	7-Hydroxy-4-methylcoumarin	$C_{10}H_8O_3$	0	1	0	1	5.26
42	360/430	Intrawhite CF	$C_{34}H_{28}N_{10}Na_2O_8S_2$	0	1	0	1	5.26
43	450/580	Aurophosphine G	$C_{16}H_{18}ClN_3$	0	1	0	1	5.26
44	460/550	Auramine	$C_7H_{21}N_3$	0	1	0	1	5.26
45	430/540	Euchrysin	$C_{16}H_{18}ClN_3$	0	1	0	1	5.26
46	470/565	Rhodamine 5 GLD	$C_{27}H_{29}N_2O_3Cl$	0	1	0	1	5.26
47	430/535	Lucifer yellow	$C_{13}H_{10}Li_2N_4O_9S_2$	0	1	0	1	5.26
48	540/580	Rhodamine B	$C_{28}H_{31}ClN_2O_3$	0	0	1	1	5.26
49	520/595	Astrazon red 6B	$C_{24}H_{30}C_{12}N_2$	0	0	1	1	5.26
每种土地利用方式下的总荧光物质数				33	42	30		

不同土地利用方式下，退化的农田和杨树人工林土壤 GRSP 的主要荧光物质产生的差异要小于二者与原始自然森林土壤 GRSP 的主要荧光物质产生的差异（表 5-7）。原始自然森林土壤 GRSP 的类色氨酸荧光强度分别是退化的农田和杨树人工林的 2.28 倍和 3.23 倍（$p<0.05$）。原始自然森林土壤 GRSP 的类富里酸荧光强度是退化的农田和杨树人工林的 3.07 倍和 3.55 倍（$p<0.05$）。然而，杨树人工林和退化的农田土壤 GRSP 中的类色氨酸荧光强度和类富里酸荧光强度则没有显著差异（$p>0.05$）。不同土地利用方式下，其他 6 种主要的 GRSP 中荧光物质的荧光强度没有显著差别（$p>0.05$）（表 5-7）。

表 5-7 不同土地利用方式下 GRSP 组成成分与特征的相对含量及其统计显著性

Table 5-7 Relative content of GRSP compositions and their differences in different land use

GRSP 组成成分与特征	原始自然森林	人工林	农田
GRSP 中的元素[相对含量平均值（%）和统计显著性]			
铝	4.79a	1.28b	2.17b
碳	33.36b	52.19a	48.69a
钾	1.86a	2.67a	1.17a
磷	0.38a	0.30a	0.28a
氧	42.60a	31.45b	33.56b
硅	9.69a	3.01b	4.50b
钙	0.30b	0.55a	0.65a
铁	1.36a	0.92a	1.03a
镁	0.51a	0.35a	0.28a
氮	2.39b	4.31a	4.15a
钠	2.78b	3.20ab	3.42a
GRSP 中的官能团（相对含量的平均值和统计显著性）			
O—H、N—H、芳香族 C—H 伸缩振动带	7415.66a	8050.88a	7917.38a
脂肪族 C—H 伸缩振动带	157.33b	258.80a	256.12a
C═O、不对称的 COO—伸缩振动带	1746.96b	2039.90a	1895.38ab
对称的 COO—伸缩振动带、C—H 弯曲收缩带	417.29b	500.88a	459.20a
C—O 伸缩振动带、—COOH 的 O—H 弯曲收缩带	20.94b	95.12a	77.17a
Si—O—Si、多糖 C—O 伸缩振动带	1283.29a	1277.33a	1222.57a
OH 结构的 O—H 弯曲收缩带	75.67a	25.65b	27.18b
GRSP 中的荧光物质（荧光强度的平均值和统计显著性）			
类色氨酸	11.48a	3.55b	5.04b
类富里酸	39.57a	11.15b	12.89b
类腐殖酸	51.57a	27.30a	37.21a
类硝基苯	35.57a	45.89a	42.19a
类酪氨酸	3.70a	1.79a	1.94a
类尼罗红	5.86a	12.20a	10.84a
类可溶性微生物代谢产物	7.40a	3.72a	4.72a
类荧光增白剂	20.69a	33.64a	33.96a

注：不同小写字母代表不同林型间的差异显著性（$p<0.05$）

GRSP中含有7种官能团，在不同土地利用方式下，相对含量各不相同。2种GRSP官能团相对含量在不同的土地利用方式下不存在显著差异（$p>0.05$）；原始自然森林土壤有一种GRSP官能团相对含量显著高于杨树人工林土壤和退化的农田土壤（$p<0.05$）；原始自然森林土壤GRSP有4种官能团相对含量低于或者显著低于杨树人工林和农田（$p<0.05$）（表5-7）。

不同土地利用方式下，GRSP中表面元素的相对含量也不相同。3种土地利用方式下GRSP表面元素的K、P、Fe和Mg不存在显著差异（$p>0.05$）。原始自然森林土壤的GRSP表面元素Al、O和Si分别是杨树人工林和农田土壤的2.2～3.8倍、1.3倍和2.2～3.3倍，同时原始自然森林土壤GRSP表面有较低的C、Ca和N元素（$p<0.05$）。然而，杨树人工林土壤和农田土壤GRSP表面的上述6个元素则不存在显著差异（$p>0.05$）。农田土壤GRSP表面的Na元素是原始自然森林的1.23倍（$p<0.05$）（表5-7）。

5.3　讨　　论

5.3.1　GRSP组成成分与特征的复杂性

GRSP组成成分与特征比以前研究报道的更为复杂，并且GRSP含量和组成成分与特征之间存在着一些显著的相关关系。以前的研究认为GRSP由三部分组成：蛋白质主体、碳水化合物和一些金属离子（Gadkar and Rillig，2006；Hosny et al.，1999）。凝合外源凝集素能力和高性能的毛细管电泳数据表明，GRSP是一种主要由天冬氨酸连接的多糖链的糖基蛋白（Wright and Upadhyaya，1998）。通过总结前人的研究结果，GRSP的组成成分与特征主要包括单糖基化蛋白、芳香族化合物、羧基、碳水化合物、脂质、腐殖质、氨基酸和一些含有C、N、O、H、Fe、Cr等元素的化合物（Gillespie et al.，2011；Gil-Cardeza et al.，2014；Rillig，2004；Rillig et al.，2001；Schindler et al.，2007）。在本研究中，一个重要的新发现是不同土地利用方式下GRSP共含有49种荧光物质，林地土壤的荧光物质多样性（原始自然森林30种，杨树人工林33种）要小于农田土壤的荧光物质多样性（42种）。结果显示GRSP主要包括8种主要的荧光物质、7种官能团，以及一些诸如Mg、Si、Na、Ca等表面元素。此外，很少的研究报道GRSP组成成分与特征和含量的关系。我们深入地研究了这种关系，发现GRSP含量与类色氨酸、类富里酸、类腐殖酸、OH结构的O—H官能团、Al元素、O元素和Si元素呈显著的正相关关系（$p<0.05$）。GRSP含量与GRSP组成成分与特征中类尼罗红、脂肪族C—H、C═O、不对称COO—、C—O、—COOH的O—H、C元素、Ca元素、N元素、Na元素呈显著的负相关关系（$p<0.05$）（表5-1）。我们的研究结果补充了GRSP组成成分与特征的研究，表明GRSP组成成分与特征比我们预期的更

复杂，还有许多未知的问题需要我们深入研究。

5.3.2 GRSP 在改善土壤质量方面发挥的重要作用

全磷含量和 GRSP 组成成分与特征均与有机碳含量和总氮含量呈显著的相关关系，GRSP 的组成成分与特征可以调节土壤全磷含量。许多研究也发现了 GRSP 含量与有机碳含量的关系（R^2=0.73，0.79）（Woignier et al.，2014；刘振坤等，2013），总氮含量（R^2=0.89，0.63）（Rillig et al.，2003b；王诚煜等，2013）和有效氮含量（R^2=0.62，0.68）呈显著正相关（许伟等，2015；贺学礼等，2011b）（p＜0.05）。表 5-8 和表 5-9 列出了前人对相关关系的汇总，我们的研究结果和前人的结果一致（图 5-2）。而且，我们还发现 GRSP 组成成分与特征也和有机碳、氮含量呈显著的相关关系，GRSP 组成成分中包括类色氨酸、类富里酸、OH 结构的 O—H 官能团、Al 元素、O 元素、Si 元素、类腐殖酸等物质均可以改善有机碳、氮含量（表 5-2）。同时，有机碳含量也可以被 GRSP 组成成分中 Na 元素、O—H、N—H、芳香族 C—H 等物质共同调节。土壤氮含量受 GRSP 组成成分中类可溶性微生物代谢产物、Fe 元素、Al 元素、C═O、不对称 COO—、类尼罗红、类硝基苯、类色氨酸等物质共同调节（表 5-4）。此外，近期研究显示在有机农业中，长期施用磷肥，可以增加物种数量及丰富度、AM 真菌的多样性、GRSP 含量等，但倾向于降低外菌丝的长度，表明磷肥在维持土壤肥力时起着至关重要的作用（Dai et al.，2013）。而在我们的研究中，发现土壤磷含量与 GRSP 含量也呈正相关关系，与 GRSP 组成成分中的 Na、Ca 元素有紧密的相关关系（表 5-4），显示出土壤磷元素也受 GRSP 组成成分与特征的调节。这些发现表明 GRSP 含量和组成成分与特征对土壤肥力具有重要的调节作用。

表 5-8　前人对 TG 与土壤指标相关性的汇总数据（Wang Q and Wang W，2015）

Table 5-8　Relations between TG and soil parameters published in previous reference

序号	拟合方程	R^2	显著性
SOC 与 TG			
1	正相关	0.67	＜0.001
2	正相关	0.90	＜0.001
3	SOC = 9.90 TG + 0.56	0.95	0.01
4	SOC = 4.55 TG + 7.55	0.99	0.061
5	SOC = 2.53 TG + 9.05	0.72	＜0.001
6	正相关	0.59	＜0.01
7	正相关	0.98	＜0.001
8	正相关	0.26	＜0.01
9	正相关	0.59	＜0.01
10	SOC = 3.45 TG + 3.55	0.94	＜0.001
11	正相关	0.50	＜0.01

续表

序号	拟合方程	R^2	显著性
SOC 与 TG			
12	正相关	0.58	＜0.01
13	正相关	0.97	＜0.01
14	正相关	0.72	＜0.01
15	正相关	0.99	0.01
16	正相关	0.64	＜0.01
17	正相关	0.73	＜0.01
18	正相关	0.24	＜0.01
19	SOC = 3.85 TG – 3.69	0.66	＜0.01
20	SOC = 29.18 TG – 24.15	0.43	＜0.01
21	SOC = 3.41 TG + 12.59	0.79	＜0.01
22	正相关	0.77	＜0.01
N 与 TG			
1	正相关	0.89	＜0.001
2	N = 0.31 TG + 0.94	0.71	＜0.001
3	有效 N（正相关）	0.17	＜0.01
4	有效 N（正相关）	0.17	＜0.01
5	有效 N（正相关）	0.25	＜0.01
6	正相关	0.46	＜0.01
7	正相关	0.65	＜0.01
8	有效 N（正相关）	0.96	＜0.01
9	有效 N（正相关）	0.62	＜0.01
10	有效 N（正相关）	0.13	＜0.01
11	有效 N（正相关）	0.36	＜0.05
12	正相关	0.63	＜0.01
13	正相关	0.68	＜0.01
14	有效 N（正相关）	0.61	＜0.01
土壤 pH 与 TG			
1	负相关	0.2	0.0115
2	负相关	0.07	＜0.01
3	负相关	0.07	＜0.01
4	负相关	0.40	＜0.01
5	负相关	0.76	＜0.01
6	负相关	0.24	＜0.01
7	TG = – 1.52 pH + 16.37	0.14	＜0.01
土壤物理性质与 TG			
1	与团聚体稳定性正相关（%）	0.49	＜0.001
2	团聚体稳定性（%）= 17.9 TG + 1.40	0.78	＜0.001
3	团聚体稳定性（%）= 2.78 TG + 12.42	0.19	＜0.0001
4	与容重（g/cm^3）负相关	0.40	＜0.01
5	TG= – 10.38 容重（g/cm^3）+ 18.52	0.17	＜0.01

表 5-9 前人对易提取 GRSP（EEG）与土壤指标相关性的汇总数据（Wang Q and Wang W，2015）

Table 5-9 Relations between EEG and soil parameters published in previous references

序号	拟合方程	R^2	显著性
SOC 与 EEG			
1	正相关	0.24	<0.01
2	正相关	0.66	<0.001
3	SOC = 4.82 EEG + 10.1	0.46	<0.01
4	正相关	0.55	<0.01
5	正相关	0.98	<0.001
6	正相关	0.55	<0.01
7	正相关	0.13	<0.01
8	正相关	0.34	<0.01
9	正相关	0.57	<0.01
10	正相关	0.80	<0.01
11	SOC = 28.57 EEG + 0.77	0.87	<0.001
12	正相关	0.68	<0.01
13	正相关	0.95	<0.01
14	正相关	0.98	0.01
15	正相关	0.20	<0.01
16	正相关	0.41	<0.01
17	正相关	0.60	<0.01
18	SOC = 16.67 EEG – 5.5	0.61	<0.05
19	SOC = 26.47 EEG – 15.07	0.46	<0.01
20	SOC = 5.68 EEG + 19.4	0.88	<0.01
21	正相关	0.48	<0.01
N 与 EEG			
1	正相关	0.71	<0.001
2	N = 0.65 EEG + 0.93	0.56	<0.01
3	有效 N（正相关）	0.19	<0.01
4	有效 N（正相关）	0.19	<0.01
5	有效 N（正相关）	0.21	<0.01
6	有效 N（正相关）	0.77	<0.01
7	正相关	0.76	<0.01
8	正相关	0.53	<0.01
9	有效 N（正相关）	0.56	<0.01
10	正相关	0.54	<0.01
11	有效 N（正相关）	0.46	<0.05

续表

序号	拟合方程	R^2	显著性
N 与 EEG			
12	正相关	0.39	<0.01
13	正相关	0.41	<0.01
14	有效 N（正相关）	0.17	<0.01
土壤 pH 与 EEG			
1	负相关	0.29	0.0023
2	负相关	0.10	<0.01
3	负相关	0.10	<0.01
4	负相关	0.22	<0.01
5	负相关	0.21	<0.01
6	负相关	0.74	<0.01
7	EEG = – 0.29 pH + 2.84	0.35	<0.01
土壤物理性质与 EEG			
1	与团聚体稳定性（%）正相关	0.48	<0.001
2	团聚体稳定性（%）= 5.56 EEG – 0.72	0.32	<0.0001
3	与土壤容重（g/cm^3）显著负相关	0.18	<0.01
4	EEG = –0.84 容重（g/cm^3）+ 1.62	0.07	<0.01

GRSP 含量和组成成分可以显著降低土壤容重、电导率。通过研究证实，容重与 GRSP 含量呈显著的负相关关系（Wang et al.，2014b；王诚煜等，2013）。同时，土壤容重与 GRSP 的组成成分也有一定的显著相关关系（表 5-3，表 5-4，图 5-2）。表 5-8 和表 5-9 列出了前人对相关关系的汇总，我们的研究同前人的研究一样。土壤电导率也与 GRSP 含量和组成成分中的 OH 结构的 O—H、—COOH、C—O 等官能团，表面 Al、Si、Mg、C、Ca、N 等元素呈现显著的相关关系（$p<0.05$）。因此，GRSP 含量和组成成分的变化可以有效地调节土壤容重、电导率的大小。

土壤 pH 是影响 GRSP 含量和组成成分变化的重要原因（表 5-3，表 5-4，图 5-2）。前人和我们的研究都证实了中性或者微酸性的土壤适合土壤 GRSP 的积累（Chen et al.，2012；Rillig et al.，2003b；王诚煜等，2013）。此外，我们也发现土壤 pH 与 GRSP 的组成成分呈显著的相关关系（$p<0.05$），包括 GRSP 组成成分中的类硝基苯、O—H、N—H、芳香族 C—H、脂肪族 C—H、C═O、不对称 COO—、对称 COO—、C—H、C 元素、Ca 元素、Na 元素、N 元素等。

图 5-3 对比了前人的研究结果，发现 GRSP 与 SOC 相关性 R^2 最大，其次是土壤 N，而土壤 pH 与土壤物理性质的相关性 R^2 也多在 0.26 以上。对比 EEG 和 TG 可以看出，TG 与 SOC、N 和土壤物理性质的相关性一般高于 EEG，而与 pH 的相关性 R^2 相差不大（图 5-3）。

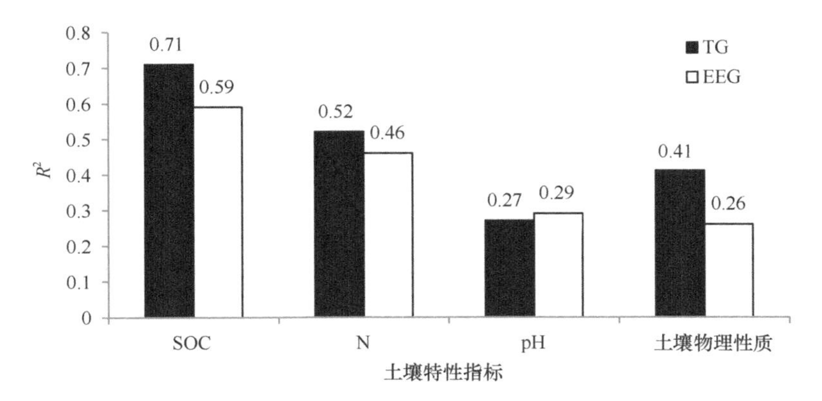

图 5-3　EEG、TG 与土壤有机碳 SOC、土壤 N、土壤 pH 和土壤物理性质相关性 R^2 的比较

数据来源于表 5-8 和表 5-9

Fig. 5-3　Differences in the linear R^2 values between TG，EEG and various soil properties

The R^2 values were from Table 5-8 and Table 5-9

5.3.3　造林对土壤质量、GRSP 含量和组成成分与特征的影响

尽管很多研究都报道了在退化的耕地土壤上造林时土壤性质的变化，但我们仍然不清楚这种变化的方向及恢复到自然森林土壤质量水平需要的时间等问题。历史上的大规模土地开垦使东北地区已经成为重要的商品粮产区，但是由于连年耕种，土壤退化比较严重（Gong et al.，2013；Wang et al.，2009）。本研究发现，在退化的农田上造林可以显著降低表层土壤的容重（4%）和电导率（34%）（表 5-5）。在以前的研究中，在退化的农田上造林可以影响土壤物理性质。在埃塞俄比亚，15 年的墨西哥柏树人工林会降低土壤容重（Lemenih et al.，2004）。Gol（2009）发现榛树林的土壤容重（1.1g/cm^3）高于自然森林土壤（0.7g/cm^3）和玉米田土壤（1.0g/cm^3）。在波兰，在退化的土壤上造林使土壤容重升高（Olszewska and Smal，2008）。

然而，比起原始自然森林，造林对土壤质量的改善程度还是相对较小的（表 5-5）。原始林有机碳和总氮含量分别比人工林和农田高 2.42 倍和 2.17 倍，同时，原始自然森林的土壤 pH、电导率和容重分别是人工林的 63%、49%和 74%（表 5-5）。从 1978 年开始，中国东北地区在农田周边造防护林已超过了 30 年。但是目前来看，30 年的造林并不足以使退化的土壤恢复到天然林土壤的水平，可能还需要更长的时间。

我们的结果也确认了超过 30 年的杨树人工林土壤既不能显著改变农田土壤 GRSP 含量，也不能显著改变农田土壤 GRSP 组成成分，而且杨树人工林 GRSP 含量仍然与原始自然森林显著不同（表 5-5，表 5-7）。对于 GRSP 含量，30 年的杨树造林土壤有 9%的增加，但仍然显著低于原始自然森林土壤 GRSP 的含量（2.4 倍的差异）（表 5-5）。同理，对于 GRSP 组成成分也存在着类似的趋势：杨树和农田土壤 GRSP

的部分组成成分显著不同于原始自然森林土壤 GRSP（表 5-7）。前面已经提到，虽然 GRSP 对于土壤团聚体的形成和土壤质量的改善有很重要的作用，如土壤碳汇、肥力恢复和退化的土壤复原等（Chen et al.，2012；Zhu and Miller，2003；贺学礼等，2009）。但从我们的研究数据来看，30 年的造林土壤并不能显著改善 GRSP 含量和组成成分。

通过收集不同研究者的 GRSP 相关数据，我们对林地、农田和草地的 GRSP 差异也进行了比较（表5-10）。从平均值来看，林地和农田的 TG 和 EEG 多较高，平均值分别在3.5g/kg 和1.9g/kg 左右，而草地的相关值较低，TG 和 EEG 平均值分别为1.81g/kg 和0.75g/kg。可以看出，不同土地利用确实可以改变土壤 GRSP，但是相同土地类型内的巨大变异，使得从统计分析中很难看出差异（表5-10）。

表 5-10 以往研究中不同土地利用方式（林地、农田与草地）对土壤 TG 和 EEG 影响的数据汇总（Wang Q and Wang W，2015）

Table 5-10 Pooled referenced data of TG and EEG concentration in different land use in published papers

植被/林地	植物	TG/(g/kg)	EEG/(g/kg)
人工林	杨树	3.93	0.43
校区果园	柑橘	0.80	0.60
次生林	—	4.80	—
人工林	橡胶	3.35	—
果园土壤	龙眼	2.10	—
采矿基地	毛洋槐	0.53	0.42
常绿阔叶林 4 年生	伯乐树	2.36	0.94
常绿阔叶林 15 年生	伯乐树	3.11	1.42
次生与人工林	可可树，次生热带雨林	4.00	1.08
果园	杏树	1.91	—
沙漠	沙柳	0.24	0.16
次生林	大果风车玉蕊木，腺瘤豆，两蕊苏木	15.67	10.56
次生林	—	4.78	—
橡胶林	橡胶	3.43	—
天然林	火炬松，栎，山核桃，松	1.33	—
人工林	橡胶	3.25	—
平均值		3.47a	1.95a
农田			
凿刀犁耕作	玉米-大豆/大豆	2.27	—
集约耕作	玉米-大豆-小麦/毛野豌豆	2.09	—
免耕	玉米-大豆/大豆	2.86	—
水稻田	水稻	3.78	—
野外地	甘蔗	1.44	—
野外地	花生，玉米，木薯，芭蕉	8.45	6.51

续表

植被/林地	植物	TG/(g/kg)	EEG/(g/kg)
歇耕地	香泽兰	13.06	7.41
传统耕作	小麦-玉米	4.13	1.90
免耕 6 年	小麦-玉米	8.98	3.25
免耕 10 年	小麦-玉米	4.93	2.45
玉米地	玉米	2.94	—
玉米黄豆长期耕地	玉米，大豆	1.86	0.30
盆栽实验	玉米	0.87	0.71
长期施肥地	玉米，小麦	1.13	0.27
传统耕作	橄榄	0.77	0.27
多作物农田	大豆，高粱，小麦，黑麦	0.91	—
盆栽实验	玉米	1.06	0.46
盆栽实验	高粱	0.97	0.42
传统耕作	玉米秸秆	3.29	0.59
秸秆还田	玉米	4.33	0.96
水稻田	水稻	3.48	—
粪肥添加地	玉米	4.31	0.99
平均值		3.54a	1.89a
草原（含灌木）			
草原	—	2.95	0.81
废弃农田	—	1.91	0.50
人工草地	三叶草	3.18	—
废弃农田	野草	1.75	—
灌木	沙棘	1.61	0.87
黄土高原	紫穗槐	3.35	1.84
退化土壤	—	1.44	0.79
多年草本	黄芩	3.14	1.25
牧地	狗牙根，牛毛草	1.07	—
干草堆	狗牙根，牛毛草	1.01	—
沙漠	艾蒿	1.29	0.74
多年草本	沙打旺	1.18	0.65
灌木	金银花	3.08	1.31
沙漠	锦鸡儿	3.19	1.17
落叶灌木	锦鸡儿	0.36	0.16
多年草本	黄芪	0.95	0.50
黄土高原	苦参	2.32	0.56
盆栽	多年生黑麦草	1.00	0.43
盆栽	三叶草	1.02	0.39
草本植物	三叶草	0.71	0.31
草丛	针茅	1.52	0.47
平均值		1.81a	0.75a

5.3.4　退化土壤的可能复原措施

首先，响应国家退耕还林的政策。退耕还林是指从保护和改善生态环境出发，将易造成水土流失和土地沙化的耕地，有计划、有步骤地停止继续耕种，本着因地制宜、适地适树的原则，造林种草，恢复林草植被（Song et al.，2014；国家林业局，2001；彭文英等，2005）。本研究显示，30 年的造林土壤并不能显著改善 GRSP 含量和组成成分。以前的研究也报道了一些相似结论。例如，在东北地区，20～40 年和大于 40 年的落叶松林对土壤肥力的改善效果远远大于其他林龄段的土壤（Wang et al.，2014a）；50 年的农田造林，有机碳增加变化明显（Sauer et al.，2012）；在耕地上造林 30～40 年能导致土壤腐殖堆积层水质和阳离子交换能力发生本质变化（Olszewska and Smal，2008）。虽然退耕还林实施过程比较缓慢，但仍然能够起到复原土壤质量的作用（Wang et al.，2011b）。

其次，近天然林的管理方式或者人工混交林的栽植是改良土壤的有效方式。本研究中，原始自然森林是典型的人工混交林搭配着无人为干扰的自然管理方式。尤其是近天然林的管理方式作为目前比较先进的林业经营理论，在增加林业收益、改善森林生态环境质量方面起到了重要的作用（李慧卿等，2007；林根旺，2014）。我们在使用这种管理方式时，在尽量利用、遵循天然森林资源的基础上，还要合理地选择目标树种（李慧卿等，2007）。与此同时，人工混交林营林技术不但能增加林地内物种生物多样性，并且可以改良土壤（明安刚等，2015；衣晓丹和王新杰，2013）。总之，随着人类社会的不断发展，对自然资源的索取量会不断增加，原始森林的面积、数量必然会不断地减少。发展近天然林是优化森林结构、植被布局，改变传统的以人工林为主的造林模式，将自混交林的培育作为改善生态环境、创造最佳生物居住群落的有效途径，这也是未来造林工程发展的必然趋势。

5.4　小　　结

GRSP 由 49 种荧光物质、7 种官能团和一些元素组成，其组成成分要比以前研究所报道的更复杂。GRSP 含量和组成对于改善土壤质量有重要的调节作用，这一点由本项研究结果和对前人研究的综合分析均可以明显看出，主要表现在：GRSP 含量和组成成分均可以调节土壤容重、电导率、有机碳、氮、磷，而土壤 pH 是 GRSP 含量和组成成分产生差异的主要原因之一。杨树人工林土壤 GRSP 含量和组成成分与农田土壤相似，对比原始自然森林土壤还有很大的改善提升空间，考虑到 30 年的防护林营建历史，我们的结果说明短期造林并不能显著改善 GRSP 含量和组成成分，若要恢复到自然森林土壤的水平可能还需要更长的时间和更加接近自然的林分管理。

第6章　防护林与农田土壤物理化学组分分级与碳、氮、磷、钾差异

土壤组分与土壤碳截获的持久性直接相关，对不同土壤组分的区分能够增强对土壤碳累积的有效性和机理的理解（Six and Jastrow，2002）。同时，土壤肥力是保障足够生物量地下转移、形成土壤碳、养分供应的基础（龚伟等，2008）。根据 Zimmermann 等（2007）的土壤分离研究方法，综合物理化学方法区分出杨树防护林和农田土壤中 5 种活性不同的土壤组分，分别是颗粒态组分、沙和团聚体、可溶性组分、粉砂粘土（易氧化组分和酸不溶组分）。通过对不同组分中 C、N、P、K 的测定，明确退耕土壤不同组分内 C、N、P、K 的变化趋势；确定退耕过程导致土壤不同组分内 C、N、P、K 变化的土壤理化性质因子。本研究从土壤有机碳累积和土壤肥力持久两个方面，重点探讨土壤碳、肥力变化产生的土壤组分机制、哪些组分发生变化及这些变化如何影响碳截获和肥力持久性。

6.1　材料与方法

6.1.1　研究样地概况和土壤样品的采集

研究地点及土壤采集方法同第 2 章。

6.1.2　研究材料与方法

土壤及其组分 C、N、P、K 指标的测定同第 2 章。

土壤理化性质指标的测定同第 2 章。

土壤及组分 SOC、N、P 、K 储量（kg/m^2）的计算方法如下：

$$\text{SOC（N、P、K）}=D\times \text{BD}\times \text{OC（N、P、K）}\times M \tag{6-1}$$

式中，D 为土层深度（cm）；BD 为土壤容重（g/cm^3）；OC（N、P、K）为 SOC、N、P、K 含量（g/kg）；M 为每种土壤组分占比（%）。

土壤组分分离方法：将风干后的 144 个（杨树防护林 72 个+农田 72 个）土样，按照 6 个样点名称，以一定的比例将 12 个样地混成一份土壤样品，最终得到 6 份杨树防护林土壤样品，6 份农田土壤样品。将 12 份土壤样品通过物理化学分级的

方法，分出 5 个不同物理化学活性的土壤组分，分别为颗粒态组分（P）、沙和团聚体（SA）、可溶性组分（S）、易氧化组分（EO）和酸不溶组分（AI）。具体方法如下，风干土样与水（1∶5）混匀，超声波破碎仪破碎；湿筛（63μm），得到 I（＞63μm）和 II（＜63μm）两部分土壤。将 I 部分密度分级（1.8g/cm^3 NaI），漂浮物为颗粒态组分，沉淀物为沙和团聚体；将 II 部分离心，上清液抽滤（0.45μm 滤膜），滤液为可溶性组分，固体（＞0.45μm）为粉砂粘土（酸不溶组分+易氧化组分）；次氯酸钠氧化粉砂粘土，得到酸不溶组分。易氧化组分不能直接得到，通过粉砂粘土与酸不溶组分质量之差计算得到（图 6-1）。本研究方法参考 Zimmermann 等（2007）的文献。本研究对于土壤组分 C、N、P、K 的测定均忽略实验药品（包括次氯酸钠、氯化钙和碘化钠）本身与组分中含有 C、N、P、K 的化合物发生反应所造成的损失，各组分之和与原土测定值之间存在一定差异。但相关忽略对于比较原土及不同组分农田、防护林间差异不造成影响。

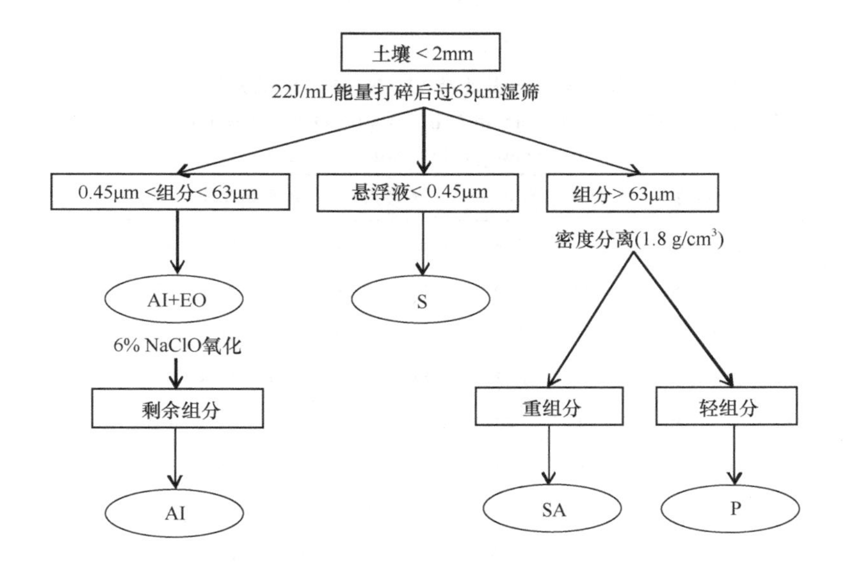

图 6-1　土壤组分分析流程图

Fig. 6-1　Flow chart of soil fractions based on particle components

6.1.3　数据处理

土壤及不同组分占比，以及 C、N、P、K 差异分析和线性相关关系均使用 SPSS 17.0 软件统计分析。拟合曲线和绘制图表使用 Excel 2010 软件和 JMP 5.0.1 软件。

6.2　结果与分析

6.2.1　造林后土壤组分占比变化的差异分析

在退化的农田上造林后，从平均值来看，5 种组分占比变化农田和杨树林差异均小于 3%（表 6-1）。

不同地点杨树与农田土壤不同组分占比也存在差异（表 6-1，图 6-2）。肇东、肇州、明水土壤酸不溶组分和粉砂粘土均表现为杨树高于农田，分别高出农田 0.94%～4.52%和 1.40%～4.85%。兰陵、杜蒙杨树（1.76g/kg、0.99g/kg）土壤可溶性组分分别高于农田（0.81g/kg、0.79g/kg）117.28%、25.32%。兰陵、富裕杨树土壤沙和团聚体分别高出农田 3.20%、1.46%。富裕、明水杨树土壤颗粒态组分分别高于农田 43.25%、209.95%。其他地点不同组分占比均由于造林呈现下降趋势（0.64%～58.64%）。

表 6-1　土壤及其组分占比与 C、N、P、K 的分配比例差异

Table 6-1　Variation of soil fractions and theirs allocation proportion of SOC，N，P，K between poplar and farmland

土壤组分		粉砂粘土		颗粒态组分		可溶性组分		沙和团聚体		酸不溶组分		原土	
		农田	杨树	农田	杨树	农田	杨树	农田	杨树	农田	杨树	农田	杨树
组分占比/%		51.3	51.4	0.44	0.42	0.1	0.11	43.3	40.7	48.4	48.7	95.14	92.63
含量/（g/kg）	SOC	17.5	19.6	258	271	72.6	86.9	9.36	10.9	19.8	17.8	18.7	22.5
	N	1.63	1.69	11.8	15.3	7.00	8.67	0.66	0.74	1.41	1.36	1.56	1.62
	P	0.41	0.54	5.26	3.23	3.08	2.49	0.31	0.36	0.48	0.53	0.83	0.50
	K	55.6	60.7	196	180	177	198	62.4	78.7	50.6	52.4	59.7	60.6
储量/（kg/m^2）	SOC	2.47	2.62	0.30	0.31	0.02	0.03	1.04	1.07	2.65	2.26	5.27	6.04
	N	0.230	0.229	0.017	0.018	0.002 2	0.002 5	0.071	0.070	0.187	0.168	0.440	0.437
	P	0.054	0.074	0.006 7	0.003 5	0.000 95	0.000 89	0.033	0.036	0.062	0.064	0.236	0.140
	K	7.92	8.69	0.25	0.21	0.05	0.06	8.17	8.97	7.01	7.00	16.91	16.69
分配比例/%	SOC	46.78	43.39	5.76	5.17	0.40	0.45	19.80	17.69	50.35	37.46	99.96	99.97
	N	52.23	52.06	3.75	4.00	0.50	0.56	16.08	15.89	42.60	38.29	100.0	99.3
	P	22.61	52.80	2.80	2.47	0.40	0.64	13.55	25.72	25.85	45.44	98.51	99.66
	K	46.85	52.08	1.47	1.23	0.31	0.37	48.33	53.75	41.47	41.95	100.0	100.0

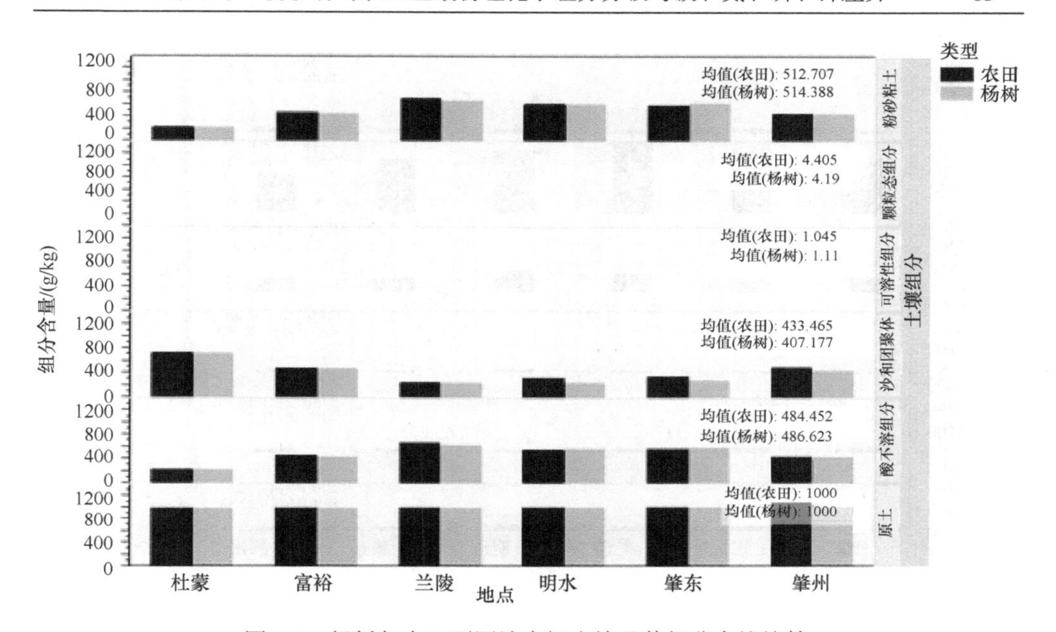

图 6-2　杨树与农田不同地点间土壤及其组分占比比较

Fig. 6-2　Comparison of intact soil and soil fractions percentage between poplar and farmland in different sites

6.2.2　造林后土壤及组分 SOC 变化的差异分析

从土壤不同组分 SOC 含量角度分析发现，造林后原土 SOC 含量上升 20.32%。其中，起重要贡献作用的土壤组分为可溶性组分、沙和团聚体、粉砂粘土和颗粒态组分，SOC 含量分别上升 19.69%、16.45%、12.00%和 5.04%，酸不溶组分则下降了 10.10%。在不同地点中，土壤酸不溶组分均呈现杨树土壤 SOC 含量低于农田，6 个地点表现一致（图 6-3，表 6-1）。

从土壤不同组分 SOC 储量角度分析发现，造林后原土及其他组分则呈现上升趋势（2.88%～28.57%），而土壤酸不溶组分下降了 14.72%。对于造林后不同地点 SOC 储量变化，主要表现为兰陵原土上升 19.79%，而粉砂粘土、沙和团聚体、颗粒态组分、可溶性组分（杨树为 0.043 68kg/m^2，农田为 0.019 53kg/m^2）分别上升 2.95%、7.37%、1.67%、123.66%；肇东原土下降 4.93%，其中酸不溶组分下降 0.17%；杜蒙原土上升 15.58%，其中可溶性组分（杨树为 0.032 58kg/m^2，农田为 0.015 46kg/m^2）、粉砂粘土、沙和团聚体分别上升 110.74%、21.63%、28.08%；肇州原土上升 4.59%，其中粉砂粘土上升 3.04%；富裕原土上升 10.27%，其中粉砂粘土、沙和团聚体、颗粒态组分分别上升 9.09%、5.17%、33.85%；明水原土上升 34.55%，其中粉砂粘土和颗粒态组分分别上升 5.97%、187.88%（图 6-3，表 6-1）。

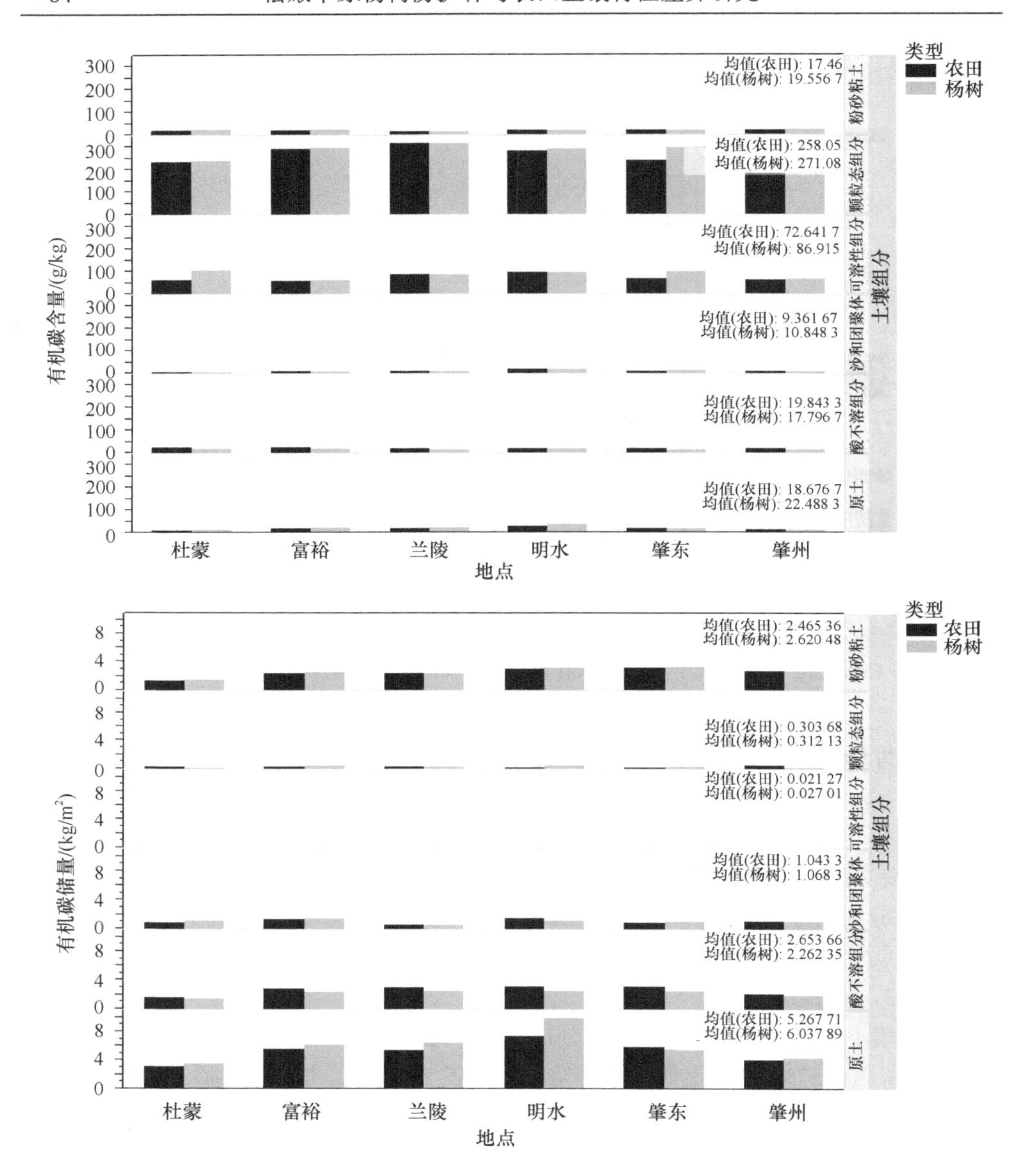

图 6-3 杨树与农田不同地点间土壤及其组分 SOC 含量、储量比较

Fig. 6-3 Comparison of SOC contents and stocks of intact soil and soil fractions between poplar and farmland in different sites

6.2.3 造林后土壤及组分肥力（氮、磷、钾）变化的差异分析

造林后，原土氮含量上升 3.70%，其中土壤 5 个组分氮含量均呈现上升趋势。

原土氮储量下降 0.80%，其中土壤粉砂粘土、酸不溶组分、沙和团聚体氮储量分别下降 0.33%、10.12%和 1.20%。不同组分不同地点间土壤氮含量、储量也存在差异。其中，原土中，6 个地点土壤氮含量均呈现上升趋势，而 4 个地点的土壤氮储量呈现下降趋势；粉砂粘土、沙和团聚体中均有 6 个地点土壤氮含量呈现上升趋势，而 3 个地点的土壤氮储量呈现下降趋势；颗粒态组分中，4 个地点土壤氮含量呈现上升趋势，而 3 个地点的土壤氮储量呈现下降趋势；可溶性组分中，4 个地点土壤氮含量呈现上升趋势，4 个地点土壤氮储量呈现下降趋势（肇东、肇州、富裕、明水）；酸不溶组分中，3 个地点土壤氮含量呈上升趋势，而 5 个地点土壤氮储量呈下降趋势（图 6-4，表 6-1）。

整体上，杨树原土全磷含量、储量均分别低于农田 40.51%、40.98%，其中杨树土壤颗粒态组分和可溶性组分全磷含量、储量均分别低于农田 38.51%、48.44%和 19.33%、6.32%。原土不同地点间土壤全磷含量、储量也存在差异，只有杜蒙表现为杨树高于农田。造林后，兰陵原土磷含量及储量分别下降 86.19%和 85.79%，其中沙和团聚体和颗粒态组分磷含量及储量下降 31.33%～58.56%；肇东原土磷含量及储量分别下降 17.31%、21.38%，其中粉砂粘土、可溶性组分、颗粒态组分磷含量及储量下降 14.11%～94.61%；杜蒙原土磷含量及储量分别上升 57.47%、52.49%，其中，沙和团聚体、酸不溶组分磷含量分别上升 2.58%、75.38%，而酸不溶组分磷储量上升 67.54%；肇州原土磷含量及储量分别下降了 45.87%，其中，可溶性组分、酸不溶组分磷含量分别下降 25.65%、70.62%，可溶性组分、颗粒态组分、酸不溶组分磷储量分别下降 40.12%、16.63%、70.34%；富裕原土磷含量及储量分别下降 64.48%、67.27%，其中，可溶性组分、沙和团聚体、酸不溶组分磷含量及储量下降 22.30%～51.24%；明水原土磷含量及储量分别下降 81.90%、83.66%，其中可溶性组分、颗粒态组分、酸不溶组分磷含量分别下降 84.81%、26.42%、40.38%，可溶性组分、沙和团聚体、酸不溶组分磷储量分别下降 88.20%、26.63%、43.98%（图 6-5，表 6-1）。

退化的农田造林后，除土壤颗粒态组分外，原土及其他土壤组分钾含量上升 1.49%～26.11%。原土钾储量造林后下降 1.30%，其中土壤颗粒态组分、酸不溶组分也呈下降趋势，而粉砂粘土、可溶性组分、沙和团聚体土壤钾储量分别上升 8.85%、15.57%和 9.78%。不同组分不同地点间土壤钾含量、储量也存在差异。其中，原土中，3 个地点土壤钾含量、储量呈上升趋势；粉砂粘土中，3 个地点土壤钾含量呈上升趋势、4 个地点土壤钾储量呈上升趋势；沙和团聚体中，4 个地点土壤钾含量呈上升趋势、3 个地点土壤钾储量呈上升趋势；颗粒态组分中，1 个地点土壤钾含量呈上升趋势、2 个地点土壤钾储量呈上升趋势；可溶性组分中，4 个地点土壤钾含量呈上升趋势、2 个地点土壤钾储量呈上升趋势；酸不溶组分中，5 个地点土壤钾含量呈上升趋势、3 个地点土壤钾储量呈上升趋势（图 6-6，表 6-1）。

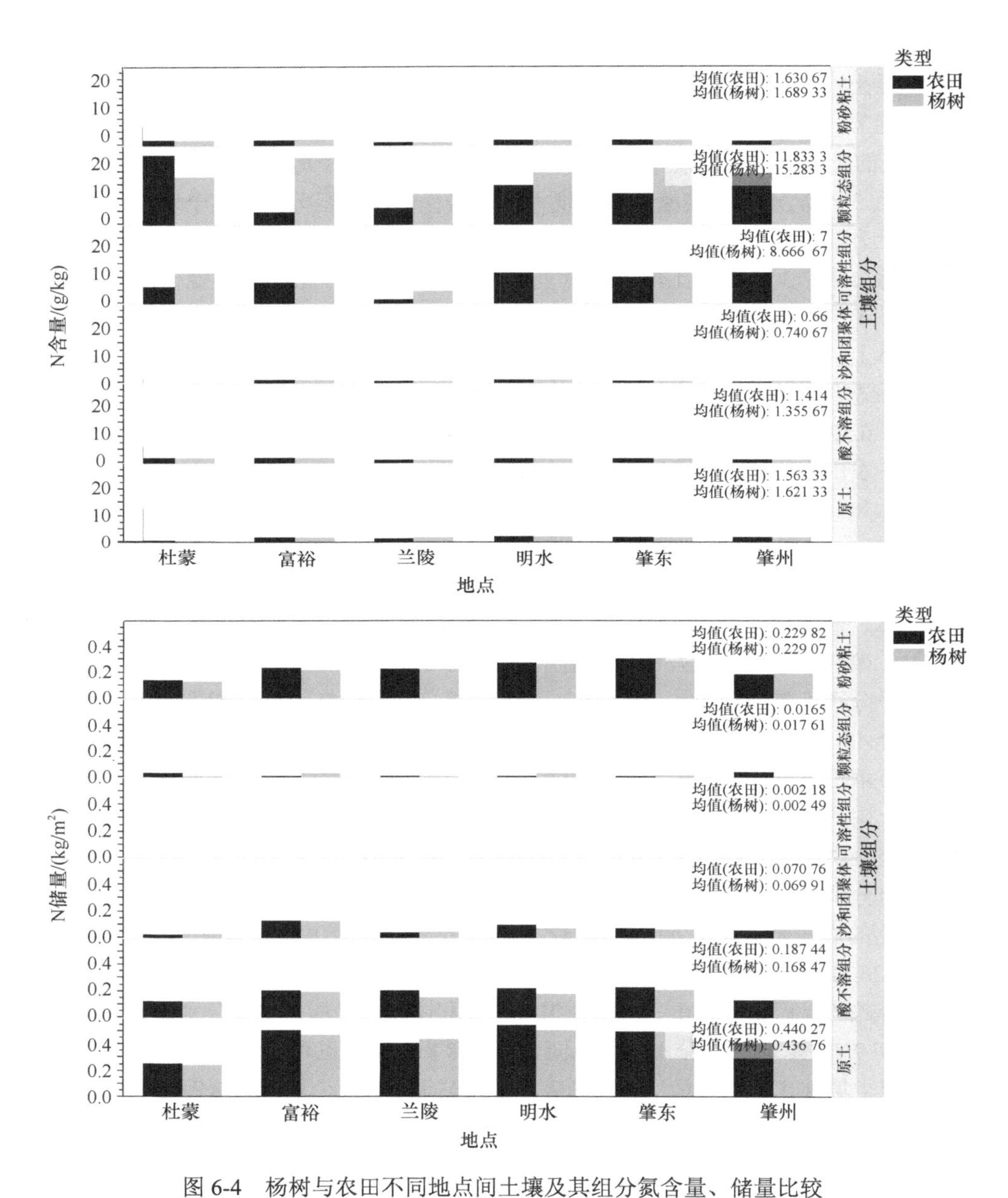

图 6-4　杨树与农田不同地点间土壤及其组分氮含量、储量比较

Fig. 6-4　Comparison of N contents and stocks of intact soil and soil fractions between poplar and farmland in different sites

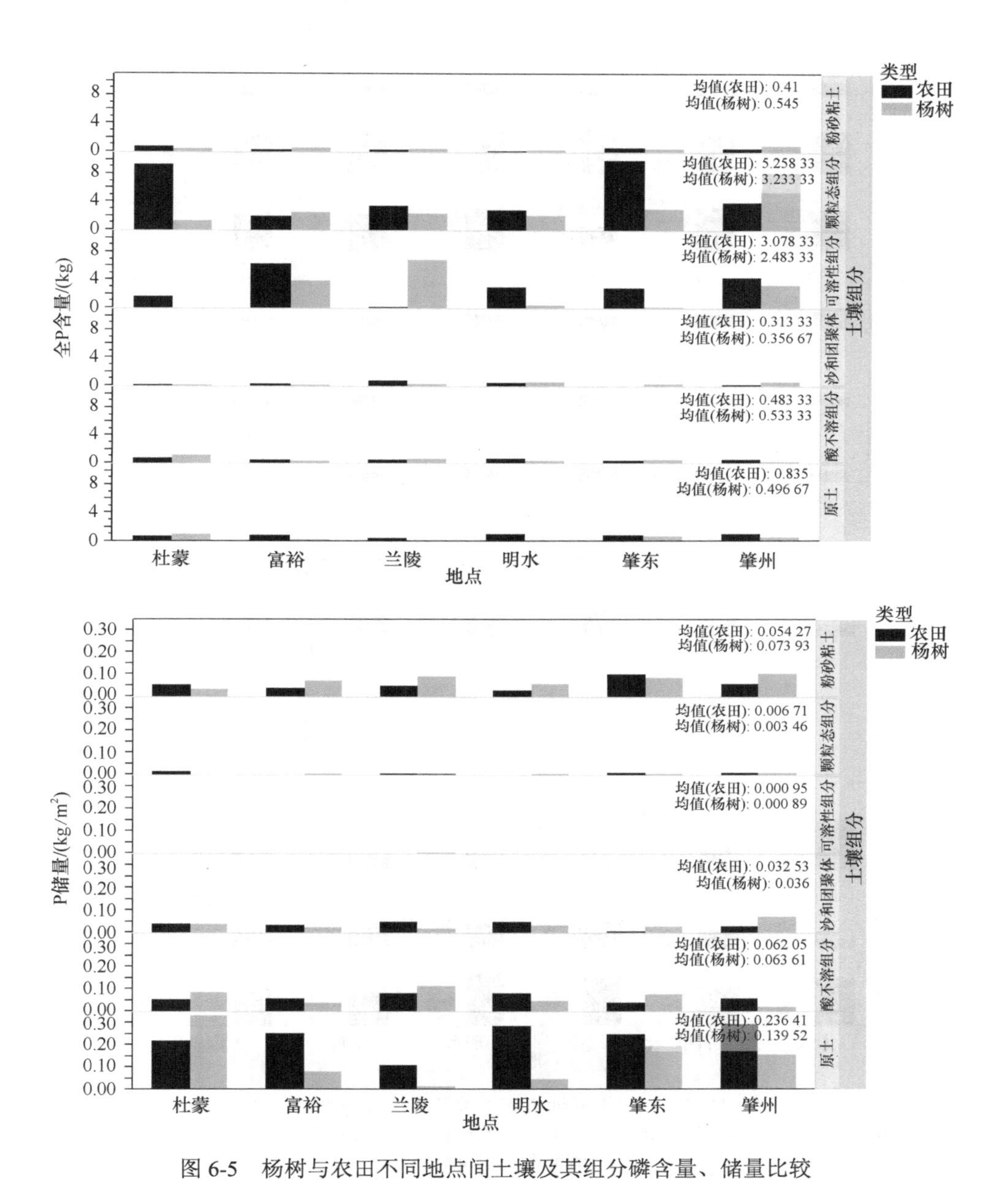

图 6-5　杨树与农田不同地点间土壤及其组分磷含量、储量比较

Fig. 6-5　Comparison of P contents and stocks of intact soil and soil fractions between poplar and farmland in different sites

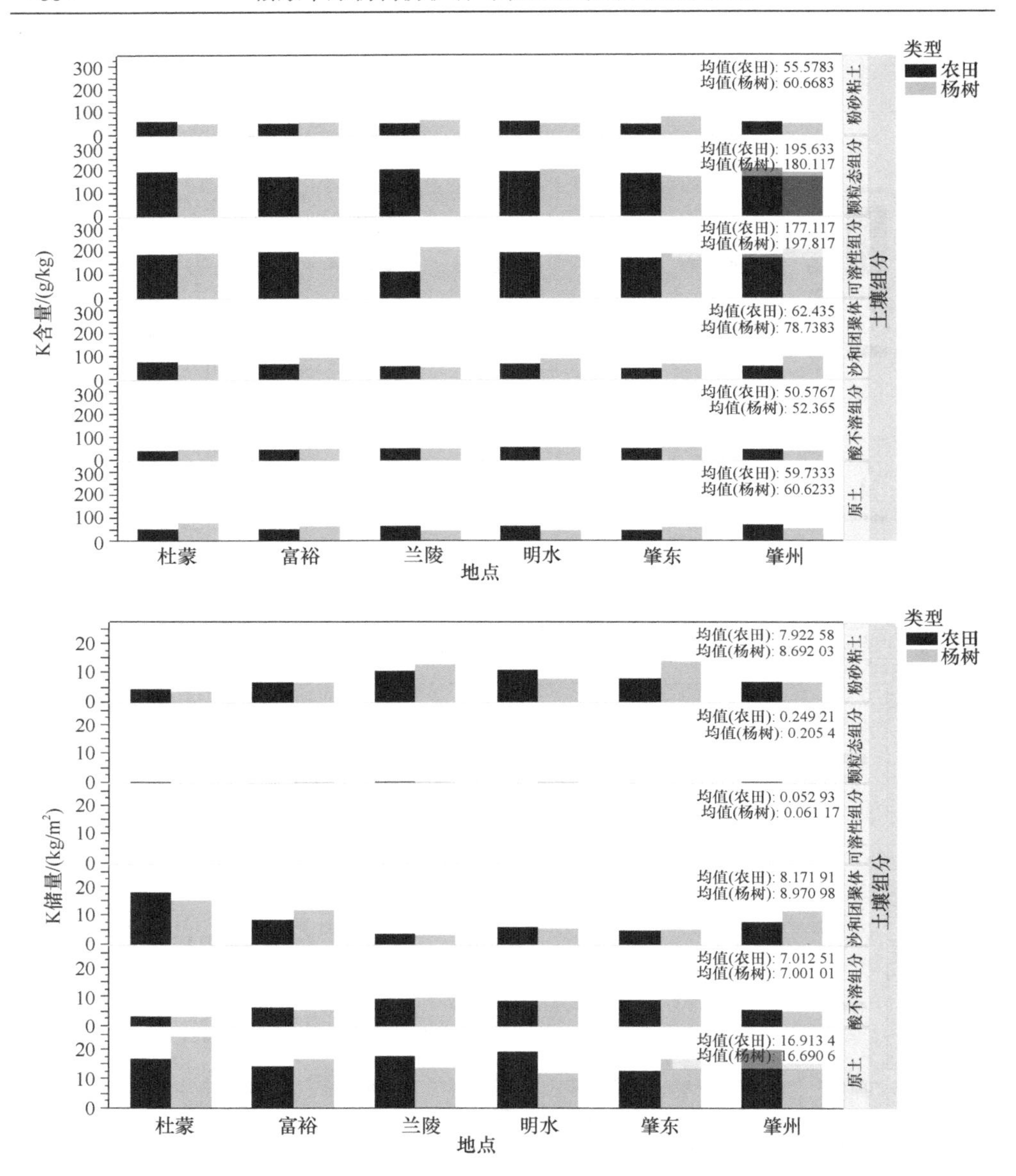

图 6-6　杨树与农田不同地点间土壤及其组分钾含量、储量比较

Fig. 6-6　Comparison of K contents and stocks of intact soil and soil fractions between poplar and farmland in different sites

6.2.4　土壤及组分间碳、氮、磷、钾含量及储量的相关关系分析

经皮尔森相关系数分析发现，SOC、N、P、K 含量间（储量间）的相关关系均达

到显著程度（表 6-2，表 6-3）。其中，在 SOC 与 N 含量间、N 与 K 含量间相关关系分析中，皮尔森系数分别达到 0.812 和 0.811。相应地，在 SOC 与 N 储量间、N 与 K 储量间相关关系分析中，皮尔森系数也分别达到 0.960 和 0.787。一方面我们验证了 SOC 与 N 的高度相关关系；另一方面我们发现 N 与 K 之间也存在显著的相关关系。

表 6-2　土壤及组分 SOC、N、P、K 间含量相关性分析

Table 6-2　Relationships among SOC，N，P and K contents in all intact soil and soil fractions

		SOC 含量	N 含量	P 含量	K 含量
SOC 含量	皮尔森（Pearson）相关	1	0.812**	0.561**	0.749**
	显著性（双尾）		0.000	0.000	0.000
N 含量	皮尔森（Pearson）相关	0.812**	1	0.616**	0.811**
	显著性（双尾）	0.000		0.000	0.000
P 含量	皮尔森（Pearson）相关	0.561**	0.616**	1	0.699**
	显著性（双尾）	0.000	0.000		0.000
K 含量	皮尔森（Pearson）相关	0.749**	0.811**	0.699**	1
	显著性（双尾）	0.000	0.000	0.000	

**相关性在 0.01 水平显著（双尾）

表 6-3　土壤及组分 SOC、N、P、K 间储量相关性分析

Table 6-3　Relationships among SOC，N，P and K stocks in all intact soil and soil fractions

		SOC 储量	N 储量	P 储量	K 储量
SOC 储量	皮尔森（Pearson）相关	1	0.960**	0.659**	0.764**
	显著性（双尾）		0.000	0.000	0.000
N 储量	皮尔森（Pearson）相关	0.960**	1	0.737**	0.787**
	显著性（双尾）	0.000		0.000	0.000
P 储量	皮尔森（Pearson）相关	0.659**	0.737**	1	0.783**
	显著性（双尾）	0.000	0.000		0.000
K 储量	皮尔森（Pearson）相关	0.764**	0.787**	0.783**	1
	显著性（双尾）	0.000	0.000	0.000	

**相关性在 0.01 水平显著（双尾）

从图 6-7 和图 6-8 中看出，整体上，SOC、N、P、K 含量间（储量间）所有的相关关系都是正相关关系，任何一个肥力指标的增加，都会导致其他肥力指标相应增加。

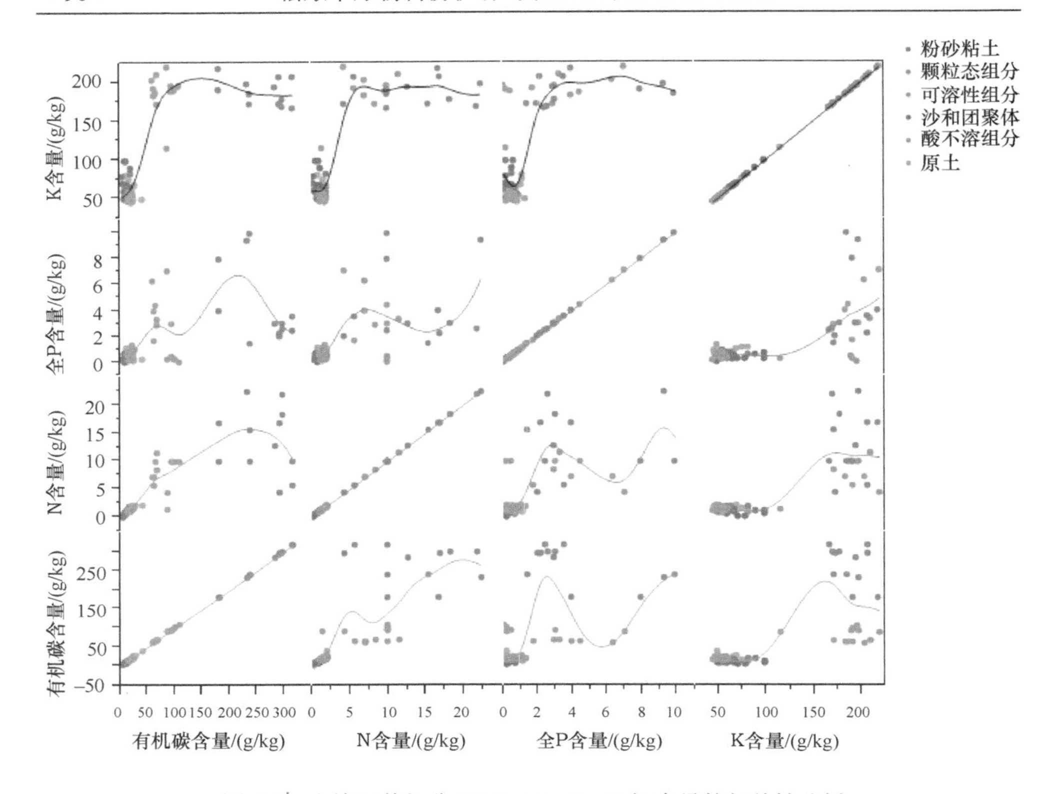

图 6-7 土壤及其组分 SOC、N、P、K 间含量的相关性分析

Fig. 6-7 Relationships among SOC，N，P and K contents in all intact soil and soil fractions

通过统计不同土壤组分内 SOC、N、P、K 的相关关系，发现不同组分内只有 SOC、N、K 之间存在显著的相关关系，与 P 无关。原土、沙和团聚体中 SOC 与 N 含量及储量的相关关系表现一致；粉砂粘土和酸不溶组分肥力间关系表现一致；可溶性组分中，只有 SOC 与 K 含量间存在显著的相关关系；颗粒态组分中，只发现 SOC、N、K 含量之间存在显著的相关关系（表 6-4）。

6.2.5 土壤理化性质与土壤及组分占比、碳、氮、磷、钾的相关关系分析

通过分析不同土壤理化性质指标，包括土壤 pH、EC、含水量、容重、比重、孔隙度，发现土壤容重是影响土壤组分占比的关键因子。随着土壤容重的增加，粉砂粘土（酸不溶组分+易氧化组分）、酸不溶组分占比显著降低，而沙和团聚体含量呈显著增加趋势（R^2=0.46）（p＜0.05）（图 6-9）（其他未列出）。

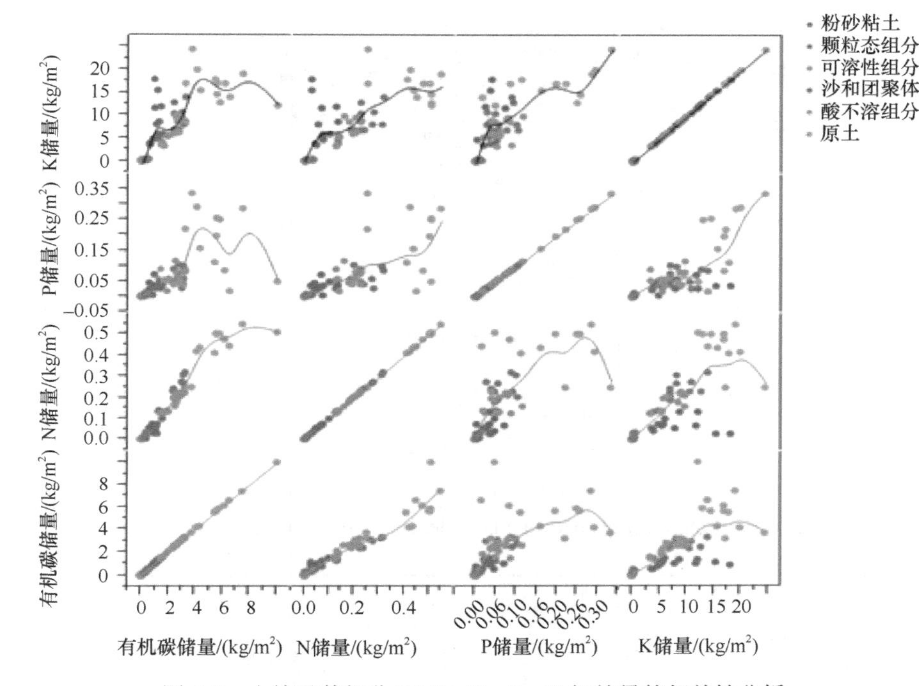

图 6-8 土壤及其组分 SOC、N、P、K 间储量的相关性分析

Fig. 6-8 Relationships among SOC，N，P and K stocks in all intact soil and soil fractions

表 6-4 SOC、N、P、K 间相关性在土壤及其不同组分间的差异分析

Table 6-4 Relationships among SOC，N，P and K in intact soil and soil fractions

土壤及其组分	储量间		含量间	
	个数	显著类型	个数	显著类型
原土	1	SOC 和 N	1	SOC 和 N
可溶性组分	1	SOC 和 K	0	无
粉砂粘土	3	SOC 和 N，SOC 和 K，N 和 K	1	SOC 和 N
沙和团聚体	1	SOC 和 N	1	SOC 和 N
颗粒态组分	3	SOC 和 N，SOC 和 K，N 和 K	0	无
酸不溶组分	3	SOC 和 N，SOC 和 K，N 和 K	1	SOC 和 N

通过分析土壤理化性质与土壤及其组分 SOC、N、P、K 的相关关系，发现土壤含水量和容重是关键的影响因素（其他未列出）。

对于土壤容重，通过检测 24 对土壤及其组分 SOC、N、P、K 含量和储量的相关关系，发现显著相关关系 7 对（图 6-10）。随着土壤容重的增加，原土 SOC、N 含量和储量均呈现显著下降趋势，其中沙和团聚体 SOC、N 含量、粉砂粘土 SOC 储量也与土壤容重呈显著负相关关系（$p<0.05$）。

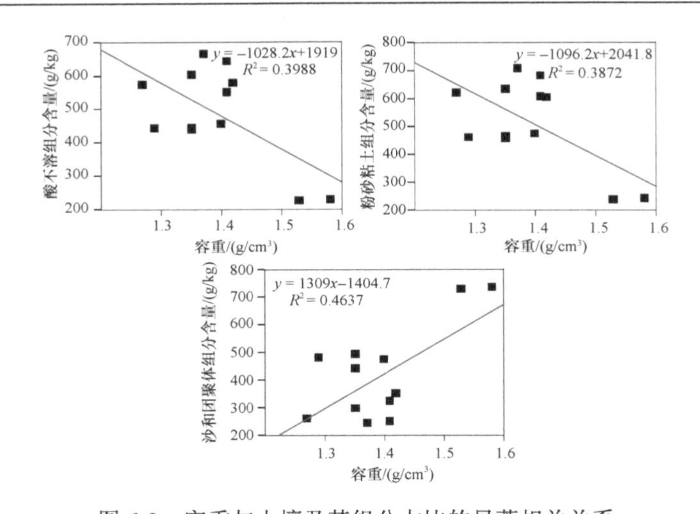

图 6-9　容重与土壤及其组分占比的显著相关关系

Fig. 6-9　Relationships between bulk density and soil fractions contents

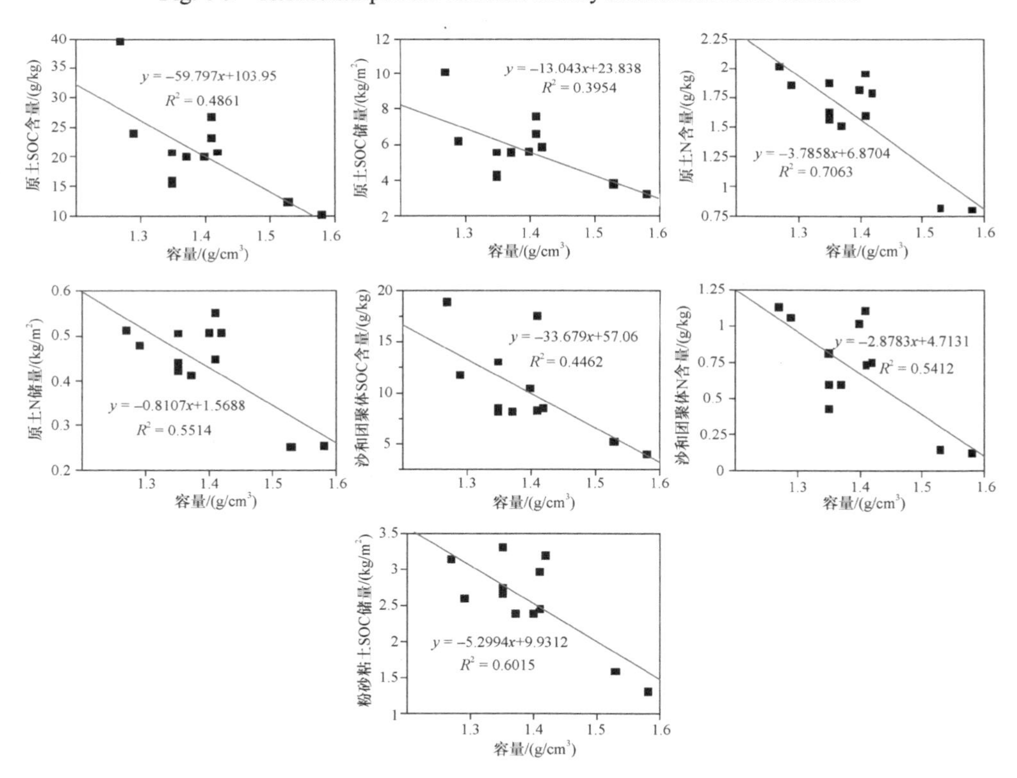

图 6-10　容重与土壤及其组分 SOC、N 含量和储量的显著相关关系

Fig. 6-10　Relationships between bulk density and SOC，N contents and stocks of intact soil and soil fractions

对于土壤含水量，通过检测 24 对土壤及其组分 SOC、N、P、K 的相关关系，发现显著相关关系 11 对（图 6-11）。随着土壤含水量的增加，原土 SOC、N 含量和储量均呈现显著上升趋势，其中沙和团聚体 N 含量（R^2=0.81）和储量（R^2=0.63）、酸不溶组分 SOC 储量（R^2=0.43）、酸不溶组分 N 储量（R^2=0.55）、沙和团聚体 SOC 含量（R^2=0.54）、粉砂粘土 SOC 储量（R^2=0.43）、粉砂粘土 N 储量（R^2=0.50）均呈现上升趋势（p<0.05）。

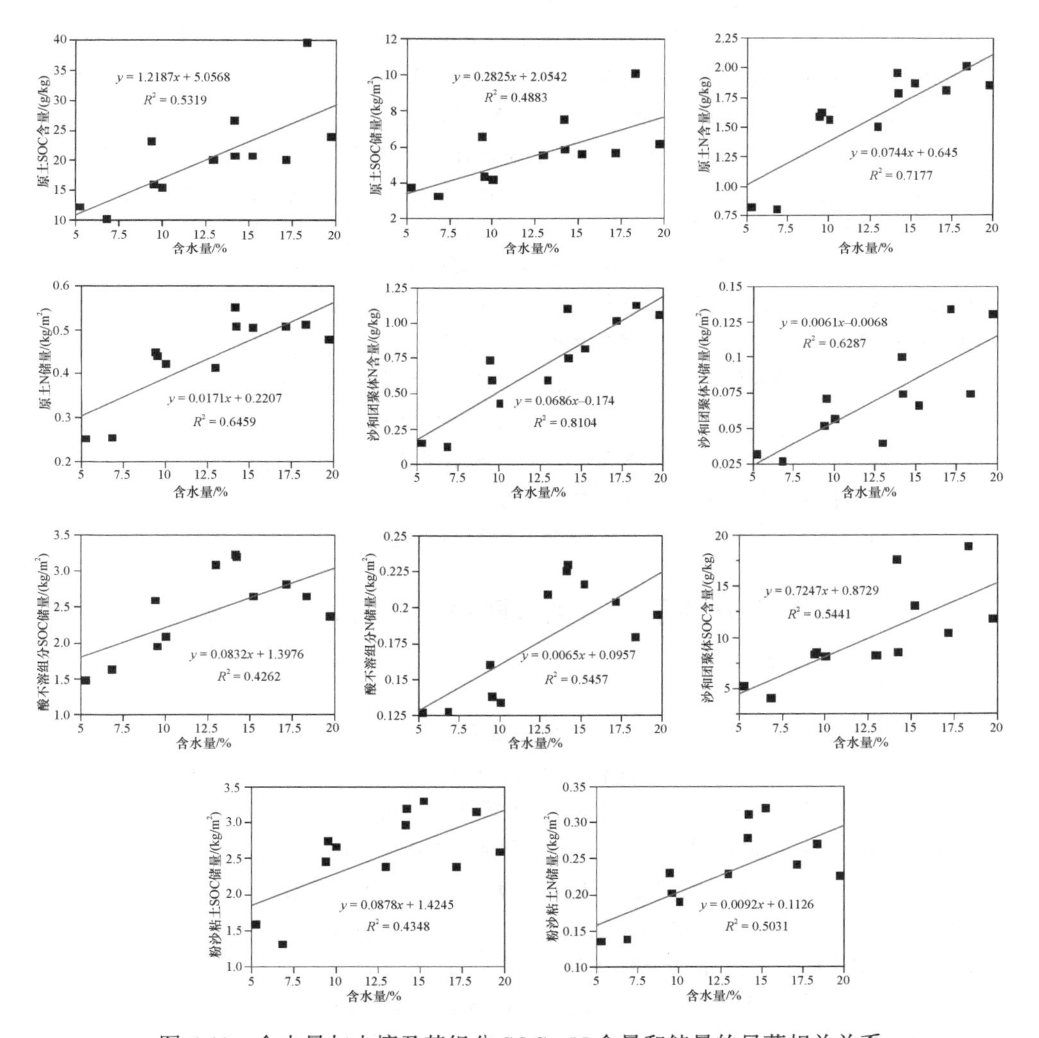

图 6-11 含水量与土壤及其组分 SOC、N 含量和储量的显著相关关系

Fig. 6-11 Relationships between soil moisture and SOC, N contents and stocks of intact soil and soil fractions

6.3 讨　论

6.3.1 造林降低酸不溶组分，而增加可溶性组分、颗粒态、易氧化组分和团聚体的碳截获

造林后对SOC的影响依赖于当地环境条件和造林实践过程，目前科学界还没有非常一致的研究结果。Wei等（2012b）发现农田造林后 0～20cm土层SOC呈很大的上升趋势。然而，也有研究认为，造林后SOC在初期会下降，然后才开始积累（Hofmann-Schielle et al.，1999）。而我们的研究发现，造林后原土SOC含量和储量分别上升 20.32%和 14.61%，这与前人的大部分研究造林后SOC增加的结果相一致。进一步研究发现，造林后，可溶性组分、沙和团聚体、粉砂粘土和颗粒态组分SOC含量分别上升 19.69%、16.45%、12.00%和 5.04%，对应的组分SOC储量上升 2.88%～28.57%，只有酸不溶组分呈下降趋势。在所有组分中，可溶性组分SOC含量和储量分别上升 19.69%和 28.57%，是上升程度最大的组分，但是其含量较小，不能在很大程度上影响原土SOC变化。研究中我们发现SOC含量和储量分配较大的组分为酸不溶组分（造林后下降）、沙和团聚体（造林后升高），而沙和团聚体变化程度相对较小。Carter等于 1998 年研究了加拿大东部地区森林和邻近耕地SOC及其组分，结果发现SOC主要分布在土壤稳定组分（沙和团聚体组分）中，揭示了该组分有相对较高的储碳潜力。本研究补充了造林后土壤不同组分SOC截获的变化趋势，认为储存SOC最稳定的组分为沙和团聚体，同时我们还发现造林后土壤酸不溶组分SOC有加快分解的趋势。

6.3.2 造林后 P 上升源于可溶性和颗粒态组分，而 N、K 不同组分变化的抵消作用明显

归还土壤的生物量直接决定 SOC 能否累积，而土壤肥力等指标又直接决定生物量的大小，以及归还到土壤中的比例（Ryan et al.，2010；Wardle et al.，2004），反映出土壤肥力持久性对于土壤碳截获持久性的重要性。很多研究也分组研究了不同组分 N 浓度的变化（Tripathi et al.，2014；汲常萍等，2014；Mujuru et al.，2013），但是退耕造林后，N、P、K 组分如何变化还罕见报道。本研究发现造林后，原土 N 处于上升 3.87%（含量）到下降 0.68%（储量）之间，总体差异不大，主要原因是土壤可溶性组分、沙和团聚体 N 含量均呈现上升趋势，而其他组分下降或变化不大；从储量看，土壤粉砂粘土、酸不溶组分、沙和团聚体 N 储量分别下降 0.33%、10.12%和 1.2%，其他组分则上升。造林后，杨树原土全 P 含量、储量分别低于农田 40.57%、40.98%，产生这种差异的主要原因是杨树土壤颗粒态组分和可溶性组分全 P 分别低于农田 38.51%（含量）、48.44%（储量）和 19.33%（含量）、6.32%（储量）。从含量和储量

综合来看，造林没有导致 K 的明显变化（含量上升 1.49%到储量下降 1.30%之间），原因在于颗粒态组分有下降趋势，酸不溶组分变化不大，而其他组分（可溶性组分、沙和团聚体、粉砂粘土）多呈明显上升趋势。此外，我们还发现，增加 SOC、N、P、K 任一种肥力含量或储量，其他肥力含量或储量也会呈显著增加趋势。本研究补充了退耕还林土壤不同组分肥力变化趋势，使我们对退耕还林不同组分变化的机理有了更加深入的了解。

6.3.3 土壤容重、含水量与原土 SOC、N 呈显著相关关系，团聚体和酸不溶组分是关键

土壤容重和含水量与原土 SOC、N 含量和储量均呈显著相关关系：沙和团聚体和酸不溶组分是关键。随着土壤容重的增加，沙和团聚体和粉砂粘土的相关指标随原土表现出一致的趋势，随着土壤含水量的增加，沙和团聚体、酸不溶组分、粉砂粘土起到贡献作用。土壤粉砂粘土包括酸不溶组分和易氧化组分，而同颗粒态组分和可溶性组分一样，其组分含量较低且为不稳定组分，所以我们可以忽略土壤理化性质造成的影响。这些研究更新了我们对于土壤容重和含水量对土壤组分肥力影响的认识，并且补充了土壤理化性质对土壤组分碳、氮的影响机制。

6.4 小 结

造林后，不同组分占比产生 0.01%～2.60%的差异变化。土壤容重是土壤组分产生差异变化的主要因子之一。

从土壤不同组分 SOC 含量角度分析发现，造林后原土上升 20.32%。其中，起重要贡献作用的土壤组分为可溶性组分、沙和团聚体、粉砂粘土和颗粒态组分，SOC 含量分别上升 19.69%、16.45%、12.00%和 5.04%。从 SOC 储量角度分析发现，造林后原土及其他组分则呈现上升趋势（2.88%～28.57%），而土壤酸不溶组分下降了 14.72%。此外，我们还发现，在不同地点中，土壤酸不溶组分均为杨树土壤 SOC 含量低于农田，6 个地点趋势表现一致。

从土壤肥力变化趋势发现，造林后，原土 N 含量上升 3.87%，其中土壤可溶性组分、沙和团聚体 N 含量均呈现上升趋势。原土 N 储量下降 0.68%，其中土壤粉砂粘土、酸不溶组分、沙和团聚体 N 储量分别下降 0.33%、10.12%和 1.2%。造林后，杨树原土全 P 含量、储量分别低于农田 40.51%、40.98%，其中杨树土壤颗粒态组分和可溶性组分全 P 含量、储量分别低于农田 38.51%、48.44%和 19.33%、6.32%。造林后，除土壤颗粒态组分外，原土及其他土壤组分 K 含量上升 1.49%～26.11%。原土 K 储量在造林后下降 1.30%，其中土壤颗粒态组分、酸不溶组分也呈下降趋势。

土壤容重和含水量与原土 SOC、N 含量和储量均呈显著相关关系，而其中起关键作用的组分为沙和团聚体和酸不溶组分。

第7章　防护林与农田土壤及组分矿物X射线衍射特征差异

土壤矿物组成特征主要使用X射线衍射技术进行区分，在以往的研究中得到比较广泛的应用（Li et al.，2013a；Wang et al.，2014c；郑庆福等，2011）。杨树防护林建设是否影响相关X射线衍射特征，以及这些特征在不同土壤组分中的差异尚未进行深入系统的研究。特别是土壤碳截获与肥力动态是现代生态学研究热点，也是农田生产力保障的关键，这些X射线衍射特征差异与土壤肥力、土壤碳截获的关系，也值得深入分析。为此，在进行土壤组分分级的基础上，我们基于X射线衍射技术，对防护林与农田土壤及组分矿物X射线衍射特征差异，以及其与土壤碳截获、养分的关系进行了研究。

7.1　材料与方法

7.1.1　样品采集与土壤性质测定方法

采样地点和采样方法参照第2章。

土壤样品物理化学组分分级方法参照第6章。

土壤及组分碳、氮、磷、钾和土壤理化性质（pH、电导率、容重、比重、孔隙度、含水量）参照第1章相关方法进行测定。

土壤及组分同位素^{13}C参照第9章的测定方法。

7.1.2　X射线衍射测定

土壤相关化学成分指标的测定：分别取少量干燥器中的土壤样品及不同组分样品，放于X射线衍射仪器中，X射线衍射仪器型号为日本理学D/Max2200型（Rigaku Japan），光管为Philips生产，靶材为Cu，扫描步距0.02°，电流、电压分别为30mA、40kV，衍射角2θ为10°～35°。X射线衍射扫描主要分析样品中存在的主要土壤矿物质、衍射峰位置及强度（冯君等，2007；邵龙义等，2007）。

7.1.3　数据处理

对每一个土壤样品的衍射峰使用Jade 5.0软件进行处理，获得衍射角2θ（°）、晶

粒间隔 d（Å）、峰高 Height、峰面积 Area、半高宽 FWHM 和晶粒尺寸 XS（Å）。

对上述指标农田和杨树之间的差异进行方差分析。为了对比农田和杨树之间的差异，以上述各指标农田/杨树×100 为新指标，评价农田到杨树转换导致的峰高、面积、半高宽和晶粒尺寸的变化百分率，评价常见几种矿物（石英、斜长石、蒙脱石、钾长石和方解石）的变化情况及不同土壤组分间的差异。

土壤及组分 X 射线衍射特征指标与土壤有机碳（SOC）、氮、磷、钾和土壤理化性质的相关关系，使用 JMP10.0“分析”菜单中的“以 x 拟合 y”进行分析，仅列出典型的、达到显著性的拟合关系。

7.2　结果与分析

7.2.1　主要矿物衍射峰检出个数、衍射角、晶粒间隔差异

图 7-1 列出了 5 个土壤组分和原土衍射（XRD）图谱及农田和杨树的差异。可以明显看出，两种组分（颗粒态和可溶性组分）与其他的图谱出峰位置存在差异，农田和林地之间的差异很难从图谱中直接看出，因此我们选择了两个石英峰、4 个斜长石峰和蒙脱石、钾长石和方解石峰进行下一步分析（图 7-1）。

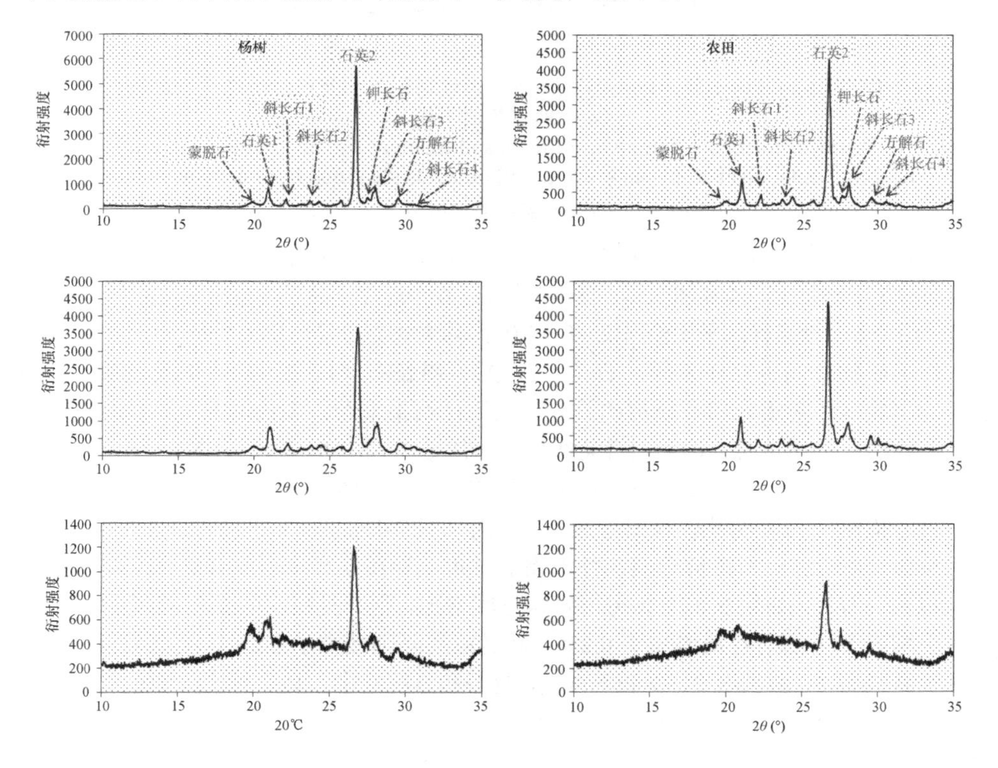

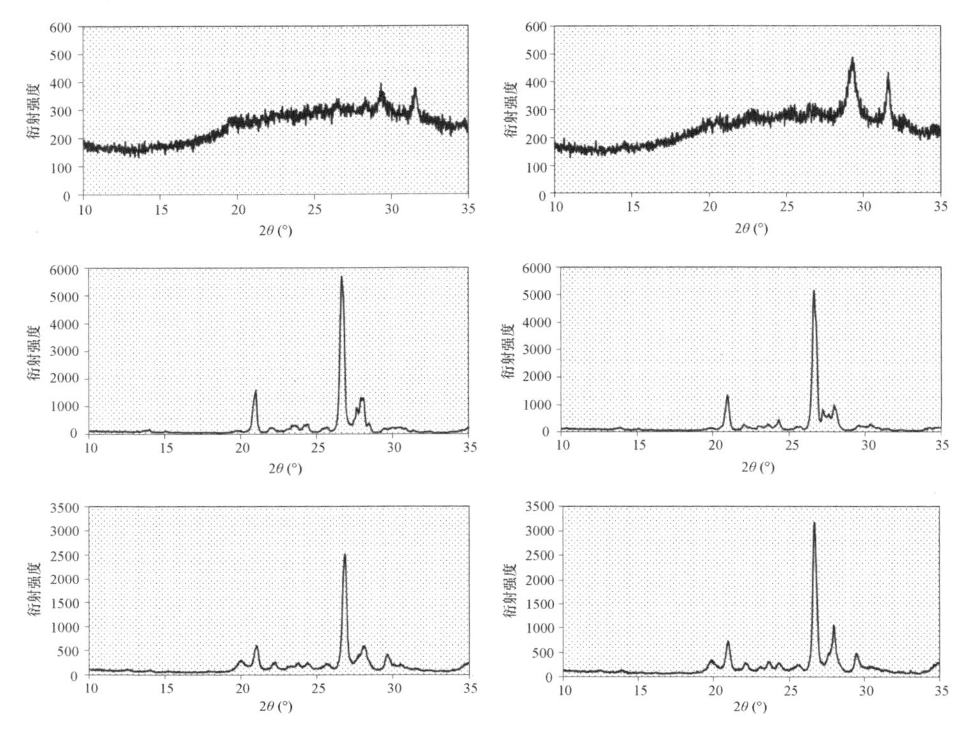

图 7-1　农田和杨树土壤，以及不同组分 X 射线衍射差异及可分辨的几种矿物图示（6 个地点数值平均）

Fig. 7-1　X-ray diffraction spectrum of different soil fractions and intact soil from farmland and adjacent poplar plantation, and several soil minerals identified from these techniques (Averages of 6 sites)

针对 5 种矿物 9 个衍射峰的检查发现，几种组分检出率存在差异。其中矿物组分检出率较高的是粉砂粘土、沙和团聚体、酸不溶组分，6 个地点样品平均检出为 4.6 个以上，而可溶性组分 6 个地点样品平均检出仅 0.7～1.0 个，颗粒态组分检出率为 2.9～4.0 个(表 7-1)。

检出矿物之间也存在差异，石英（1、2）、斜长石（1、2、3），以及蒙脱石和方解石检出较多。对于农田和杨树的差异，从统计结果来看，多数情况下防护林建设增加了矿物检出的可能性。例如，石英增加检出次数 1～3 次，斜长石增加检出次数 1～5 次，但是方解石和蒙脱石检出次数稍减 1 或 2 次。整体总计平均值显示，杨树内矿物衍射峰检测出的可能性较农田增加了 1.8 次（表 7-1）。

总体来看，农田和杨树土壤各种矿物衍射角差异在 0.2%以内，晶粒间隔差异也在 0.2%以内。而且，如果农田较杨树衍射角角度增加，则其晶粒间隔多相应减少。例如，杨树土壤石英 1 的衍射角增加了 0.2%，其晶粒间隔则减少了 0.2%。类似现象还发现存在于斜长石 1、斜长石 2、斜长石 4、蒙脱石和方解石中。具有相反趋势的有斜长石 3 和钾长石，变化比例为 0.1%（表 7-2）。

表 7-1　农田和杨树土壤及不同组分矿物种类检出量差异（6 个地点、5 个组分与原土）

Table 7-1　Differences in the total number of soil minerals detected from XRD techniques, and possible differences among different soil fractions as well as soil from farmland and poplar forests（6 sites and 5 soil fractions and intact soil）　（单位：个）

土壤矿物种类		粉砂粘土		颗粒态组分		可溶性组分		沙和团聚体		酸不溶组分		原土		总计	
		农田	杨树	农田	杨树	农田	杨树	农田	杨树	农田	杨树	农田	杨树	农田	杨树
石英	1	6	6	5	6	1	1	6	6	6	6	6	6	30	31
	2	6	6	6	6	0	3	6	6	6	6	6	6	30	33
斜长石	1	6	6	1	3	0	0	4	6	6	6	6	6	23	27
	2	6	5	1	2	0	0	5	6	5	6	6	5	23	24
	3	6	6	3	6	0	0	5	6	6	6	6	6	26	30
	4	5	5	0	2	0	1	4	5	2	2	2	3	13	18
蒙脱石		6	6	6	6	1	1	1	1	6	6	5	4	25	24
钾长石		5	5	1	2	0	0	6	6	2	3	6	5	20	21
方解石		5	4	3	3	4	3	4	5	6	5	5	5	27	25
平均值		5.7	5.4	2.9	4.0	0.7	1.0	4.6	5.2	5.0	5.1	5.3	5.1	24.1	25.9

表 7-2　农田和杨树几种土壤矿物衍射角与晶粒间隔比较

Table 7-2　Comparison on the diffraction angle and inter-grain spacing distance of several soil minerals between farmland and poplar forests

类别	特征值	农田		杨树		农田/杨树
		平均	SD	平均	SD	
石英 1	衍射角 2θ（°）	20.93	0.137	20.98	0.145	99.8%
	晶粒间隔 d（Å）	4.242	0.028	4.232	0.029	100.2%
石英 2	衍射角 2θ（°）	26.68	0.102	26.68	0.145	100.0%
	晶粒间隔 d（Å）	3.338	0.013	3.338	0.018	100.0%
斜长石 1	衍射角 2θ（°）	22.11	0.055	22.14	0.082	99.9%
	晶粒间隔 d（Å）	4.018	0.010	4.013	0.015	100.1%
斜长石 2	衍射角 2θ（°）	23.61	0.277	23.64	0.078	99.9%
	晶粒间隔 d（Å）	3.766	0.045	3.760	0.012	100.1%
斜长石 3	衍射角 2θ（°）	27.98	0.055	27.96	0.080	100.1%
	晶粒间隔 d（Å）	3.186	0.006	3.189	0.009	99.9%
斜长石 4	衍射角 2θ（°）	30.46	0.081	30.49	0.207	99.9%
	晶粒间隔 d（Å）	2.932	0.008	2.930	0.020	100.1%
蒙脱石	衍射角 2θ（°）	19.88	0.109	19.92	0.230	99.8%
	晶粒间隔 d（Å）	4.462	0.024	4.454	0.052	100.2%
钾长石	衍射角 2θ（°）	27.56	0.032	27.54	0.081	100.1%
	晶粒间隔 d（Å）	3.233	0.004	3.236	0.009	99.9%
方解石	衍射角 2θ（°）	29.51	0.088	29.54	0.112	99.9%
	晶粒间隔 d（Å）	3.024	0.009	3.021	0.011	100.1%

7.2.2 主要矿物衍射峰峰高、面积、半高宽和晶粒尺寸差异

从不同组分来看，粉砂粘土、酸不溶组分、原土几种矿物峰高、峰面积、半高宽、晶粒尺寸数据最全；其次是沙和团聚体，除了蒙脱石外，均测定到其他矿物数据；最差的可溶性组分，仅方解石数据较全（表 7-3）。

表 7-3 杨树和农田对几种矿物峰高、峰面积、半高宽和晶粒尺寸影响及不同组分间差异
Table 7-3 Influences of poplar and farmland on the peak height，peak area，full width at half maximum，and grain size as well as differences in different soil fractions （%）

矿物相关指标		农田/杨树						均值
		粉砂粘土	颗粒态组分	沙和团聚体	酸不溶组分	可溶性组分	原土	
峰高								
石英	1	98	50	78	122	—	125	95
	2	102	73	82	125	—	73	91
斜长石	1	109	—	118	120	—	130	119
	2	115	—	83	161	—	89	112
	3	81	—	77	187	—	77	106
	4	92	—	136	105	—	139	118
蒙脱石		101	75	—	115	—	94	96
钾长石		124	—	91	209	—	48	118
方解石		101	93	113	135	208	92	124
均值		103	73	97	142	208	96	
峰面积								
石英	1	100	46	81	107	—	111	89
	2	100	65	89	115	—	89	92
斜长石	1	116	—	103	119	—	109	112
	2	88	—	84	121	—	86	95
	3	107	—	69	133	—	94	101
	4	57	—	102	150	—	76	96
蒙脱石		115	54	—	109	—	91	92
钾长石		151	—	82	110	—	75	105
方解石		109	137	94	120	321	87	145
均值		105	76	88	120	321	91	
半高宽								
石英	1	103	87	110	86	—	88	95
	2	101	91	107	83	—	115	99

续表

矿物相关指标		农田/杨树						均值
		粉砂粘土	颗粒态组分	沙和团聚体	酸不溶组分	可溶性组分	原土	
半高宽								
斜长石	1	99	—	89	100	—	98	97
	2	93	—	95	69	—	84	85
	3	146	—	82	79	—	118	106
	4	69	—	80	145	—	63	89
蒙脱石		109	72	—	93	—	95	92
钾长石		120	—	90	55	—	133	100
方解石		102	175	82	103	161	100	121
均值		105	106	92	90	161	99	
晶粒尺寸								
石英	1	94	125	92	118	—	117	109
	2	102	109	89	120	—	79	100
斜长石	1	93	—	118	86	—	108	101
	2	139	—	96	135	—	121	123
	3	70	—	117	103	—	81	93
	4	124	—	111	58	—	92	96
蒙脱石		91	151	—	109	—	105	114
钾长石		79	—	131	202	—	76	122
方解石		124	42	137	92	63	113	95
均值		102	107	111	114	63	99	

注：—为检出率低于 3 个样地，未列出。至少 3 个样地以上而且农田/杨树相差不超过一个地点的数据平均值结果，检出率低的样地未列出

所检测的 5 种土壤矿物均表现出酸不溶组分的峰高和峰面积农田较杨树高，平均是杨树峰高的 1.42 倍，杨树峰面积的 1.20 倍。酸不溶组分是在粉砂粘土组分基础上用次氯酸钠氧化去掉易氧化组分的残留物。对于粉砂粘土组分峰高和峰面积，农田和杨树土壤没有明显差异（峰高，农田/杨树平均 103%；峰面积，农田/杨树平均 105%），农田和杨树易氧化组分与粉砂粘土结合，对矿物峰高和峰面积的影响存在差异，使得农田与杨树相应比值变小。但是对于半高宽、晶粒尺寸多没有发现农田和杨树间一致的差异（表 7-3）。

石英：从石英 1、2 的衍射峰来看，酸不溶组分农田峰高和峰面积均高于杨树土壤，粉砂粘土二者差异在 3%以内，而颗粒态组分、沙和团聚体组分则比杨树小 11%～54%。从原土来看，石英 1 衍射峰峰高和峰面积，农田是杨树的 1.11～1.25 倍；石英 2 则相反，农田是杨树的 73%～89%。粉砂粘土、沙和团聚体 2 个石英衍射峰的半高

宽农田/杨树为 101%～110%。而颗粒态组分和酸不溶组分的农田/杨树为 83%～91%，这些差异使得原土石英 1 衍射峰半高宽农田低于杨树（农田/杨树=88%），而石英 2 衍射峰则相反（农田/杨树=115%）。粉砂粘土 2 个石英的晶粒尺寸农田和杨树林相差在 6%以内（农田/杨树为 94%～102%），而颗粒态组分、酸不溶组分中晶粒尺寸均表现为农田大于杨树（农田/杨树为 109%～125%），这些差异使得原土 2 个石英衍射峰所代表的晶粒尺寸农田/杨树为 79%～117%（表 7-3）。

斜长石：斜长石 4 个衍射峰对农田、杨树的响应不同，原土、沙和团聚体衍射峰 1、4 峰高，农田分别是杨树的 1.3～1.39 倍、1.18～1.36 倍；而衍射峰 2、3 则相反，原土、沙和团聚体农田是杨树的 80%左右。酸不溶组分农田是杨树的 1.05～1.87 倍，粉砂粘土（酸不溶组分+易分解组分）表现出衍射峰 1、2 农田/杨树为 109%～115%，而 3、4 两个峰农田/杨树为 81%～92%。粉砂粘土、沙和团聚体、原土 4 个衍射峰峰面积农田/杨树分别为 57%～116%、69%～103%和 76%～109%。而酸不溶组分中则为 119%～150%。斜长石 1 和 2 多表现为半高宽农田/杨树不高于 100%，几种组分平均值是 85%～97%，其中粉砂粘土 99%～93%、酸不溶组分 69%～100%、沙和团聚体 89%～97%。斜长石 3 和 4 不同组分间则表现不一致，其中沙和团聚体农田/杨树为 80%～82%。粉砂粘土斜长石 1～4 的晶粒尺寸农田/杨树为 70%～139%，而沙和团聚体为 96%～118%，酸不溶组分则为 58%～135%，原土为 81%～121%，显示农田和杨树土壤间斜长石晶粒尺寸间差异没有一致性规律（表 7-3）。

蒙脱石：原土蒙脱石峰高、峰面积、半高宽和晶粒尺寸农田和杨树基本相差不大，农田/杨树值为 91%～105%。但是不同组分内农田、杨树间差别更大一些。粉砂粘土峰面积农田是杨树的 1.15 倍，峰高、半高宽、晶粒尺寸二者差异在 10%以内。颗粒态组分中有蒙脱石衍射峰检出，而且农田和杨树差异较大，峰高、峰面积、半高宽和晶粒尺寸农田/杨树分别为 75%、54%、72%和 151%。酸不溶组分内蒙脱石峰高、峰面积和晶粒尺寸农田均高于杨树，二者比值为 109%～115%，但是半高宽农田低于杨树，比值为 93%（表 7-3）。

钾长石：原土内钾长石峰高、峰面积和晶粒尺寸均为农田低于杨树，农田与杨树比值为 48%～76%，而半高宽农田与杨树比值为 133%。在 5 种土壤组分中，粉砂粘土、沙和团聚体，以及酸不溶组分衍射峰检出较多。粉砂粘土和酸不溶组分中农田峰高、峰面积多高于杨树，比值为 124%～209%，而沙和团聚体则趋势相反，比值为 82%～91%。粉砂粘土半高宽农田高于杨树，而沙和团聚体、酸不溶组分内则呈相反趋势。粉砂粘土组分的晶粒尺寸农田/杨树为 79%，而沙和团聚体、酸不溶组分农田与杨树比值为 131%～202%（表 7-3）。

方解石：方解石在 5 种组分和原土内均能发现衍射峰；原土结果显示，农田峰高、峰面积稍低于杨树土壤 10%左右，而晶粒尺寸高出杨树 13%，半高宽没有变化。粉砂粘土和颗粒态组分峰高农田与杨树比值为 93%～101%，而其他 3 个组分（沙和团聚体、酸不溶组分、可溶性组分）则农田高于杨树 1.13～2.08 倍。在峰面积方面，除了沙和团聚体组分外，其余 4 个组分均表现为农田高于杨树土壤，比值为 109%～321%。在半高宽方面，粉砂粘土和酸不溶组分农田和杨树几乎一致（农田与杨树比值为 102%～103%），沙和团聚体组分农田低于杨树（比值 82%），而可溶性组分和颗粒态组分则相反（比值为 161%～175%）。在晶粒尺寸方面，颗粒态组分、酸不溶组分和可溶性组分农田与杨树比值为 42%～92%，而粉砂粘土、沙和团聚体组分则为 124%～137%（表 7-3）。

综合所有测定的数据，对杨树与农田 X 射线衍射峰相关峰高、峰面积、半高宽、结晶尺寸分析结果见表 7-4。可以看出：峰高、峰面积、结晶尺寸相关指标，石英 1、2，斜长石 1、2 均表现出农田高于杨树，而它们的半高宽则相反。斜长石 3 的规律为前 3 个指标杨树高于农田，而半高宽农田高于杨树。钾长石和蒙脱石峰面积、半高宽农田高于杨树土壤，而晶粒尺寸呈相反趋势。方解石除了峰面积外，其他几个特征指标多表现为杨树高于农田（表 7-4）。

表 7-4　杨树与农田不同土壤矿物 X 射线特征参数差异的综合数据分析

Table 7-4　Pooled data analysis on the differences of X-ray characteristics of poplar plantation and farmland

土壤矿物	峰高			峰面积			半高宽			晶粒尺寸		
	农田	杨树	农/杨	农田	杨树	农/杨	农田	杨树	农/杨	农田	杨树	农/杨
石英 1	213	172	1.2	2 235	1 927	1.2	0.18	0.19	0.9	545	519	1.1
石英 2	1 105	892	1.2	11 529	10 296	1.1	0.18	0.2	0.9	556	499	1.1
斜长石 1	68	43	1.6	722	497	1.5	0.18	0.21	0.9	548	492	1.1
斜长石 2	60	32	1.9	856	698	1.2	0.3	0.34	0.9	395	292	1.4
斜长石 3	163	212	0.8	3 715	4 202	0.9	0.39	0.38	1.0	222	247	0.9
斜长石 4	33	31	1.0	420	561	0.7	0.23	0.28	0.8	573	470	1.2
蒙脱石	28	28	1.0	647	562	1.2	0.37	0.33	1.1	229	271	0.8
钾长石	84	51	1.6	2 082	1 152	1.8	0.43	0.41	1.0	197	219	0.9
方解石	73	74	1.0	1 399	1 276	1.1	0.3	0.31	1.0	390	398	1.0
农/杨>1.0 个数			5/9			7/9			1/9			5/9

7.2.3　衍射峰特征与土壤指标相关性

表 7-5 列出所有显著相关关系。石英 1 和 2 两个衍射峰的特征与土壤碳、氮、磷、钾均具有显著相关关系，其中 SOC 的显著性最高。而从 4 个衍射峰特征比较来看，峰高（Height）、峰面积（Area）的相关性多高于半高宽（FWHM）和晶粒尺寸（XS）。^{13}C 丰度与半高宽和晶粒尺寸也存在相关关系。

斜长石 1～4 的峰高、峰面积多与土壤碳、氮具有显著相关关系，但是半高宽和

表 7-5　土壤矿物 X 射线特征参数与土壤理化性质之间的相关关系

Table 7-5　Correlations between XRD characteristics and soil properties of pooled data

土壤矿物特征	SOC 含量	N 含量	P 含量	K 含量	pH	EC	比重	孔隙度	^{13}C 丰度	容重	含水量
石英 1 Height	<0.0001	0.0001	0.0017	0.0006	—	—	—	—	—	—	—
石英 1 Area	<0.0001	0.0003	0.0031	0.0009	—	—	—	—	—	—	—
石英 1 FWHM	<0.0001	<0.0001	<0.0001	0.0001	—	—	—	—	0.0011	—	—
石英 1 XS	<0.0001	0.0078	0.0007	0.0305	—	—	—	—	0.0228	0.04	0.04
石英 2 Height	<0.0001	0.0001	0.0002	<0.0001	—	—	—	—	0.0224	—	—
石英 2 Area	<0.0001	<0.0001	<0.0001	<0.0001	—	—	—	—	0.0178	—	—
石英 2 FWHM	<0.0001	<0.0001	<0.0001	0.0005	—	—	—	—	0.0027	—	—
石英 2 XS	0.0004	0.0017	<0.0001	0.0174	—	—	—	—	0.0114	—	—
斜长石 1 Height	0.0434	—	—	—	—	0.03	0.024	—	—	—	—
斜长石 1 Area	0.0042	0.0071	—	0.0336	—	0.04	0.03	—	—	—	—
斜长石 1 FWHM	—	—	—	—	—	—	—	—	—	—	—
斜长石 1 XS	—	—	—	—	—	—	—	—	—	—	—
斜长石 2 Height	0.0280	0.0233	—	—	—	—	—	—	—	—	—
斜长石 2 Area	0.0099	0.0054	—	—	—	—	—	—	—	—	—
斜长石 2 FWHM	—	—	—	—	—	—	0.04	0.042	—	—	—
斜长石 2 XS	—	—	—	—	—	—	0.04	0.017	—	—	—
斜长石 3 Height	0.0001	0.0002	0.0043	0.0040	—	—	—	—	—	—	—
斜长石 3 Area	<0.0001	<0.0001	0.0011	0.0004	—	—	—	—	—	—	—
斜长石 3 FWHM	—	—	—	—	—	—	—	—	—	—	—
斜长石 3 XS	0.0281	0.0029	—	—	—	—	—	—	—	—	—
斜长石 4 Height	0.0297	0.0040	—	—	—	—	—	—	—	—	—
斜长石 4 Area	—	0.0102	—	—	—	—	—	—	—	—	—
斜长石 4 FWHM	—	—	—	—	—	—	—	—	—	—	—
斜长石 4 XS	—	—	—	—	—	—	—	—	—	—	—
蒙脱石 Height	—	—	—	0.0188	—	—	—	—	—	—	—
蒙脱石 Area	—	—	—	—	—	—	0.04	—	—	—	—
蒙脱石 FWHM	0.0148	0.0088	—	0.0093	—	—	—	—	0.0432	—	—
蒙脱石 XS	—	0.0428	—	—	—	—	0.04	—	—	—	—
钾长石 Height	—	—	—	—	—	—	—	—	—	—	—
钾长石 Area	—	—	—	—	—	—	—	—	—	—	—
钾长石 FWHM	—	—	—	—	—	—	—	—	—	—	—
钾长石 XS	—	—	0.0001	—	—	—	—	—	—	—	—
方解石 Height	0.0048	0.0339	—	0.0010	0.02	—	—	—	0.0005	—	—
方解石 Area	0.0017	0.0178	—	0.0076		—	—	—	0.0006	—	—
方解石 FWHM	—	—	—	—	—	—	—	—	—	—	—
方解石 XS	—	—	—	—	—	—	—	—	0.0319	—	—

注：—表示 X 射线特征参数与土壤理化性质不存在显著相关关系

晶粒尺寸则相关性较弱。其中，斜长石 3 的 4 个衍射峰特征指标与土壤碳、氮、磷、钾均具有显著相关性，与石英衍射峰类似。斜长石的衍射峰与土壤 EC、比重、孔隙度等具有一些相关性，主要是斜长石 1 的峰高和峰面积、斜长石 2 的半高宽和晶粒尺寸。斜长石相关指标与土壤同位素 ^{13}C 丰度、容重和含水量没有相关性（表 7-5）。

蒙脱石的半高宽与土壤参数相关性较高，包括碳、氮、钾和同位素 ^{13}C 丰度。土壤比重与蒙脱石峰面积和晶粒尺寸具有相关性，而土壤氮与晶粒尺寸和半高宽具有显著相关性。

钾长石的相关衍射峰特征与土壤参数相关性最少，仅发现钾长石晶粒尺寸与土壤磷具有显著相关性。

方解石峰高、峰面积与土壤碳、氮和钾具有显著相关性，而最为突出的是与同位素 ^{13}C 丰度的相关性。方解石峰高、峰面积与同位素 ^{13}C 丰度达到极显著相关关系（p<0.001）（表 7-5）。

7.2.4　衍射峰特征与土壤碳、氮、磷、钾相关性

图 7-2 为衍射峰峰高、峰面积与土壤碳、氮、磷、钾的相关关系，总体来看衍射峰特征指标与土壤碳、氮、磷、钾具有显著负相关关系。土壤有机碳、氮、磷和钾含量多随着土壤峰高、峰面积指标下降。从不同土壤组分来看，往往颗粒态组分和可溶性组分的碳、氮、磷含量较高，而其他几个组分则相差不多。在这些相关性中，与有机碳相关性较高，R^2 多在 0.58 以上，与钾相关性次之，R^2 为 0.42～0.48。与氮的相关性为 0.33～0.37，而与磷的相关性较低，为 0.21～0.30（图 7-2）。与其他几个衍射峰，如石英 2、斜长石 1～4，以及方解石的峰高、峰面积的相关性与图 7-2 类似，在这里没有列出。农田和杨树林在上述相关关系上没有很明显的差异。

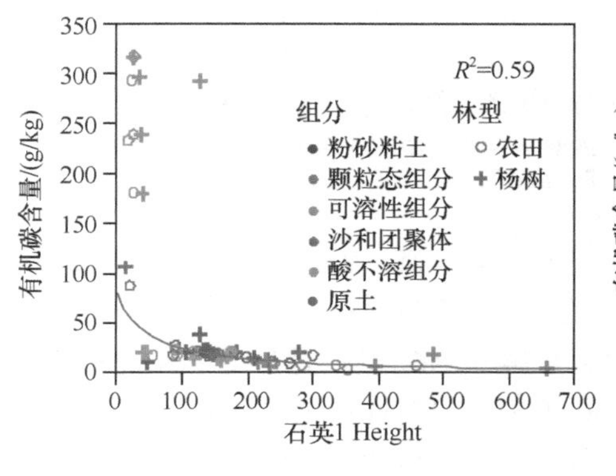

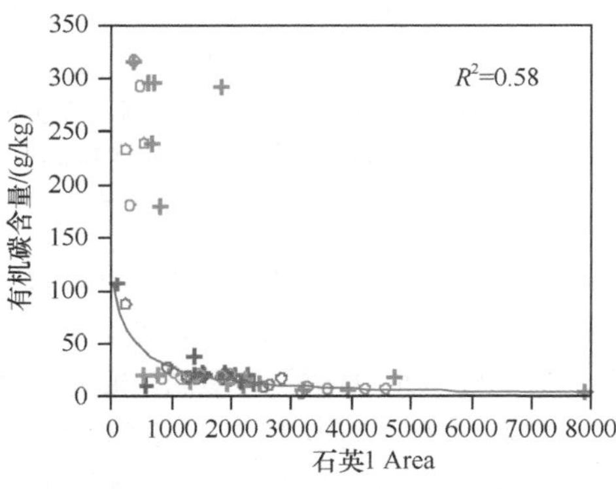

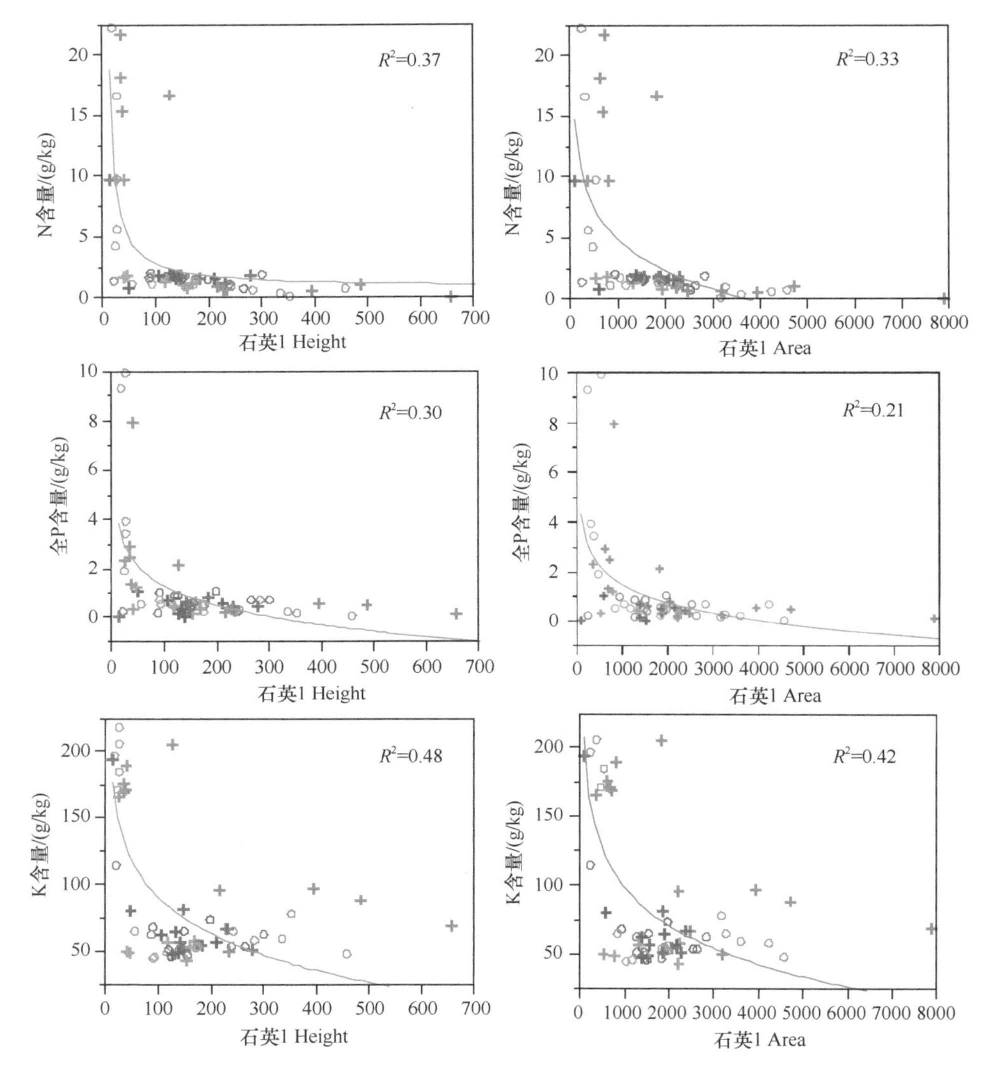

图 7-2　石英 1 衍射峰峰高、峰面积与土壤碳、氮、磷、钾的相关关系

Fig. 7-2　Relations between peak height，peak area of quartz 1 diffraction peak and SOC，N，P，and K

图 7-3 显示了衍射峰半高宽、晶粒尺寸与土壤碳、氮、磷、钾的相关关系。可以看出，半宽高多与碳、氮、磷、钾呈现正相关关系，而与晶粒尺寸多呈现负相关关系（图 7-3）。与 SOC 的相关性最高，相关性达到 0.34～0.46，其次是与土壤 K 的相关性，R^2 为 0.24～0.35，而 N 和 P 的相关性为 0.18～0.31。可溶性和颗粒态组分的碳、氮、磷、钾多较高，其在显著相关中起到重要作用，当去除这两个组分时，其余数据则不

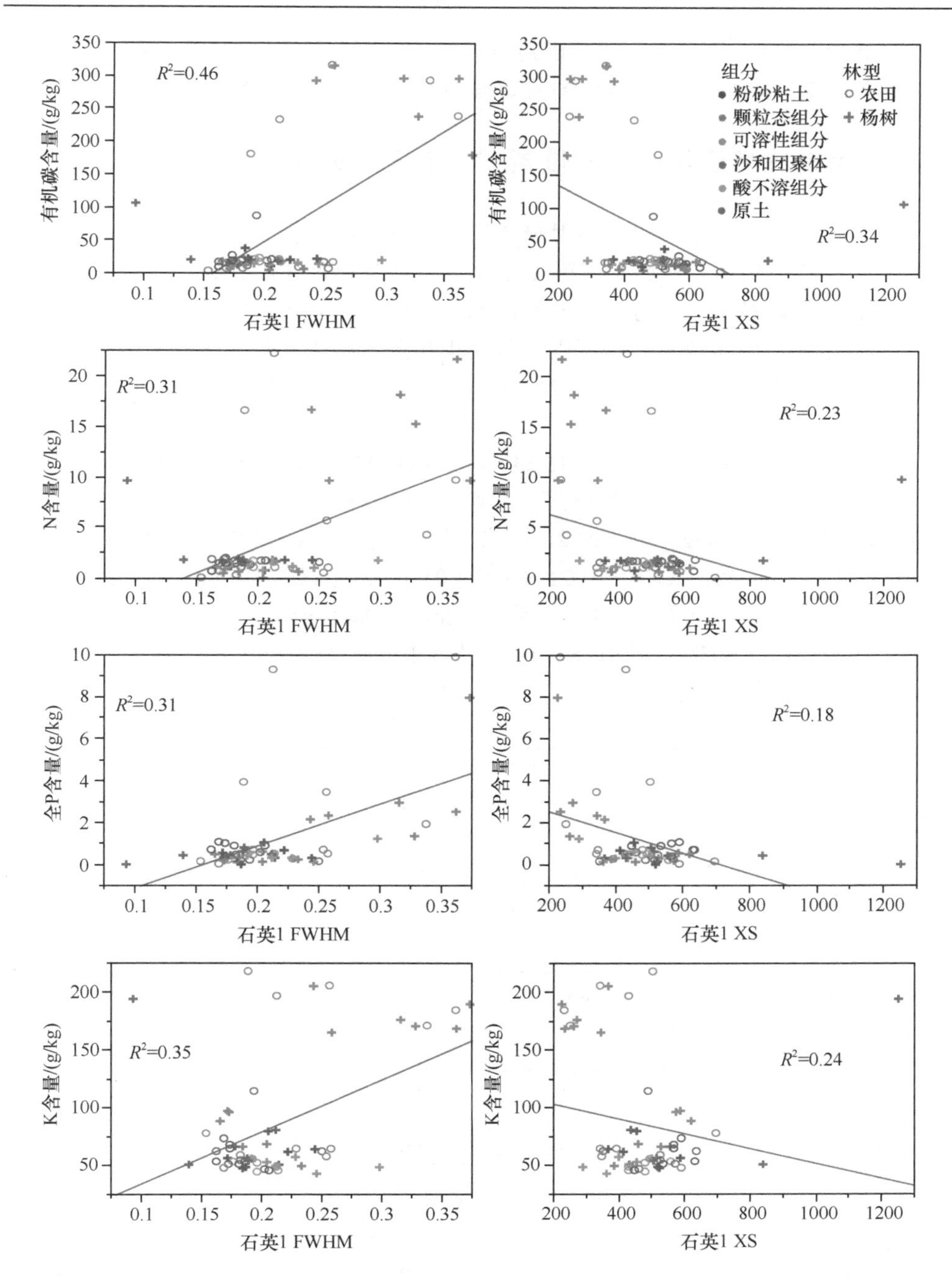

图 7-3　石英 1 衍射峰半高宽、晶粒尺寸与土壤碳、氮、磷、钾的相关关系

Fig. 7-3　Relations between peak full width at half maximum（FWHM），grain size of quartz 1 diffraction peak and SOC，N，P，and K

存在显著相关关系（图 7-3）。其他矿物的半高宽、晶粒尺寸与土壤碳、氮、磷、钾的相关性与图 7-3 类似。农田和杨树林在这些相关关系上没有明显区别。

7.2.5　衍射峰特征与土壤同位素 ^{13}C 丰度相关性

土壤同位素与土壤及组分衍射峰特征也具有明显的相关关系，主要是石英和方解石相关特征指标。例如，石英 1 的半高宽和晶粒尺寸，石英 2 的峰高、峰面积、半高宽和晶粒尺寸，方解石的峰高和半高宽。而且半高宽的大小与同位素丰度显著负相关，而其他几个指标则多呈现正相关。相关性最显著的是方解石峰高（R^2=0.22）、方解石峰面积（R^2= –0.21）和石英的半高宽和晶粒尺寸（R^2=0.17～0.18）（图 7-4）。

相关的方程如下：^{13}C 丰度 =–15.349 5–23.388 861×石英 1 FWHM，R^2=0.17，n=61；^{13}C 丰度 =–16.131 07–21.370 672×石英 2 FWHM，R^2=0.14，n=63；^{13}C 丰度 =–21.313 5 + 0.040 868 3×方解石 Height，R^2=0.22，n=52；^{13}C 丰度 =–21.315 93 + 0.002 274 1×方解石 Area，R^2=21，n=52；^{13}C 丰度=–21.689 43 + 0.001 459×石英 2 Height，R^2=0.08，n=62；^{13}C 丰度=–21.919 63 + 0.000 159 9×石英 2 Area，R^2=0.09，n=62；^{13}C 丰度=–15.050 45–26.203 24×石英 2 FWHM，R^2=0.18，n=62；^{13}C 丰度=–24.872 01 + 0.008 943 4×石英 2 XS，R^2=0.15，n=62（图 7-4）。

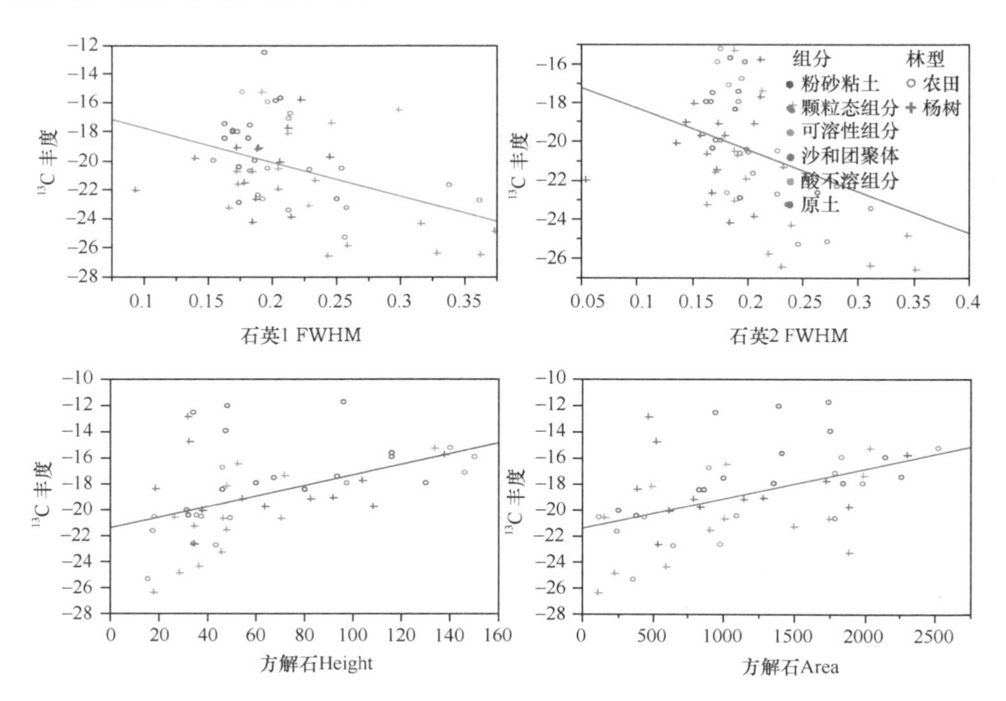

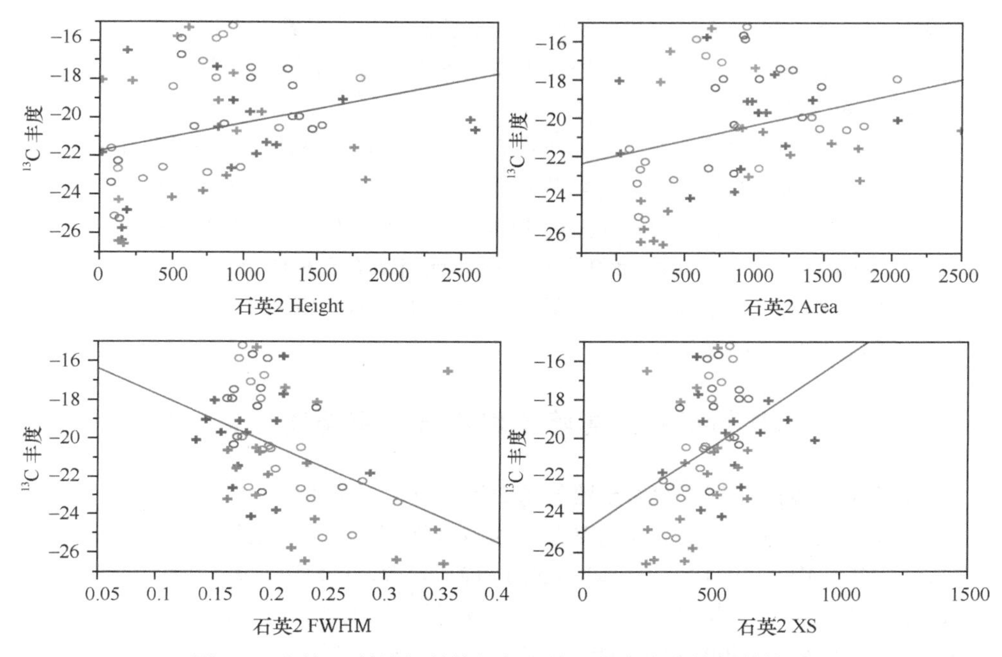

图 7-4　土壤 X 射线衍射特征与土壤同位素丰度的相关关系
Fig. 7-4　The relations between XRD characteristics and soil isotope abundance

7.3　讨　　论

7.3.1　杨树种植改变土壤矿物结晶状态

植物可以通过影响土壤矿物的结构来吸收土壤养分，但是关于具体的影响机制尚存在很大的争议。谢萍若（2010）对东北地区土壤的矿物组成变化进行了系统的总结，对土壤矿物 XRD 衍射特征与土壤肥力重要性进行了论述。Adam 等于 2012 年通过 XRD 分析发现，土壤真菌 *Glomus inoculation* 对土壤矿物的影响不具有确定模式，能够明显看出富集养分的伊利石是植物吸收 K 的来源，也在一定程度上充当植物微生物作用释放 K 的库，休耕可以明显改变土壤矿物的结构特征（https://www.researchgate.net/publication/258615013）。但是，也有研究发现真菌菌液短期处理就能够明显改变土壤蒙脱石、石英等矿物的晶粒尺寸等指标（Li et al.，2013a）。郑庆福等（2010）研究发现东北黑土耕层土壤粘粒矿物属伊利石-蒙伊混层矿物类型，高纬度黑土为伊利石-蒙伊混层型，低纬度黑土则为蒙伊混层-伊利石-蛭石型。他们进一步研究表明，荒地、旱田（大豆）、旱田（玉米）、水田利用的土壤矿物颗粒的风化依次增强，伊利石的含量和结晶度依次降低（郑庆福等，2011）。这些研究丰富了对东北黑土粘土矿物的相关知识，但是有关杨树防护林建设如何影响土壤矿物尚未见系统报道。本章的研究结果是这方面的补充，在一个较大的松嫩平原范围内，确认了杨树林和附近农田土壤矿物存在较大的 X 射线衍射峰特征差异。

从检测的衍射峰种类来看，主要包括石英、斜长石、蒙脱石、钾长石和方解石，农田和杨树防护林土壤各种矿物衍射角差异在 0.2%以内，晶粒间隔差异也在 0.2%以内。所检测的 5 种土壤矿物均表现出酸不溶组分的峰高和峰面积农田较杨树高，平均是杨树峰高的 1.42 倍，杨树峰面积的 1.20 倍。而对所有数据综合分析也发现，峰高、峰面积、结晶尺寸相关指标，石英衍射峰 1、2，斜长石衍射峰 1、2 均表现出农田高于杨树，而它们的半高宽则相反。

7.3.2　矿物 XRD 特征状态影响土壤养分，甚至同位素分馏作用

土壤矿物 XRD 特征变化对土壤的重要性，以往多是通过矿物组成变化—养分释放—养分富集过程进行分析，也有基于矿物的风化程度对土壤退化、土壤保护提出合理建议（郑庆福等，2011）。土壤矿物 XRD 特征参数，如峰高、峰面积、半高宽及晶粒尺寸与直接测定的土壤养分、土壤理化性质等进行相关分析，能够为研究 XRD 特征变化如何影响土壤功能提供可能。

基于这一思路，我们进行了相关分析，表明土壤矿物 XRD 特征对于土壤养分，甚至土壤同位素丰度变化具有重要影响。主要表现为土壤不同矿物峰高、峰面积多与土壤养分（碳、氮、磷、钾）具有显著负相关关系。在 XRD 分析中，所使用的土壤质量相同，因此峰高及峰面积在一定程度上反映了该矿物的多少，这种负相关说明在土壤矿物相对较少的状态下，具有更高的养分供应。土壤物理化学组分具有重要影响，当去除一些组分时，如有机物含量较高的颗粒态组分和可溶性组分，将使得土壤 K 与峰高、峰面积相关性由负相关转为正相关（图 7-2），而土壤半高宽、晶粒尺寸与土壤各养分的相关性消失（图 7-3）。

土壤同位素 ^{13}C 丰度是估计土壤碳周转的重要手段（Wei et al.，2013），我们的研究也发现农田和林地普遍存在 ^{13}C 分馏差异（第 9 章），这与本地种植农作物玉米是 C4 植物，而杨树林是典型 C3 植物有关。我们对同位素与土壤矿物特征参数的相关性分析发现，某些土壤矿物的 X 射线衍射特征与土壤同位素有紧密关系，如方解石和石英 2 的峰高、峰面积等与 ^{13}C 同位素丰度均有显著相关关系，R^2 最高达到 0.20。在今后分析同位素分馏作用时，可考虑土壤矿物组成变化的重要性。

7.4　小　　结

农田和杨树土壤常见 X 射线衍射峰有 9 个，涉及 5 种可能的矿物（石英、斜长石、

钾长石、蒙脱石及方解石等)。杨树内矿物衍射峰检测出的可能性较农田增加了 1.8 次，石英、斜长石具有最多的检出率，但是两种组分（颗粒态和可溶性组分）与其他图谱的出峰位置存在差异，检出结晶矿物较少。矿物组分检出率较高的是粉砂粘土、沙和团聚体、酸不溶组分与原土。

农田和杨树土壤各种矿物衍射角、晶粒间隔差异均在 0.2%以内。所检测的 5 种土壤矿物均表现出酸不溶组分的峰高和峰面积农田较杨树高，平均是杨树峰高的 1.42 倍，杨树峰面积的 1.20 倍。综合平均所有数据发现，峰高、峰面积、结晶尺寸相关指标，石英衍射峰（1、2），斜长石两个衍射峰（1、2）均表现出农田高于杨树；9 个衍射峰中的 8 个显示半高宽平均值杨树大于等于农田，表明杨树有导致结晶度降低的趋势。

相关分析发现，衍射峰峰高、峰面积多与碳、氮、磷、钾呈负相关关系，而半高宽与它们呈正相关关系。这种关系以石英两个衍射峰最为明显，其次包括斜长石和方解石。同时衍射峰特征与同位素丰度具有紧密的相关关系，主要表现为半高宽呈现负相关，而峰高和晶粒尺寸呈现正相关，这些关系在石英衍射峰 2 和方解石上表现最为明显。土壤理化性质（pH、电导率、容重、比重、孔隙度）与不同土壤矿物衍射峰特征相关性较弱。这些相关关系有助于理解杨树防护林建设导致土壤性质变化的土壤矿物学原因。

第 8 章　杨树防护林与农田土壤及组分红外官能团差异

红外光谱技术在土壤学中已得到较广泛的应用，它能够综合反映土壤体系的物质组成及其相互作用，为研究土壤中物质循环及其作用过程提供了新的手段（邓晶等，2008）。这种技术的发展使得研究土壤有机质官能团特征成为可能，而且官能团特征可揭示土壤的肥力状况（张玉兰等，2010；Ryals et al.，2014）。本研究在测定不同土壤及其组分 C、N、P、K 含量的基础上，对土壤及其组分的有机质官能团组成进行研究，从机理上揭示杨树防护林与农田土壤及其组分碳截获、肥力周转动态发生过程。

8.1　材料与方法

8.1.1　研究样地概况和样品采集

研究样地概况和样品采集同第 2 章。

8.1.2　研究方法

土壤肥力（C、N、P、K）指标测定同第 2 章。

红外光谱测定：分别称取干燥器中土壤样品及不同组分样品 2.000mg，加入 200mg 溴化钾粉末，充分研磨，压制成圆片，放入红外光谱仪中待测。红外光谱仪型号为 IRAffinity-1（SHIMADZU Japan），波谱为 4000～500cm^{-1}。对于波谱中每个吸收峰，将各吸收峰面积作为各个官能团的相对含量。官能团与吸收峰的对应关系参照 Johnson 和 Aochi（1996）的研究，Ⅰ为粘土矿物和氧化物、羧酸、酚类、醇类、吸附水中的 O—H 伸缩振动带，胺类、酰胺类中的 N—H 伸缩振动带；Ⅱ为脂肪族的 C—H 伸缩振动带；Ⅲ为羧酸盐类的不对称 COO—伸缩振动带，吸附水中的 O—H 弯曲收缩带；Ⅳ为羧酸盐类的对称 COO—伸缩振动带；Ⅴ为粘土矿物和氧化物中的 Si—O—Si 伸缩振动带、O—H 结构弯曲收缩带，多糖的 C—O 伸缩振动带，—COOH 的 C—O 伸缩振动带、O—H 弯曲收缩带；Ⅵ为碳酸盐（图 8-1）。

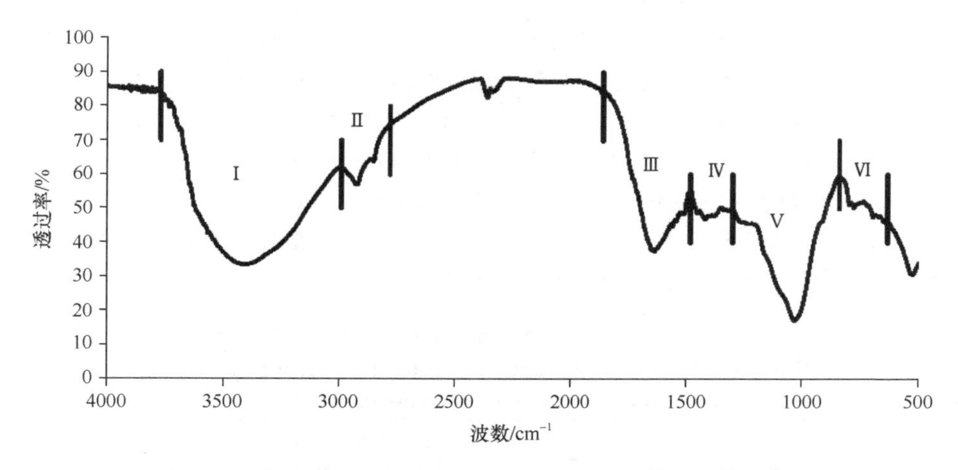

图 8-1 红外光谱分析仪鉴定不同官能团及无机物组成的示意图
Fig. 8-1 Sketch map of typical Fourier transform infrared spectroscopy spectrum for the identification of functional groups and inorganic minerals

8.1.3 数据分析

不同土壤组分的官能团吸收峰面积差异的多重比较均使用 SPSS 17.0 和 JMP 5.0.1 软件统计分析。拟合曲线和绘制图表使用 Excel 2010 和 JMP 5.0.1。红外光谱扫描中各吸收峰的面积测量使用 Image J 软件处理，并参照 Sparks 的土壤分析手册（Sparks et al., 1996）分析各吸收峰表示的官能团。

8.2 结果与分析

8.2.1 杨树与农田土壤及不同组分官能团相对含量的差异比较分析

通过对 72 个土壤样品进行红外光谱分析，发现原土及 5 种组分中均含有 6 个官能团，但是不同组分 6 个地点杨树与农田红外官能团相对含量存在一定差异（表 8-1），整体上，不同组分发现 57.87%的地点官能团相对含量表现出农田高于杨树。官能团Ⅰ（O—H 伸缩振动带和 N—H 伸缩振动带）相对含量中，不同组分 6 个地点杨树间存在 1.21～3.42 倍的差异，农田间存在 1.21～2.04 倍的差异。其中原土 6 个地点全部表现为农田高于杨树，粉砂粘土和可溶性组分也均有 5 个地点表现为农田高于杨树，而颗粒态组分有 5 个地点杨树高于农田。官能团Ⅱ（脂肪族的 C—H 伸缩振动带）相对含量中，不同组分 6 个地点农田间存在 1.47～2.50 倍的差异，变化范围较杨树间（1.44～8.00 倍的差异）差异小。不同组分中均有一半及以上地点表现为脂肪族的 C—H 官能团相对含量农田高于杨树。官能团Ⅲ（不对称 COO—伸缩振动带和 O—H 弯曲收缩带）相对含量中，颗粒态组分 6 个地点全部表现为农田高于杨树，原土和粉砂粘土中也分别有 5 个地点农田高于杨树。可溶性组分、沙和团聚体、酸不溶组分则分别有超过 50%以上地点表现为杨树高于农田。官能团Ⅳ（对称 COO—伸缩振动带）、Ⅴ（Si—O—Si 伸缩振动带、C—O 伸缩振动带、O—H 弯曲收缩带）相对含量中，不同组分中均出现超过 33.3%以上的地点杨树高于农田。官能团Ⅵ（碳酸盐）相对含量中，可溶性组分和酸不溶组分均有 5 个地点农田高于杨树（表 8-1）。

表 8-1　不同组分不同地点杨树与农田官能团相对含量的差异比较

Table 8-1　Comparison of relative contents of functional groups between poplar and farmland in different soil fractions in different sites

官能团	地点	原土		粉砂粘土		颗粒态组分		可溶性组分		沙和团聚体		酸不溶组分	
		杨树	农田	杨树	农田	杨树	农田	杨树	农田	杨树	农田	杨树	农田
Ⅰ	兰陵	5 663	8 085	4 516	8 538	7 947	7 793	11 591	11 114	2 872	1 957	7 697	5 642
	肇东	6 359	7 307	3 314	4 193	8 370	8 679	9 417	10 384	1 846	2 586	2 705	8 402
	杜蒙	3 521	9 403	4 719	5 041	8 654	8 387	8 844	10 379	1 651	2 279	8 694	8 581
	肇州	6 264	8 789	4 763	4 754	8 783	7 399	9 008	9 914	2 064	2 539	6 413	9 082
	富裕	9 478	11 144	6 481	7 162	9 652	8 253	7 244	9 214	2 835	1 555	8 980	6 946
	明水	8 840	9 643	5 930	7 229	8 149	7 020	9 728	10 806	3 155	2 357	9 260	6 844
地点间差异倍数		2.69	1.53	1.96	2.04	1.21	1.24	1.60	1.21	1.91	1.66	3.42	1.61
杨树>农田样地数		0		1		5		1		3		4	
Ⅱ	兰陵	22	29	40	51	381	399	499	351	33	51	27	37
	肇东	29	31	12	38	375	495	277	261	49	90	27	59
	杜蒙	22	16	62	44	488	509	354	419	88	40	131	88
	肇州	35	22	22	33	339	346	365	449	16	53	37	48
	富裕	31	40	44	49	398	428	400	383	11	59	66	62
	明水	37	35	44	22	451	444	427	443	22	66	68	64
地点间差异倍数		1.68	2.50	5.17	2.32	1.44	1.47	1.80	1.72	8.00	1.76	4.85	2.38
杨树>农田样地数		3		2		1		3		1		3	
Ⅲ	兰陵	317	491	209	479	2 254	2 280	795	583	106	90	483	282
	肇东	220	387	184	269	1 690	1 802	554	485	61	130	181	471
	杜蒙	273	625	279	296	2 319	2 728	531	506	102	97	445	547
	肇州	308	469	241	238	1 260	1 804	615	407	70	144	290	478
	富裕	843	669	347	413	2 217	2 286	515	613	161	104	599	390
	明水	561	605	375	448	2 184	2 222	462	625	144	122	584	432
地点间差异倍数		3.83	1.73	2.04	2.01	1.84	1.51	1.72	1.29	2.64	1.6	3.31	1.94

续表

官能团	地点	原土		粉砂粘土		颗粒态组分		可溶性组分		沙和团聚体		酸不溶组分	
		杨树	农田	杨树	农田	杨树	农田	杨树	农田	杨树	农田	杨树	农田
杨树>农田样地数		1		1		0		4		4		3	
Ⅳ	兰陵	131	173	101	171	209	210	2 648	2 621	287	332	198	109
	肇东	1 174	1 135	1 119	1 016	239	272	3 355	2 481	469	589	996	1 782
	杜蒙	361	1 635	713	701	236	220	2 860	2 604	141	211	1 374	1 527
	肇州	610	562	683	567	208	229	2 737	2 316	291	254	815	1 107
	富裕	963	976	823	1 059	241	169	2 801	2 731	286	394	1 128	970
	明水	96	113	64	140	231	269	2 330	2 433	44	33	135	53
地点间差异倍数		12.23	14.47	17.48	7.56	1.16	1.61	1.44	1.18	10.66	17.85	10.18	33.62
杨树>农田样地数		2		3		2		5		2		3	
Ⅴ	兰陵	3 811	5 368	4 595	5 184	3 172	2 922	5 265	3 094	3 436	3 380	5 329	4 940
	肇东	3 850	4 271	4 313	4 216	3 083	3 561	2 039	2 530	3 002	3 913	3 381	4 873
	杜蒙	4 344	5 487	4 881	4 409	3 217	2 899	2 123	3 791	4 889	5 243	5 717	5 396
	肇州	4 285	5 146	4 766	4 536	3 605	2 835	3 007	3 002	2 981	2 915	5 414	5 542
	富裕	6 280	5 312	4 991	5 067	3 356	2 823	3 722	2 393	4 301	2 950	4 901	4 971
	明水	4 939	4 924	4 567	5 662	3 586	2 996	4 220	4 884	4 197	3 902	5 289	5 822
地点间差异倍数		1.65	1.26	1.16	1.34	1.17	1.26	2.58	2.04	1.64	1.80	1.69	1.19
杨树>农田样地数		2		3		5		3		4		2	
Ⅵ	兰陵	255	318	451	359	156	134	103	184	649	613	484	350
	肇东	237	254	301	260	129	166	81	219	517	618	183	302
	杜蒙	418	218	353	282	140	176	82	161	974	1 098	332	379
	肇州	286	378	410	325	224	131	81	83	480	451	391	447
	富裕	449	403	322	410	152	176	119	114	758	563	287	341
	明水	294	349	460	481	156	97	61	92	662	554	350	586
地点间差异倍数		1.89	1.85	1.53	1.85	1.74	1.81	1.95	2.64	2.03	2.43	2.64	1.94
杨树>农田样地数		2		4		3		1		4		1	

整体上，不同组分杨树与农田间 6 个官能团相对含量存在差异。农田原土官能团Ⅰ相对含量显著高于杨树 35.50%，其中酸不溶组分、可溶性组分、粉砂粘土农田分别高于杨树 4.00%、10.71%、24.20%。杨树原土官能团Ⅱ相对含量高于农田 1.73%，其中可溶性组分也表现为高于农田趋势，高出 0.69%。农田原土官能团Ⅲ、Ⅳ相对含量分别高于杨树 28.71%、37.75%，而除了可溶性组分，其他组分均呈现农田高于杨树的趋势。农田原土官能团Ⅴ相对含量高于杨树 10.90%，粉砂粘土和酸不溶组分表现出一致趋势。杨树原土官能团Ⅵ相对含量高于农田 0.99%，而杨树沙和团聚体、颗粒态组分、粉砂粘土官能团Ⅵ相对含量分别高于农田 3.67%、8.75%、8.50%（图 8-2）。

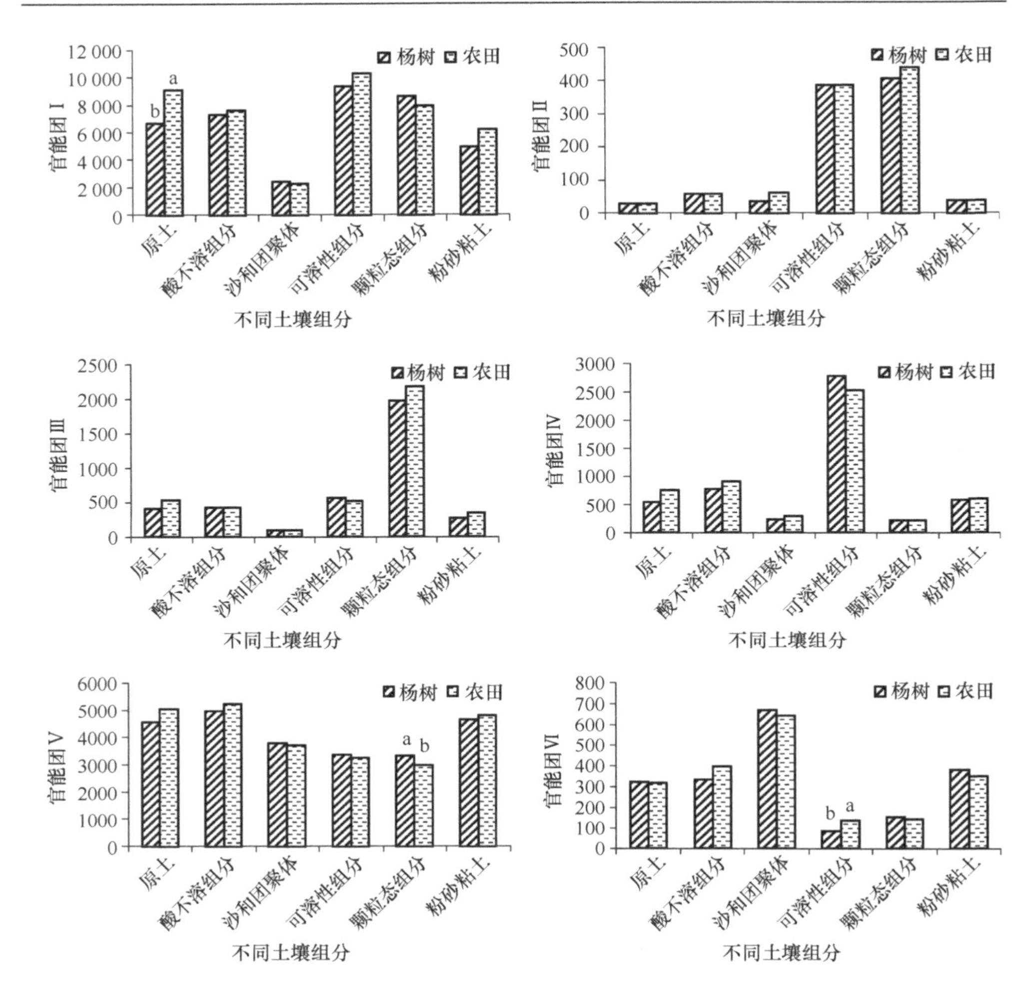

图 8-2　杨树与农田土壤及其不同组分官能团及无机物组成的差异比较分析

Fig. 8-2　Comparison of functional groups and inorganic matter in soil and different soil fractions between poplar and farmland

注：不同小写字母表示杨树与农田间的显著差异（p＜0.05）

通过比较分析，发现 2 个组分的 2 个官能团杨树与农田存在显著差异。杨树颗粒态组分官能团Ⅴ相对含量显著高于农田 10.99%，农田可溶性组分官能团Ⅵ相对含量显著高于杨树 61.87%（图 8-2）。

同时，6 个官能团中，农田酸不溶组分均高于杨树；除官能团Ⅵ，农田粉砂粘土均高于杨树；除官能团Ⅱ、Ⅵ，农田原土均高于杨树；除官能团Ⅱ、Ⅲ，杨树颗粒态组分均高于农田；除官能团Ⅱ、Ⅲ、Ⅳ，杨树沙和团聚体均高于农田；除官能团Ⅰ、Ⅵ，杨树可溶性组分均高于农田（图 8-2）。

8.2.2　土壤肥力指标与官能团相对含量的相关性分析

通过检测 24 对不同官能团相对含量与土壤肥力（C、N、P、K）指标的相关关系，发现 21 对显著的相关关系（表 8-2）。SOC 含量与官能团Ⅰ、Ⅱ、Ⅲ、Ⅴ、Ⅵ相对含量的相关关系 R^2 为 0.14～0.89，其中 SOC 含量与官能团Ⅲ相对含量的相关关系 R^2 达到 0.89，极为显著（图 8-3）。N 含量与官能团Ⅰ、Ⅱ、Ⅲ、Ⅴ、Ⅵ相对含量的相关关系 R^2 为 0.19～0.67，其中 N 含量与官能团Ⅱ相对含量的相关关系 R^2 达到 0.67，极为显著（图 8-4）。P 含量与官能团Ⅰ、Ⅱ、Ⅲ、Ⅴ、Ⅵ相对含量的相关关系 R^2 为 0.12～0.51，其中 P 含量与官能团Ⅱ相对含量的相关关系 R^2 达到 0.51，极为显著（图 8-5）。K 含量与 6 个官能团相对含量的相关关系 R^2 为 0.16～0.88，其中 K 含量与官能团Ⅱ相对含量的相关关系 R^2 达到 0.88，极为显著（图 8-6）。

表 8-2　不同官能团相对含量与土壤肥力性质的相关关系

Table 8-2　Relationships between relative content of functional groups and soil fertility-related properties

	Ⅰ	Ⅱ	Ⅲ	Ⅳ	Ⅴ	Ⅵ
C	0.0014	<0.0001	<0.0001		<0.0001	<0.0001
N	0.0001	<0.0001	<0.0001		<0.0001	<0.0001
P	0.0011	<0.0001	<0.0001		0.0030	<0.0001
K	<0.0001	<0.0001	<0.0001	0.0004	<0.0001	<0.0001

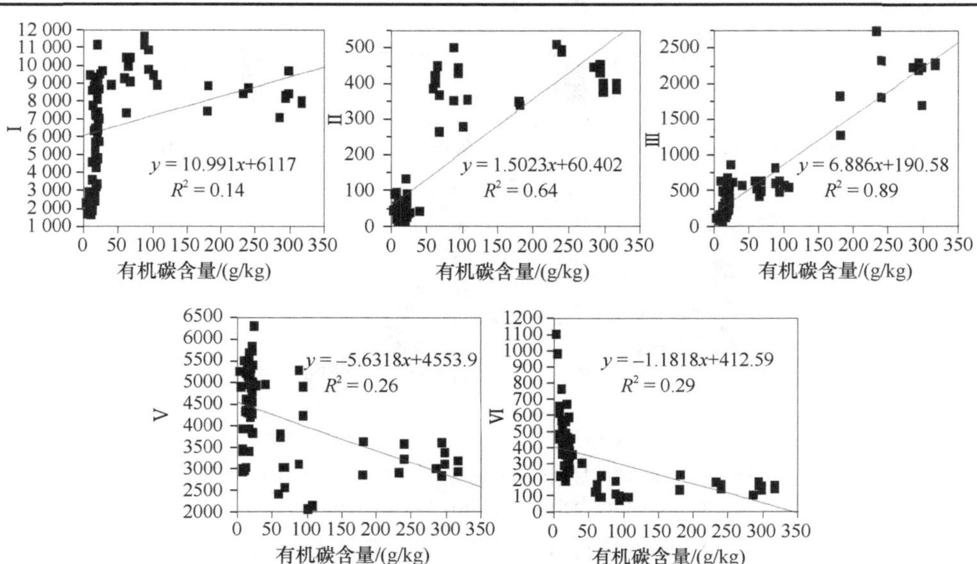

图 8-3　不同官能团相对含量与土壤 SOC 的显著相关关系

Fig. 8-3　Significant relationships between relative content of functional groups and SOC

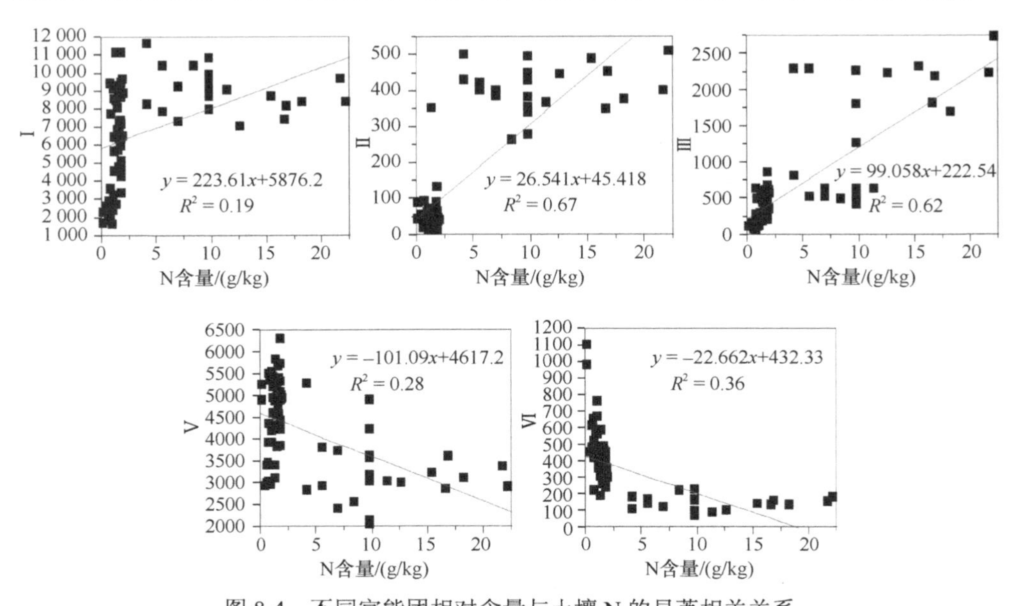

图 8-4　不同官能团相对含量与土壤 N 的显著相关关系

Fig. 8-4　Significant relationships between relative content of functional groups and soil N

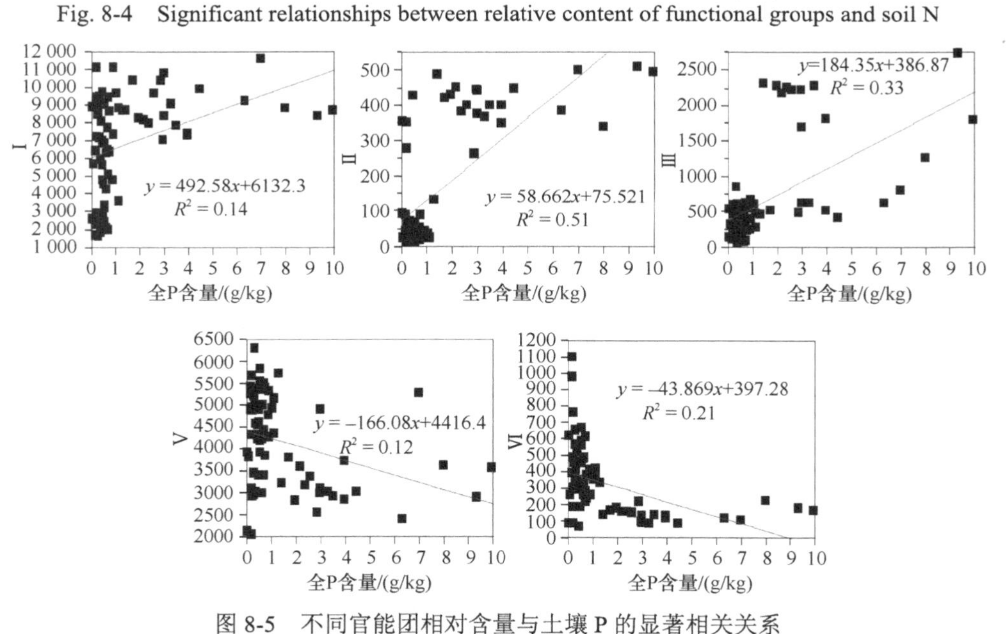

图 8-5　不同官能团相对含量与土壤 P 的显著相关关系

Fig. 8-5　Significant relationships between relative content of functional groups and soil P

整体上，土壤 N、P、K 含量与官能团Ⅱ（脂肪族的 C—H）相对含量的相关关系 R^2（0.51～0.88）达到最大，均为正相关关系。我们还发现，随着土壤 C、N、P、K 含量增加，官能团Ⅴ、Ⅵ相对含量显著降低（R^2=0.12～0.39）（p<0.01）。

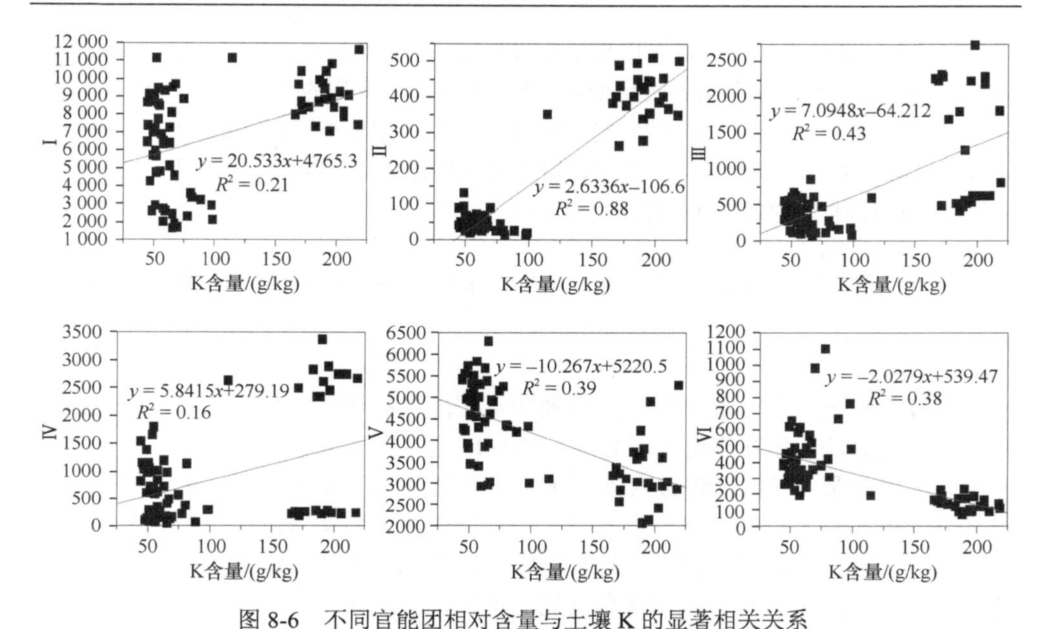

图 8-6　不同官能团相对含量与土壤 K 的显著相关关系

Fig. 8-6　Significant relationships between relative content of functional groups and soil K

8.3　讨　　论

8.3.1　杨树防护林与农田土壤及组分不同官能团存在差异，但不同地点趋势不一致

通过红外光谱法对化合物内官能团的量和组成进行分析，可以得出这些小分子官能团物质化学活性的高低（Vohland et al.，2011；Li et al.，2013b）。汲常萍等（2015）发现东北次生杨桦林土壤及其 5 种组分中含有 5 种官能团，且不同组分相同官能团存在差异。而我们的研究发现杨树与农田土壤及组分共存在 6 种有机物、无机物的官能团，杨树与农田每个土壤组分的官能团相对含量均存在差异。研究发现 2 个原土官能团相对含量表现为杨树高于农田，杨树原土官能团Ⅱ相对含量高于农田 1.73%，其中可溶性组分也表现为高于农田趋势，高出 0.69%；杨树原土官能团Ⅵ相对含量高于农田 0.99%，而杨树沙和团聚体、颗粒态组分、粉砂粘土官能团Ⅵ相对含量分别高于农田 3.67%、8.75%、8.50%。同时，4 个原土官能团相对含量表现为农田高于杨树，农田原土官能团Ⅰ相对含量显著高于杨树 35.50%，其中，农田粉砂粘土（酸不溶组分+易氧化组分）、酸不溶组分、可溶性组分官能团Ⅰ相对含量均高于杨树，起到一定的贡献作用；农田原土官能团Ⅲ、Ⅳ相对含量分别高于杨树 28.71%、37.75%，而除了

可溶性组分，其他组分均呈现农田高于杨树的趋势；农田原土官能团Ⅴ相对含量高于杨树 10.90%，粉砂粘土和酸不溶组分表现出一致趋势。我们的研究运用红外光谱技术探索了杨树与农田土壤及组分的官能团特性，并且发现造林土壤与农田土壤的官能团差异，明确主要发生的组分，为东北退耕还林工程提供了新的方法和技术，进一步深入理解退耕还林土壤组分的动态变化。

8.3.2 土壤肥力指标（碳、氮、磷、钾）显著影响红外官能团的相对含量

红外光谱技术在土壤学中已经得到非常广泛的应用，它能够综合反映土壤体系的物质组成及其相互作用（邓晶等，2008）。近些年，很多学者运用红外光谱技术探索土壤的肥力状况（张玉兰等，2010；张娟娟等，2012）。而我们的研究是通过红外光谱技术分析出土壤及组分存在的官能团，并与实测的土壤及组分的肥力指标（碳、氮、磷、钾）作相关关系分析，研究发现随着土壤 C、N、P、K 含量的增加，官能团Ⅰ、Ⅱ、Ⅲ相对含量显著增加，官能团Ⅴ、Ⅵ相对含量则显著降低。SOC 含量与官能团Ⅲ（羧酸盐类的不对称 COO—；吸附水中的 O—H）相对含量的相关关系 R^2 达到 0.89，土壤 N、P、K 含量与官能团Ⅱ（脂肪族的 C—H）相对含量的相关关系 R^2（0.51～0.88）达到最大。汲常萍等（2015）的研究结果显示，东北次生杨桦林土壤及其组分的红外官能团Ⅰ、Ⅱ、Ⅲ相对含量均与土壤 C、N 呈正相关关系，官能团Ⅴ相对含量与土壤 C、N 呈负相关关系。我们的结果不但验证了前人关于不同官能团与土壤 C、N 的关系，而且补充了不同官能团与土壤 P、K 的相关关系。我们的研究通过土壤及其组分中的官能团相对含量指示土壤肥力动态发生过程。

8.4 小　　结

整体上，不同组分发现 57.87%的地点官能团相对含量表现出农田高于杨树。不同组分杨树与农田间 6 个官能团相对含量存在差异。农田原土官能团Ⅰ相对含量显著高于杨树 35.50%，其中酸不溶组分、可溶性组分、粉砂粘土农田官能团Ⅰ相对含量分别高于杨树 4.00%、10.71%、24.20%。杨树原土官能团Ⅱ相对含量高于农田 1.73%，其中可溶性组分也表现为高于农田趋势，高出 0.69%。农田原土官能团Ⅲ、Ⅳ相对含量分别高于杨树 28.71%、37.75%，而除了可溶性组分，其他组分均呈现农田高于杨树的趋势。农田原土官能团Ⅴ相对含量高于杨树 10.90%，粉砂粘土和酸不溶组分表现出一致趋势。杨树原土官能团Ⅵ相对含量高于农田 0.99%，而杨树沙和团聚体、颗粒态组分、粉砂粘土官能团Ⅵ相对含量分别高于农

田 3.67%、8.75%、8.50%。

随着土壤 C、N、P、K 含量的增加，官能团Ⅰ、Ⅱ、Ⅲ相对含量显著增加，官能团Ⅴ、Ⅵ相对含量则显著降低。SOC 含量对官能团Ⅲ（羧酸盐类的不对称 COO—；吸附水中的 O—H）相对含量的影响最为显著（R^2=0.89），土壤 N、P、K 含量对官能团Ⅱ（脂肪族的 C—H）相对含量的影响最为显著（R^2=0.51～0.88）。

第9章 杨树防护林与农田土壤及组分稳定同位素 $\delta^{13}C$ 差异

稳定同位素技术已经成为土壤碳截获生态学的重要工具，重要原因是同位素分馏作用。同位素以不同比例在不同物质间的分配，称为同位素分馏。C3 和 C4 植物通过光合作用固定碳的过程引起碳同位素的分馏。一般来讲，轻同位素比重同位素更容易被吸收和参加新陈代谢。植物光合作用是自然界产生碳同位素分馏的最重要过程。目前大气 CO_2 的 ^{13}C 值为 8‰左右。不同光合途径（C3、C4）因光合羧化酶［1,5-二磷酸核酮糖（RuBP）羧化酶和磷酸烯醇丙酮酸（PEP）羧化酶］和羧化时空上的差异对 ^{13}C 有不同的识别和排斥，导致了不同光合途径的植物具有显著不同的 ^{13}C 值。在陆生植物中，C3 植物的 ^{13}C 值为–35‰～–20‰（平均为–27‰），C4 植物为–15‰～–7‰（平均为–12‰）。基于这一差异，在土壤碳截获研究中，当土地利用发生 C3-C4 植物变化时，可以计算碳来源及周转速率。杨树是典型的 C3 植物，松嫩平原大部分旱作作物的玉米是典型的 C4 植物，因此，可以利用稳定同位素方法进行杨树林碳周转及组分间差异研究，有助于揭示其相关深层机制。

9.1 材料与方法

9.1.1 研究地点、材料收集与土壤物理化学分级

采样地点和采样方法参照第 2 章。

土壤样品物理化学组分分级方法参照第 6 章。

9.1.2 土壤相关指标测定

土壤及组分碳、氮、磷、钾和土壤理化性质（pH、电导率、容重、比重、孔隙度、含水量）参照第 1 章相关方法进行测定。

土壤 SOC、N、K、P 储量（kg/m^2）计算方法如下。

$$有机碳（N、K、P）=D\times BD\times OC（N、K、P）\times M \quad (9\text{-}1)$$

式中，D 为土层深度（cm）；BD 为土壤容重（g/cm^3）；OC（N、K、P）为 SOC、N、K、P 含量（g/kg）；M 为每种土壤组分占比（%）。

9.1.3　土壤同位素测定

同位素测定及退耕还林 SOC 储量来源计算：土壤有机质和森林凋落物中的 ^{13}C 自然丰度使用 MAT253 稳定同位素质谱仪分析测定。

9.1.4　数据分析

计算方法如下[以下计算方法均参考 Wei 等（2012b）和 Wei 等（2014）的研究]，

$$\delta^{13}C（‰）=（R_{sample}/R_{standard}-1）\times 1000 \quad (9\text{-}2)$$

式中，$R={}^{13}C/{}^{12}C$；$R_{standard}$ 是 PDB（Peedee Belemnite）标准，$R_{PDB}=0.011\ 237\ 2$。

对于造林土壤，来源于杨树凋落物 C（C3-C）的 SOC 比例 f，计算方法如下。

$$f=（\delta^{13}C_F-\delta^{13}C_C）/（\delta^{13}C_L-\delta^{13}C_C） \quad (9\text{-}3)$$

式中，$\delta^{13}C_F$ 是造林土壤有机质中 $\delta^{13}C$ 值；$\delta^{13}C_C$ 是农田土壤有机质中 $\delta^{13}C$ 值；$\delta^{13}C_L$ 是森林凋落物的 $\delta^{13}C$ 值（我们用–27‰作为均值进行计算）。

在杨树土壤中来源于杨树的 C（C3-C）和原始的来源于农田玉米的 C（C4-C）的计算方法如下。

$$SOC_F=SOCS\times f \quad (9\text{-}4)$$

$$SOC_C=SOCS\times（1-f） \quad (9\text{-}5)$$

式中，SOCS 是 SOC 储量，SOC_F 和 SOC_C 分别是来源于杨树的 SOC 储量和来源于农田的 SOC 储量。

9.1.5　数据处理

土壤及不同组分 ^{13}C 同位素丰度差异、土壤碳来源比例计算，以及 ^{13}C 同位素丰度、碳来源比例与理化性质及肥力指标相关性使用 SPSS 17.0 和 JMP 10.0 软件统计分析。拟合曲线和图表使用 Excel 2010 和 JMP 10.0 绘制。

9.2　结果与分析

9.2.1　原土及不同土壤组分 ^{13}C 差异

原土及 5 种土壤组分在 6 个地点的结果均显示，杨树土壤 ^{13}C 值不高于农田土壤，但是不同组分、不同地点差异大小不同（图 9-1）。具体来看内容如下。

原土 ^{13}C 丰度肇东最高，农田和防护林在–15.6 左右，明水最低，农田和防护林为–24～–22。表 9-1 显示 $\delta^{13}C$ 为 0.07～2.22，平均值为 1.27。

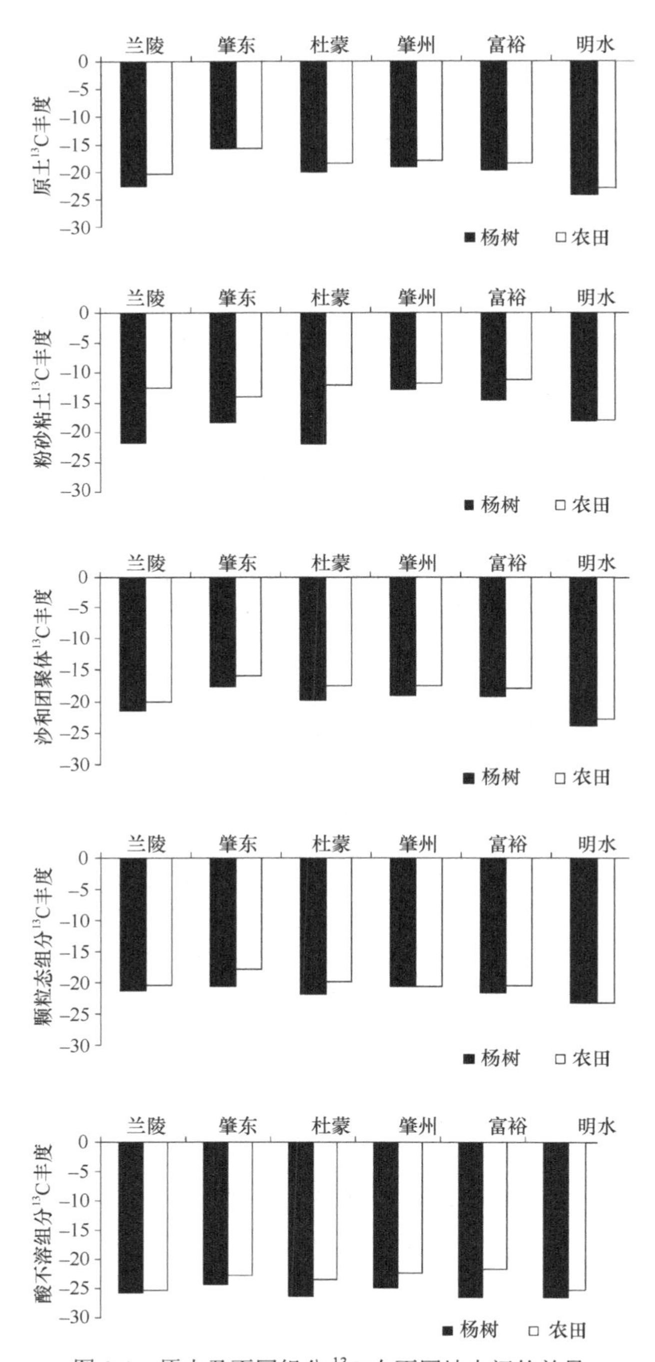

图 9-1　原土及不同组分 ^{13}C 在不同地点间的差异

Fig. 9-1　Inter-site differences in ^{13}C values from intact soil and different soil fractions

表 9-1　不同地点、不同组分农田和杨树 ^{13}C 差异（$\delta^{13}C$）及 ^{13}C 丰度比较

Table 9-1　^{13}C differences between farmland and poplar forest（$\delta^{13}C$）and ^{13}C abundance comparison at different sites and soil fractions

地点	原土	可溶性组分	粉砂粘土	沙和团聚体	颗粒态组分	酸不溶组分
$\delta^{13}C$						
兰陵	2.22	9.34	1.43	0.83	0.48	0.01
肇东	0.07	4.36	1.80	2.73	1.60	0.05
杜蒙	1.68	9.91	2.30	1.94	2.90	0.55
肇州	1.08	1.07	1.56	0.03	2.55	0.59
富裕	1.27	3.46	1.16	1.03	4.86	0.98
明水	1.29	0.08	1.18	0.03	1.40	0.44
平均值	1.27	4.70	1.57	1.10	2.30	0.44
^{13}C 丰度						
兰陵	–21.5	–17.1	–20.7	–20.8	–25.5	–20.5
肇东	–15.7	–16.1	–16.8	–19.3	–23.5	–15.2
杜蒙	–19.2	–17.0	–18.5	–20.9	–24.9	–16.2
肇州	–18.5	–12.3	–18.3	–20.6	–23.6	–17.0
富裕	–19.1	–12.9	–18.5	–21.0	–24.0	–17.6
明水	–23.5	–18.0	–23.2	–23.2	–25.8	–22.8
平均值	–19.6	–15.6	–19.3	–21.0	–24.6	–18.2

可溶性组分 ^{13}C 丰度差异较原土大，肇州 ^{13}C 丰度最高，为–13～–11，而兰陵最低，为–22～–12。$\delta^{13}C$ 为 0.08（明水）～9.91（杜蒙），平均值为 4.70（表 9-1）。

粉砂粘土组分的 ^{13}C 丰度为–23.8～–15.9，最高为肇东，而最低值在明水，这与原土的顺序一致。$\delta^{13}C$ 范围较原土、可溶性组分小，在 1.16（富裕）～2.30（杜蒙），平均值为 1.57（表 9-1）。

沙和团聚体组分的 ^{13}C 丰度为–23.2～–17.9，变化范围较小。最高是在肇东，最低在明水，这与原土、粉砂粘土组分结果一致。$\delta^{13}C$ 范围较小，在 0.03（肇州、明水）～2.73（肇东），平均值为 1.10（表 9-1）。

颗粒态组分 ^{13}C 丰度较低，为–26.5～–22.7，也表现为肇东最高，明水最低。$\delta^{13}C$ 差异在 0.48（兰陵）～4.86（富裕），平均值为 2.30（表 9-1）。

酸不溶组分 ^{13}C 丰度为–23.0～–15.2，也表现为明水最低，肇东最高。$\delta^{13}C$ 差异在几个组分内最小，在 0.01（兰陵）～0.98（富裕），平均值为 0.44（表 9-1）。

从综合数据来看，杨树防护林建设引起了土壤组分及原土 ^{13}C 的分馏作用，尽管不同地点间有差别。不同组分的分馏不一样，以可溶性组分分馏作用最大，而酸不溶性组分最小，$\delta^{13}C$ 前者平均值是后者的 10 倍以上。沙和团聚体、粉砂粘土几乎相当（1.10～1.57），而颗粒态组分比较高（2.30）。不同组分间同位素丰度也存在较大的差异，其中以颗粒态最低（–24.6），而以可溶性最高（–15.6）（表 9-1）。

9.2.2 原土和不同组分中土壤碳来源量分析

基于同位素丰度计算得出的杨树土壤 SOC 来源可以看出，不同地点和不同组分间的差异较大（图 9-2）。

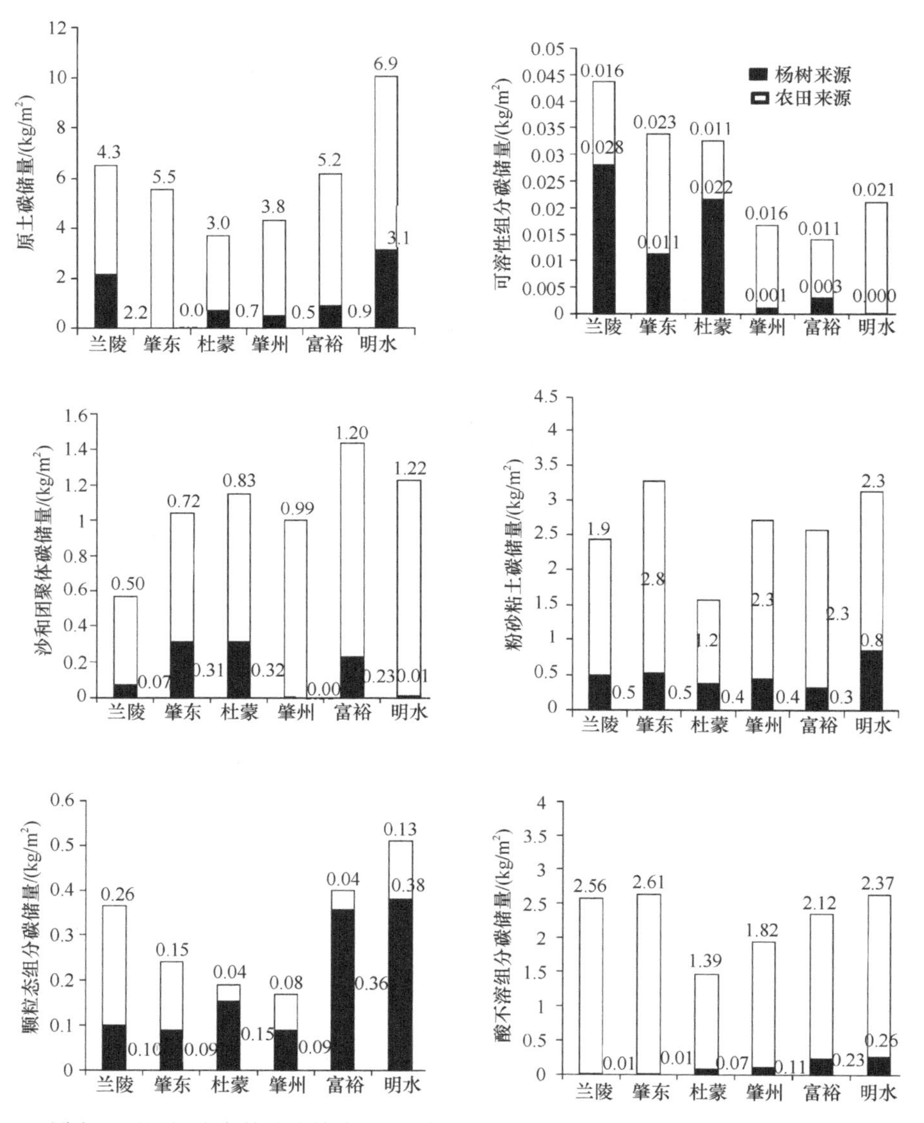

图 9-2 原土及不同组分中林地土壤中 SOC 来源（杨树来源、农田来源）比较及不同地点差异

Fig. 9-2 Comparison on SOC origins (poplar or farmland) in intact soil and soil fractions, and their differences at different sites

从纵坐标的大小可以看出，可溶性组分储量最低，多在 0.045kg/m^2 之下，其次是颗粒态组分，多在 0.5kg/m^2 之下，粉砂粘土组分（酸不溶组分+易氧化组分）所占比例最大，多在 3.5kg/m^2 之下（图 9-2）。

从杨树来源碳的量来看，原土中肇东来源最少，而明水和兰陵的量比较大（2.2～3.1 kg/m^2）。可溶性组分林分来源较小的是明水和肇州（<0.001kg/m^2），而兰陵和杜蒙比较多（>0.02kg/m^2）。粉砂粘土组分来源于林分的碳为 0.3～0.8kg/m^2，而来源于农田的量为 1.2～2.8kg/m^2。沙和团聚体组分也有类似趋势，来源于农田的较多，为 0.5～1.22kg/m^2，而来源于林分的多在 0.32kg/m^2 之下。颗粒态组分来源于林分的量相对较多，为 0.10～0.38kg/m^2，而来源于农田的量为 0.04～0.26kg/m^2。来源于林地的量最小的组分是酸不溶组分，来自于杨树的量<0.26kg/m^2，而相应来自于农田的量为 1.39～2.61kg/m^2（图 9-2）。

表 9-2 对来自林分、农田的比例进行了统计，原土中来自林分的比例为 0.6%～33.5%，平均为 18.5%，而相应的农田来源比例为 81.4%。不同组分碳来源结果为原土碳分配比例作出解释。

表 9-2　不同地点、不同土壤组分林地土壤碳来源差异分析

Table 9-2　Differences in poplar forest SOC origins percentage from forest or farmland in different soil fractions and intact soil

原土及组分	地点	兰陵	肇东	杜蒙	肇州	富裕	明水	平均值
原土	来自林分/%	33.5	0.6	19.4	11.9	14.8	31.2	18.6
	来自农田/%	66.5	99.4	80.6	88.1	85.2	68.8	81.4
可溶性组分	来自林分/%	64.3	33.4	66.2	7.0	21.9	0.9	32.3
	来自农田/%	35.7	66.6	33.8	93.0	78.1	99.1	67.7
粉砂粘土	来自林分/%	20.3	16.1	24.0	16.4	12.7	27.0	19.4
	来自农田/%	79.7	83.9	76.0	83.6	87.3	73.0	80.6
沙和团聚体	来自林分/%	12.5	30.0	27.4	0.5	15.9	0.8	14.5
	来自农田/%	87.5	70.0	72.6	99.5	84.1	99.2	85.5
颗粒态组分	来自林分/%	27.5	37.0	80.9	54.0	89.4	74.4	60.5
	来自农田/%	72.5	63.0	19.1	46.0	10.6	25.6	39.5
酸不溶组分	来自林分/%	0.2	0.5	4.9	5.8	9.9	9.9	5.2
	来自农田/%	99.8	99.5	95.1	94.2	90.1	90.1	94.8

周转快的组分包括可溶性组分和颗粒态组分，其中可溶性组分来源于林分的比例为 0.9%～66.2%，平均为 32.3%，而颗粒态组分来自于林分的比例为 27.5%～89.4%，平均为 60.5%。

周转慢的组分有酸不溶组分，平均来自于林地的比例仅为 5.2%，范围为 0.2%～9.9%。当可溶性组分与酸不溶组分结合在一起时，来自于杨树的比例增加到 19.4%。

可见，易氧化组分的周转较难溶性组分快 4 倍左右。沙和团聚体内的碳周转比例为 14.5%，来源于杨树的比例为 0.5%～30.0%。

由此可以看出，颗粒态周转整体比较快，而酸不溶组分整体比较慢，这在不同地点间表现一致。其他的组分，如可溶性组分和团聚体组分不同地点间具有很大的差异。

9.2.3 林分和农田 ^{13}C 差异与土壤不同指标的相关性分析

农田和林地碳储量和含量与 $\delta^{13}C$ 具有相关性，而且整体表现为储量越高，$\delta^{13}C$ 差异越小，呈现自然对数下降趋势（R^2=0.2664～0.357），但是与含量则呈现增加趋势，尽管 R^2 较小一些（图 9-3）。

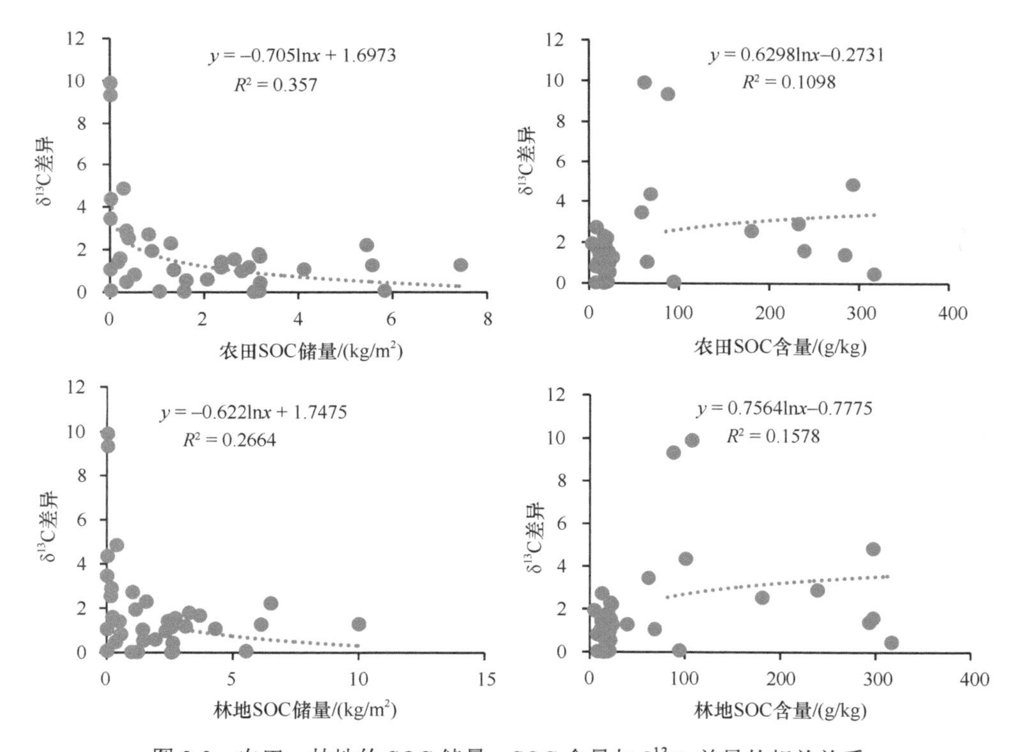

图 9-3 农田、林地的 SOC 储量、SOC 含量与 $\delta^{13}C$ 差异的相关关系

Fig. 9-3 Correlations between SOC content，storage（forest and farmland）and $\delta^{13}C$ between farmland and poplar forest

来自于农田的量多与 $\delta^{13}C$ 差异呈现负相关或者不相关（R^2<0.38），而来源于林地的 SOC 量则呈现正相关（R^2=0.2028～0.6505）（图 9-4）。

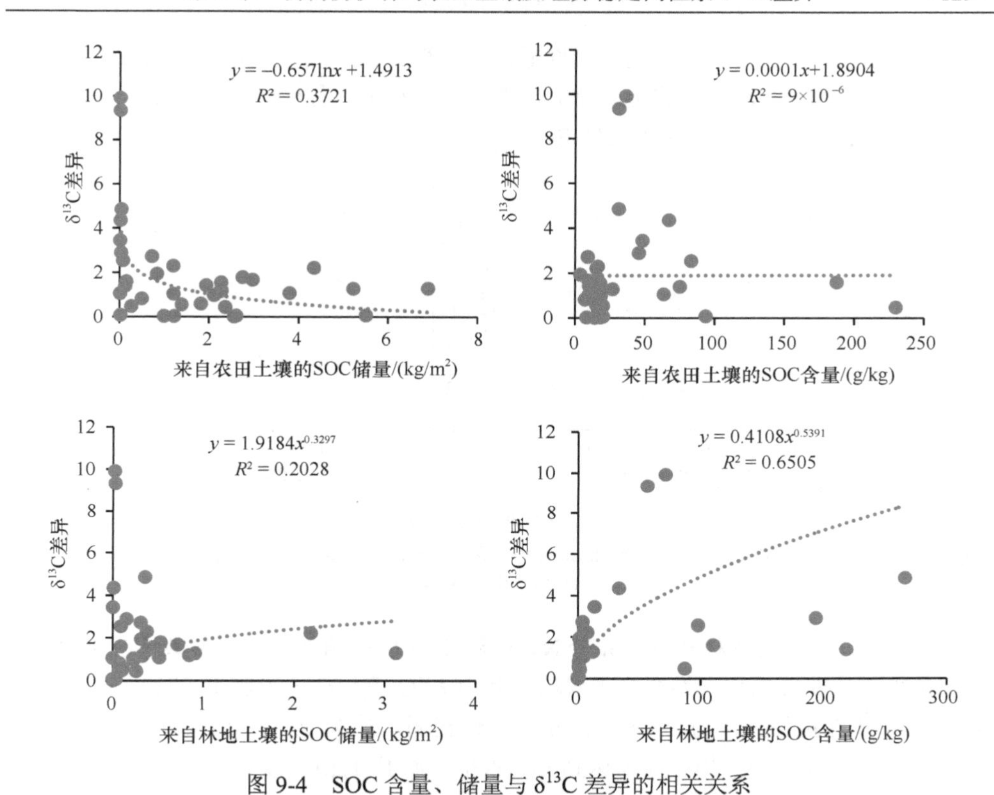

图 9-4　SOC 含量、储量与 $\delta^{13}C$ 差异的相关关系

Fig. 9-4　Correlations between SOC content，storage and $\delta^{13}C$ between farmland and poplar forest

与 $\delta^{13}C$ 具有最好的相关性的指标是 SOC 来源比例，其中来自于杨树的比例呈现正相关关系，相关系数 R^2 为 0.8899，而与来自农田的比例呈现负相关关系，相关系数 R^2 为 0.4829（图 9-5）。

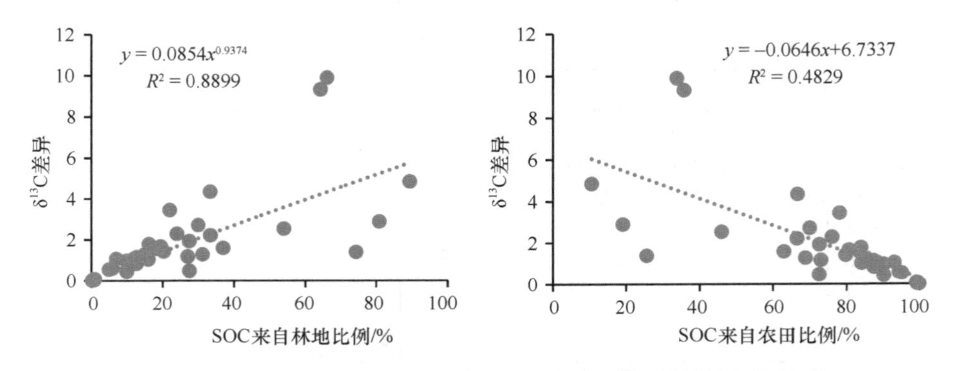

图 9-5　SOC 来源于杨树林地、农田的比例与 $\delta^{13}C$ 差异的相关关系

Fig. 9-5　Correlations between SOC percentage（from forest and farmland）and $\delta^{13}C$ between farmland and poplar forest

我们对 $\delta^{13}C$ 值与林分不同理化性质的相关性分析发现，最相关的指标是土壤容重，随着容重增加，$\delta^{13}C$ 值多显著上升，其中林地相关性程度（R^2=0.0927）稍高于农田（R^2=0.0622）（图 9-6）。其他 pH、EC、比重、孔隙度和含水量相关性较小，未列出。

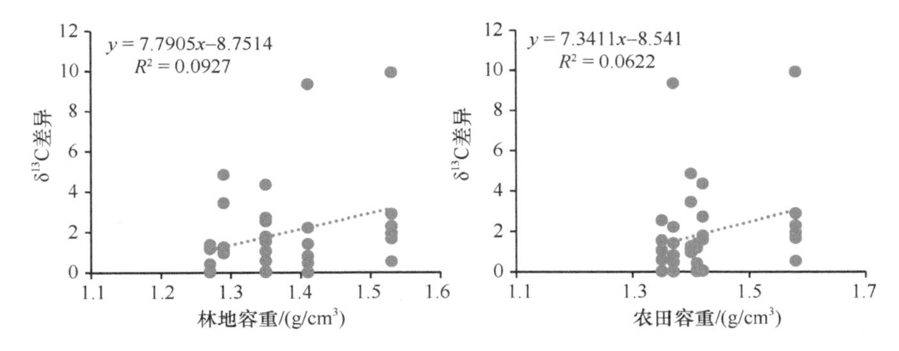

图 9-6　土壤理化性质与 $\delta^{13}C$ 相关关系

Fig. 9-6　Correlations between soil bulk density（forest and farmland）and $\delta^{13}C$ between farmland and poplar forest

图 9-7 列出了杨树林和农田养分 N、P 和 K 与 $\delta^{13}C$ 值的关系。多数情况下，$\delta^{13}C$ 值与林地土壤养分的相关性要高于农田。其中 $\delta^{13}C$ 值与林地土壤 K 的相关性最高，R^2=0.28，线性正相关，与 P 和 N 的正相关性稍弱，R^2 为 0.10～0.14。相对应的农田一些（如农田 N 和 P）相关性未达到显著水平，而 K 的相关性 R^2 为 0.15。

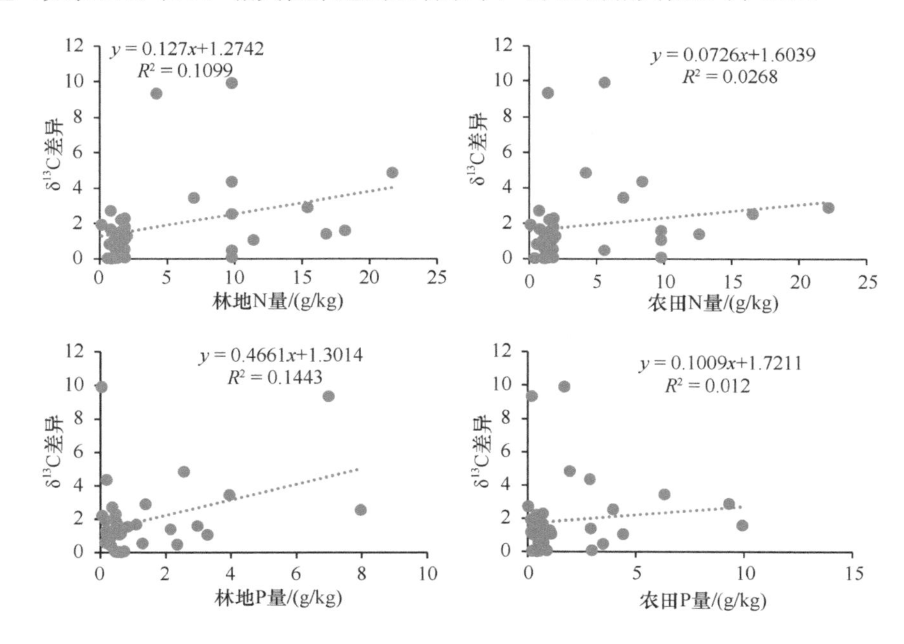

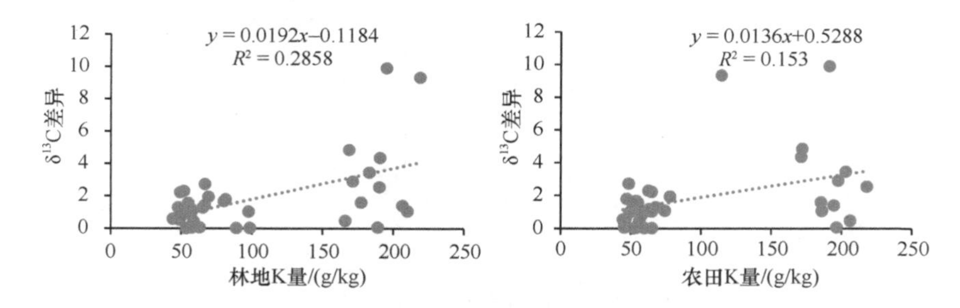

图 9-7　土壤 N、P、K 与 $\delta^{13}C$ 差异的相关关系

Fig. 9-7　Correlations between soil N，P，K and $\delta^{13}C$ between farmland and poplar forest

9.2.4　林分 SOC 周转比例与土壤不同指标的相关性分析

以土壤中来自林分 SOC 的比例为因变量（y），以林分和农田所有测定指标为自变量进行拟合分析发现，具有显著相关性的主要是土壤碳、氮、磷、钾，其他指标如土壤 pH、电导率、容重、比重、孔隙度等没有相关性（图 9-8）。与 SOC 的正相关性最高，其中与林分 SOC 的拟合方程为 y=12.51+0.176×林分 SOC 含量（g/kg），R^2=0.50，n=36，p<0.0001；与农田 SOC 的拟合方程为 y=13.16+0.181×农田 SOC 含量（g/kg），R^2=0.48，n=36，p<0.0001。其次是有机氮的相关性，林分 N 方程为 y=10.84+2.911×林分 N 含量（g/kg），R^2=0.50，n=36，p<0.0001；农田 N 相关方程为 y=14.52+2.629×农田 N 含量（g/kg），R^2=0.30，n=36，$p\leqslant$0.0005；排位第三的相关性是 K，林分 K 方程为 y=1.00+0.229×林分 K 含量（g/kg），R^2=0.35，n=36，p=0.0001；农田 K 方程为 y=2.70+0.223×农田 K 含量（g/kg），R^2=0.35，n=36，p=0.0001；相关性最低的是 P，其中林分 P 方程为 y=17.79+5.72×林分全 P 含量（g/kg），R^2=0.19，n=36，p=0.0083，农田 P 相关方程为 y=18.18+3.99×农田全 P 含量（g/kg），R^2=0.16，n=36，p=0.0149。

此外，通过相关性比较发现，与林分指标的相关性多比与农田指标的相关性程度高。

9.2.5　林分 SOC 周转比例、同位素丰度与土壤红外官能团的相关性分析

表 9-3 列出了与 $\delta^{13}C$ 差异和 SOC 来自杨树比例（%）与土壤红外官能团有显著相关关系的方程。其中与 $\delta^{13}C$ 具有显著相关关系的红外官能团有Ⅰ、Ⅱ、Ⅳ、Ⅴ和Ⅵ，相关性最高的是Ⅱ，从农田和林地比较来看，林地相关官能团与 $\delta^{13}C$ 具有更明显的相关关系。同样，来自杨树比例（%）与红外官能团具有类似现象，显著相关指标包括官能团Ⅰ、Ⅱ、Ⅳ、Ⅴ和Ⅵ，其中相关性最高的是Ⅱ。

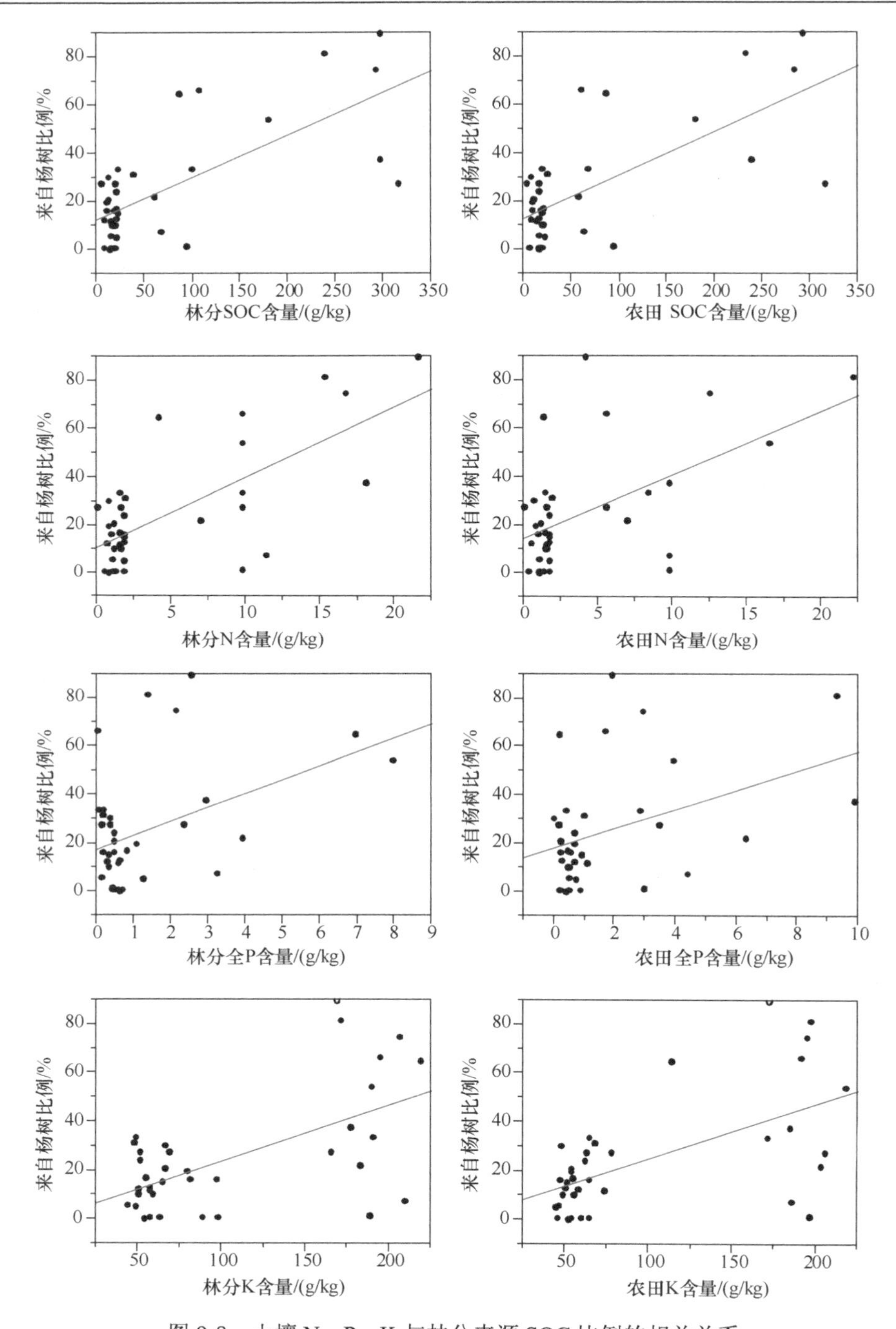

图 9-8　土壤 N、P、K 与林分来源 SOC 比例的相关关系

Fig. 9-8　Correlations between soil N，P，K and forest-derived SOC percentage

表 9-3　δ13C 差异和 SOC 来自杨树比例（%）与土壤红外官能团相对含量的相关关系

Table 9-3　Correlations between δ13C，SOC percentage from poplar and infrared functional groups

Y 指标	林地指标			农田指标		
	方程	R^2	p 值	方程	R^2	p 值
δ13C 差异	$y = -0.036\,027 + 0.000\,295\,4\times$ Ⅰ杨树	0.13	0.028 3	$y = -0.073\,816 + 0.000\,273\,3\times$ Ⅰ农田	0.12	0.040 0
	$y = 0.848\,100\,4 + 0.006\,582\,4\times$ Ⅱ杨树	0.27	0.001 3	$y = 0.968\,571\,7 + 0.005\,512\,6\times$ Ⅱ农田	0.20	0.007 0
	$y = 0.858\,238 + 0.001\,200\,9\times$ Ⅳ杨树	0.26	0.001 4	$y = 0.842\,467\,7 + 0.001\,178\,7\times$ Ⅳ农田	0.21	0.004 5
	$y = 3.154\,334\,5 - 0.003\,844\,4\times$ Ⅵ杨树	0.13	0.030 8	$y = 5.085\,762 - 0.000\,759\,8\times$ Ⅴ农田	0.13	0.027 8
SOC 来自杨树比例/%	$y= 2.500\,365\,8 + 0.003\,454\times$ Ⅰ杨树	0.158	0.016 4	不相关		
	$y = 10.457\,537 + 0.091\,923\,3\times$ Ⅱ杨树	0.45	<0.000 1	$y = 10.841\,825 + 0.084\,703\,4\times$ Ⅱ农田	0.40	<0.000 1
	$y = 8.781\,213\,6 + 0.025\,768\,3\times$ Ⅲ杨树	0.51	<0.000 1	$y = 8.367\,874\,1 + 0.024\,057\,9\times$ Ⅲ农田	0.50	<0.000 1
	$y = 60.609\,673 - 0.008\,591\,3\times$ Ⅴ杨树	0.13	0.033 2	$y = 69.387\,839 - 0.010\,550\,9\times$ Ⅴ农田	0.22	0.003 6
	$y= 38.939\,256 - 0.042\,310\,4\times$ Ⅵ杨树	0.14	0.027 0	$y = 38.464\,11 - 0.039\,894\,6\times$ Ⅵ农田	0.11	0.043 6

图 9-9 列出了较显著的几个相关关系及其不同组分的贡献。相关性之所以高的原因是颗粒态和可溶性组分往往处于一个较高的位置，而其他几个组分处在较低的位置，这导致最终的高相关性。为研究同一组分内官能团特征是否也影响同位素的变化，故将不同官能团、不同组分与 δ13C 和 SOC 来自杨树比例（%）进行了所有相关关系检验，这里仅列出较为显著的几个相关关系（图 9-10）。

官能团Ⅰ与颗粒态和粉砂粘土内的 δ13C 具有明显正相关关系（R^2=0.59～0.96，p≤0.07），而官能团Ⅳ与原土、颗粒态及粉砂粘土的 δ13C 具有显著的负相关关系（R^2=0.62～0.85），同样发现官能团Ⅴ与原土的 δ13C 也具有显著正相关关系（图 9-10）。

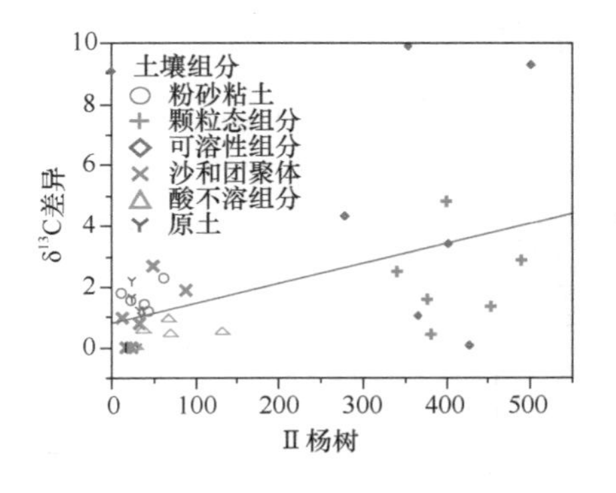

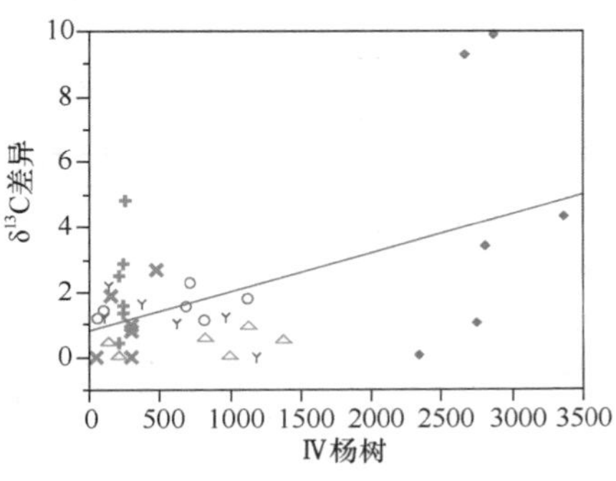

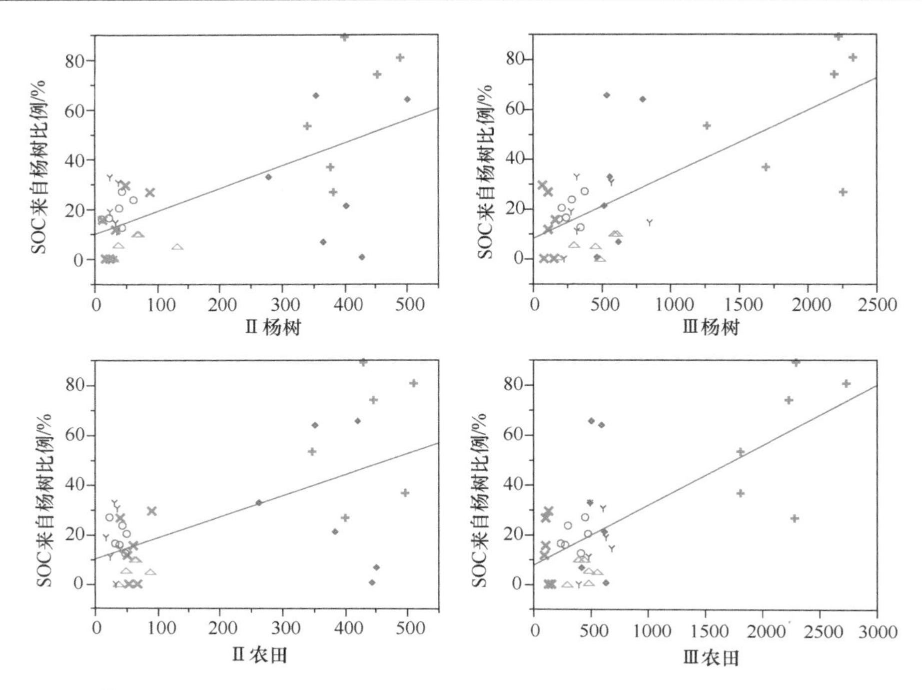

图 9-9　与 δ13C 差异和 SOC 来自杨树比例（%）相关较显著的几个红外官能团相关关系图示及不同组分贡献

Fig. 9-9　The most significant correlations between δ13C，SOC percentage from poplar and infrared functional groups，and contribution from different soil fractions

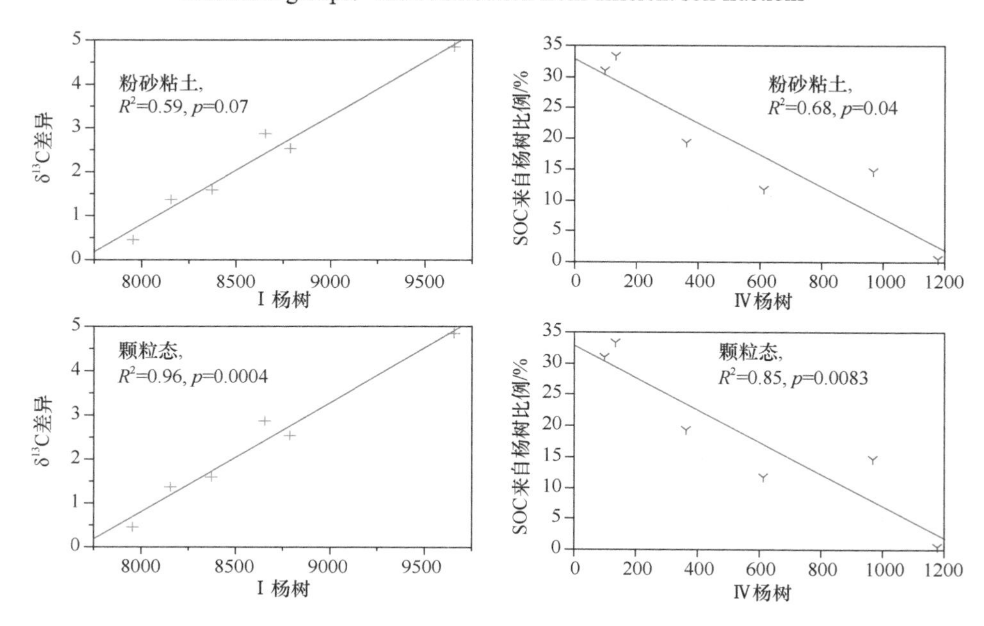

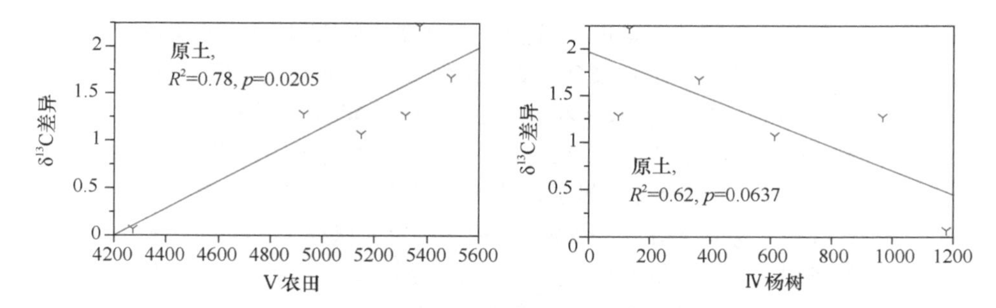

图 9-10　不同土壤组分和原土内红外官能团与 δ13C 及 SOC 来自杨树比例具有明显相关性的指标图示

Fig. 9-10　The most obvious correlations between infrared functional groups and δ13C at different soil fractions and intact soil

9.3　讨　　论

9.3.1　杨树和农田 13C 同位素分馏、碳周转与组分差异

基于 C3/C4 植物的同位素分馏方法及土壤组分分级，已经成为土壤碳周转研究的重要方向。对西班牙退耕杨树林的土壤碳变化，利用类似的配对样地法估计发现，平均碳累积速率高达 11 600kg C/(hm^2·年)，而且杨树林土壤也增加了难分解碳的比重（Sierra et al.，2013）。与两种纯林比较，杂交杨与云杉的混交增益效应体现在生物量生产力的增加（增加 47%）和更多的地表枯枝落叶碳累积上（增加 52%）（Chomel et al.，2014）。基于 C3/C4 植物的同位素分馏方法，确认杨树林土壤总碳在对照和 CO_2 增加处理（FACE）中分别增加了 12%和 3%（相当于 484g C/m^2 和 107g C/m^2），但是新碳增加远大于此，分别达到 704g C/m^2 和 926g C/m^2，并得出结论认为 FACE 处理降低了土壤总碳的增加，但是增加了新碳的累积（Hoosbeek et al.，2004）。松嫩平原杨树防护林自“三北”防护林工程启动至今，已经有 30 多年，有关同位素丰度研究尚不系统，我们的研究结果具有补充作用，研究结果认为杨树林土壤 13C 值不高于农田土壤，表明杨树防护林建设引起了土壤组分及原土 13C 的分馏作用，而且原土及 5 种土壤组分在 6 个地点的结果具有一致性。

土壤物理化学组分分级对碳储量和周转具有重要影响，重组 SOC 周转时间长于轻组 SOC 周转时间，碳汇持久性更强。Wei 等（2014）发现土壤 0～10cm 和 10～20cm 层轻组 SOC 的周转时间分别是 4.4 年和 49.5 年，而重组 SOC 的周转时间较长，分别是 137.7 年和 244.5 年，即重组 SOC 滞留时间更长，持久性更强。王文颖等（2009）研究了高寒草甸退化对土壤组分的影响，发现草地退化后稳定组分（重组）中丢失的碳比活跃组分（轻组）少很多，证明稳定组分中碳不易遭到破坏，进一步说明碳截获于稳定组分可能利于碳的长期累积。通过 C4 植物高草草原和经过 75 年持续管理一年生小麦地（C3）对比发现，农田 SOC 低于草地 25%，而且在不同土壤组分（250～2000μm、53～250μm、2～53μm、<2μm）均显示出 SOC 低的趋势，$\delta^{13}C$ 值显示包括深层土壤（>40cm）和矿物结合碳（<53μm）在内的土壤碳具有显著周转（Beniston et al.，2014）。而物理化学组分分级显示，造林能够导致更多的新碳累积和老碳在大团聚体（53～250μm）及细沙粘土（<53μm）内的稳定化保存（del Galdo et al.，2003）。针对松嫩平原杨树及农田土壤 5 种组分分级的方法，我们不仅确认了土壤碳的分配，而且对其同位素丰度差异进行确认：可溶性组分分馏作用最大，而酸不溶组分最小，$\delta^{13}C$ 前者平均值是后者的 10 倍以上。不同组分间同位素丰度也存在较大的差异，其中以颗粒态最低（–24.6），而以可溶性最高（–15.6）。

土壤碳周转速率的差异是同位素研究的重要优势。墨西哥过去一个世纪以来，持续的 C4 草原植被（*Bouteloua eriopoda*）被 C3 灌木植被（*Prosopis glandulosa*）取代，对土壤碳的来源、质量和组成（轻组碳和重组碳）产生影响：$\delta^{13}C$ 数据显示灌木林下的 SOC 主要来源为 C3 途径，并且至少延伸灌木群落 3m，草地表层轻组碳周转期为 7 年或 40 年，灌木轻组碳为 11 年或 28 年，而相应重组碳的周转为 150～280 年（Connin et al.，1997）。Zhang 等（2015）的同位素研究综述发现，造林及毁林后土壤新碳有增加趋势，而老碳有降低趋势，40～50 年新碳的比例会超过老碳。在意大利东北部，基于 C4 玉米地上落叶混交林的样地数据，开展的造林地、农田和草原样地对比研究发现，长期农作物种植导致表层 10cm 土壤 SOC 下降 48%，而 20 年的造林能够分别增加 0～10cm 和 10～30cm 土壤碳 23%和 6%，其中林分来源碳分别占 43%和 31%（del Galdo et al.，2003）。我们的研究结果确认，原土中 SOC 来自林分的比例为 0.6%～33.5%，平均为 18.5%，周转快的组分（可溶性组分和颗粒态组分）来源于杨树林的比例分别为 32.3%和 60.5%，而周转最慢的酸不溶组分仅为 5.2%，沙和团聚体内来源于林分的比例平均为 14.5%。东北地区“三北”防护林的建设时间超过 30 年，而我们野外调查获得的平均林龄一般在 20～25 年，可以看出本地土壤碳周转速率与以往报道的国际平均值基本相当（Zhang et al.，2015），但是不同组分间差异较大。

9.3.2　决定杨树林土壤 SOC 周转的因素分析

对于土壤碳周转速率，普遍认为气候因素、以往土地利用及土壤本身理化性质起到重要的决定性作用。在草地上营建桉树林的研究结果发现，桉树造林影响土壤 SOC 累积的变化范围为 1012～1294kg C/(hm^2·年)，而这种变化与年均降雨量（MAP: 600～1500mm）显著相关：越干的地点越趋于累积碳和氮，而越湿的地点越趋于成为碳源，易分解碳、氮与总碳氮具有类似的变化趋势（Berthrong et al.，2012）。与 C3-C4 植物转换相关的土地利用变化为研究土壤碳累积过程提供了不同地点间比较的可能，通过 131 个地点及秦岭样地数据汇总分析，Zhang 等（2015）发现，造林样地，SOC 分解速率随温度和降雨增加而增加，温度变化能够解释 SOC 分解速率变化的 56%，而且新碳的增加与年均温、降雨量显著相关。土地以往的利用方式对于土壤的碳累积具有重要作用，以往 C3 和 C4 植物生长区域现实的碳储量分别为 37.3g SOC/kg 和 14.8g SOC/kg，以往现实 C3 植物生长的草地大约较 C4 生长的草原增加土壤碳库 124%，而天然森林及混合休耕下土壤碳库分别为 65.3g C/kg 和 54.9g C/kg（Vågen et al.，2006）。

我们重点研究了土壤肥力、理化性质、土壤矿物结晶状态、土壤颗粒官能团组成等与同位素丰度变化、来自杨树林分碳比例的关系。研究结果确认了与 $\delta^{13}C$ 具有最好的相关性的指标是 SOC 来自于杨树的比例（R^2=0.8899）。此外，土壤理化指标中最相关的是土壤容重（正相关，R^2=0.0927）。在土壤养分中，与 $\delta^{13}C$ 值最相关的为林地土壤 K（R^2=0.2858）。而且，与 $\delta^{13}C$、SOC 来自杨树比例（%）相关性最高的红外官能团是官能团Ⅱ和Ⅲ，而官能团Ⅰ与颗粒态和粉砂粘土内的 $\delta^{13}C$ 具有明显正相关关系（R^2=0.59～0.96，$p\leqslant 0.07$），而官能团Ⅳ与原土、颗粒态及粉砂粘土的 $\delta^{13}C$ 具有显著的负相关关系（R^2=0.62～0.85）。某些土壤矿物的 X 射线衍射特征与土壤同位素有紧密关系，如方解石和石英 2 的峰高、峰面积与半高宽、晶粒尺寸等与 ^{13}C 同位素丰度均有显著相关关系，R^2 最高达到 0.20（第 7 章）。土壤矿物 XRD 特征、红外官能团组成特征能够对土壤真菌变化（Wang et al.，2014a）、退化土壤修复（Li et al.，2013a）产生影响，本研究发现的这些关系，为今后分析同位素分馏作用地点间差异及 SOC 周转提供了可能的方向。

9.4　小　　结

原土及 5 种土壤组分在 6 个地点的结果均显示，杨树土壤 ^{13}C 值不高于农田土壤，表明杨树防护林建设引起了土壤组分及原土 ^{13}C 的分馏作用。可溶性组分分馏作用最大，而酸不溶组分最小，$\delta^{13}C$ 前者平均值是后者的 10 倍以上。不同组分间同位素丰度也存在较大的差异，其中以颗粒态最低（–24.6），而以可溶性最高（–15.6）。

原土中 SOC 来自林分的比例为 0.6%～33.5%，平均为 18.5%，周转快的组分（可溶性组分和颗粒态组分）来源于杨树林的比例分别为 32.3%和 60.5%，而周转最慢的酸不溶组分仅为 5.2%，沙和团聚体内来源于林分的比例平均为 14.5%。

与 $\delta^{13}C$ 具有最好的相关性的指标是 SOC 来自于杨树的比例，呈现正相关关系，相关系数 R^2 为 0.8899。此外，土壤理化指标中最相关的是土壤容重（正相关，R^2=0.0927）。在土壤养分中，与 $\delta^{13}C$ 值最相关的为林地土壤 K（R^2=0.2858），其次为

P 和 N。SOC 来源于林分的比例与 SOC 的正相关性最高（R^2=0.50）。综合数据分析发现，与 $\delta^{13}C$、SOC 来自杨树比例（%）相关性最高的红外官能团是官能团Ⅱ和Ⅲ，而官能团Ⅰ与颗粒态和粉砂粘土内的 $\delta^{13}C$ 具有明显正相关关系（R^2=0.59～0.96，$p \leq$ 0.07），而官能团Ⅳ与原土、颗粒态及粉砂粘土的 $\delta^{13}C$ 具有显著的负相关关系（R^2=0.62～0.85）。这些相关关系为解释不同地点间同位素丰度差异很大的原因提供了可能的方向。

第 10 章　土壤孔隙相关物理性质重要性及其受杨树造林的影响

松嫩平原是我国重要的粮食基地，包括防护林建设在内的生态工程的重要初衷是保障粮食生产。土壤容重、孔隙度、比表面积和含水量对于调节透气性、湿度及支撑植物生长的养分都是非常重要的（Powers et al.，2005；依艳丽，2009）；与施加肥料可以提高养分水平相比，物理性质退化后这些性质的恢复是非常缓慢的（依艳丽，2009）。与土壤孔隙相关的物理指标退化严重，前面几个章节探讨了防护林建设对土壤碳、氮、磷、钾的影响、GRSP 功能及变化、土壤组分分级与碳截获肥力供应关系等，本章将重点讨论杨树防护林与农田对土壤孔隙相关物理指标的影响及其与养分供应的关系，并从有机物、GRSP 调控效率探讨产生差异的原因。

对土壤孔隙相关指标与其他土壤性质的全面评定，有助于解释土壤退化的物理性质基础，在以往多集中研究土壤理化性质和肥力相关指标退化的基础上，急需从物理性质（土壤孔隙相关指标）角度阐述可能的退化机制，提出生态恢复治理的可能建议与措施（依艳丽，2009）。为了确定土壤孔隙指标与其他指标的相关性及其受防护林建设的影响，我们不仅对土壤的孔隙指标（土壤容重、孔隙度、比表面积）进行测定分析，同样对土壤肥力相关的指标包括土壤 pH、电导率、有机碳、总氮、碱解氮、全钾、速效钾、全磷、速效磷（Moncada et al.，2014；Sun et al.，2003；郑昭佩和刘作新，2003）进行了测定分析，而 TG、EEG 是丛枝菌根真菌分泌的，它能够增强土壤团聚体的稳定性，进而提升土壤的物理性质（Rillig，2004；Wang et al.，2011b；Wu et al.，2015；Zhang et al.，2014），同样在我们测定的指标之内。

本章内容在对松嫩平原土壤各指标测定分析的基础上，旨在解决如下问题。

（1）土壤孔隙相关物理性质有多重要？主要通过对土壤比表面积、容重和孔隙度与土壤肥力和理化性质进行拟合与逐步回归分析等，确定土壤物理性质可能影响土壤哪些指标及差异。

（2）相对于农田来说，杨树防护林如何改变土壤孔隙与其他指标的关系，原因是什么。

10.1 材料与方法

10.1.1 研究地概况及采样方法

研究地点及土壤采集方法同第 2 章。

10.1.2 土壤各指标的测定

土壤 3 种物理指标的测定包括土壤比表面积、容重和孔隙度的测定。土壤比表面积采用 CH_3COOK 吸附法进行测定（依艳丽，2009）；土壤容重采用容重=风干土样重/400cm^3 的计算方法得到（鲍仕旦，2000），而土壤孔隙度则采用孔隙度=（1–容重/比重）×100%的计算方法得到，其中土壤比重采用比重瓶法进行测定（依艳丽，2009）。

其他土壤相关指标的测定方法同第 2 章、第 3 章。

10.1.3 杨树与玉米生物生产力、根分布、有机碳含量测定与数据收集

野外采样期间，每个样地内测量记录杨树的树高胸径和树密度。每个样地选取至少 3 棵树运用生长锥对树木年轮进行取样进而计算。当树木的年轮不清晰时，可以通过与当地农民或者林业部门咨询来确认树木的年龄。生物量（W）的计算是基于异速生长方程（马韶昱，2014）：叶生物量 $W_l = 0.0351 \times (D^2H)^{0.6821}$，$R^2 = 0.877$；树枝生物量 $W_b = 0.0430 \times (D^2H)^{0.7183}$，$R^2 = 0.878$；茎生物量 $W_s = 0.373 \times (D^2H)^{0.8629}$，$R^2 = 0.992$；根生物量 $W_r = 0.0093 \times (D^2H)^{0.8943}$，$R^2 = 0.951$；总生物量 $W_t = 0.1236 \times (D^2H)^{0.8040}$，$R^2 = 0.959$；$D$ 代表胸径（cm），H 代表树高（m）。杨树的生产力是通过每公顷的总生物量除以其平均年龄计算得到的。杨树根生物量的百分比是通过根生物量占总生物量的比值得到。玉米根生物量占总生物量的比值为其根生物量百分比。农田生产力是通过每平方米收获玉米的产量获得。全部生物量收获烘干后测定其生产力。野外采样期间通过调查确定根的分布。

通过对前人数据的总结，我们对杨树和玉米之间化学成分包括苯醇抽提物、1% NaOH 抽提物、纤维素、半纤维素、木质素、C 含量及 C/N 的差异也同样进行了比较，数据引自下列文献（陈尚钘等，2009；陈兴丽等，2009；刘洪谔和冯翰，1995；刘一星，2004；李鹤等，2010；马连祥和周定国，2000；苗惠田等，2010；王进军等，2008；王金主等，2010；王少光等，2006；张强和陈合，2007；周桦等，2008；朱青等，2009）。

10.1.4　数据处理

（1）综合所有农田和防护林数据，土壤孔隙相关指标与土壤肥力的相关性分析，使用 SPSS 20.0 进行线性拟合分析，相关程度越高，说明存在影响的可能性越高。

（2）杨树农田间差异分析及土壤孔隙特征指标——土壤肥力 GRSP 线性相关斜率一致性分析。首先，通过 JMP 10.0.0 对土壤各指标数据进行相关性分析，以及 SPSS 17.0 进行逐步回归分析，旨在对简单线性分析进行补充。进而通过 SPSS 17.0 方差分析（ANOVA）和多重比较（Duncan's post-hoc test）对农田及其相邻的杨树防护林所测的 15 个土壤指标的差异在每 20cm 土层及 0～100cm 整体土壤剖面都进行了分析。对杨树和玉米秸秆的生物生产力、根分布、苯醇提取物、1% NaOH-水提取物、纤维素、半纤维素、木质素、C、C/N 都进行了比较，并且根据协方差分析（ANCOVA）斜率的一致性对杨树造林对孔隙相关指标与其他指标相关性产生的可能影响进行检验，通过 Excel 2010 进行图表的绘制。协方差分析基本方程如下：

$$Y_{ij} = \mu + \alpha_i + \beta(X_{ij} - \bar{X}) + \varepsilon_{ij} \tag{10-1}$$

式中，Y_{ij} 指的是在不同土地利用方式（农田或者防护林）ith 下土壤孔隙相关值 jth 测试土壤属性的值；μ指的是截距（当土壤孔隙相关值等于零时土壤性质的平均值）；α_i 指的是 ith 的响应；X_{ij} 指的是在不同土地利用方式 ith 下土壤孔隙指标 jth 作为协变量的值；$\overline{X}$ 指的是所有土壤孔隙相关参数的均值；β 指的是每一组内（农田或者防护林）整体集合的回归系数（斜率）；ε_{ij} 指的是正态分布误差方差（Engqvist, 2005）。

不同土地利用下斜率（β）一致性的检验是 ANCOVA 的前提(Wang et al., 2014a)。这个假设检验包括模型中（截距设为零）协变量（土壤孔隙相关指标）和因素（农田或者防护林两种不同的土地利用方式）的交互作用。显著的交互作用表示孔隙指标——Y_{ij} 关系(斜率) 在农田和防护林之间显著不同，反之相同。ANCOVA 分析也是通过 SPSS 完成的。

10.2　结果与分析

10.2.1　土壤孔隙指标与土壤各指标相关性

10.2.1.1　土壤比表面积与土壤各指标相关性分析

土壤的比表面积与土壤含水量、速效钾含量、全磷含量、有机碳含量、总氮含量、速效磷含量、碱解氮含量呈现出显著的正相关关系，其中与土壤含水量的相关性最强

（R^2=0.237，斜率=0.085），与土壤 pH、电导率呈现出显著的负相关关系，其中与 pH 的相关关系最强（R^2=0.122，斜率= –0.008），但与土壤全钾不显著相关（表 10-1）。与总 N、P、K 相比，土壤比表面积与土壤速效养分具有更高的相关性。

表 10-1　土壤各指标（*Y*）与土壤比表面积（*X*）的回归方程

Table 10-1　Regression equation of soil parameters（*Y*）and soil specific surface area（*X*）

土壤各指标	斜率	截距	R^2	*F* 值	显著性
与其他土壤指标显著相关					
土壤含水量/%	0.085	6.504	0.237	209.886	<0.0001
pH	–0.008	8.688	0.122	93.858	<0.0001
速效钾/(mg/kg)	0.405	41.174	0.042	29.674	<0.0001
全磷/(g/kg)	0.001	0.222	0.039	27.762	<0.0001
有机碳/(g/kg)	0.035	8.12	0.025	17.5	<0.0001
电导率/(μS/cm)	–0.377	134.533	0.024	16.769	<0.0001
总氮/(g/kg)	0.003	0.799	0.018	12.723	0.0004
速效磷/(mg/kg)	0.025	4.265	0.014	9.8	0.0018
碱解氮/(mg/kg)	0.252	48.393	0.012	8.245	0.0042
与其他土壤指标不显著相关					
全钾/(g/kg)	–0.034	53.892	0.004	2.629	0.1054

10.2.1.2　土壤容重与土壤各指标相关性分析

从土壤的容重与其他土壤指标的相关性比较（表 10-2）可以看出，土壤的容重与土壤的全钾含量、pH 呈现出显著正相关关系，其中与全钾含量更相关（R^2=0.036，斜率=25.909），与土壤有机碳含量、总氮含量、土壤含水量、碱解氮含量、速效钾含量、全磷含量、电导率表现出显著的负相关关系，其中与有机碳含量相关性最强（R^2=0.212，斜率= –24.919），与土壤的速效磷含量不显著相关。

10.2.1.3　土壤孔隙度与土壤各指标相关性分析

从土壤的孔隙度与其他土壤指标的相关性比较（表 10-3）可以看出，土壤的孔隙度与土壤总氮含量、有机碳含量、全磷含量、碱解氮含量、土壤含水量、电导率呈现出显著的正相关关系，其中与总氮含量的相关性最强（R^2=0.081，斜率=0.018），与土壤全钾含量呈现显著的负相关关系（R^2=0.027，斜率= –0.296），与土壤中的速效钾含量、pH、速效磷含量不显著相关。

10.2.1.4　土壤比表面积、容重、孔隙度与其他土壤指标逐步回归分析

土壤比表面积、容重、孔隙度与土壤各指标逐步回归分析（表 10-4）显示：土壤

表 10-2　土壤各指标（*Y*）与土壤容重（*X*）的回归方程

Table 10-2　Regression equation of soil parameters（*Y*）and soil bulk density（*X*）

土壤各指标	斜率	截距	R^2	*F* 值	显著性
与其他土壤指标显著相关					
有机碳/(g/kg)	–24.919	46.085	0.212	193.245	<0.0001
总氮/(g/kg)	–2.143	4.038	0.207	187.789	<0.0001
土壤含水量/%	–14.46	32.675	0.104	83.379	<0.0001
碱解氮/(mg/kg)	–167.375	304.77	0.087	68.245	<0.0001
全磷/(g/kg)	–0.440	0.934	0.079	61.722	<0.0001
速效钾/(mg/kg)	–95.237	203.702	0.039	28.772	<0.0001
全钾/(g/kg)	25.909	14.447	0.036	26.55	<0.0001
pH	0.655	7.206	0.012	9.038	0.0027
电导率/(μS/cm)	–62.532	199.465	0.011	7.769	0.0055
与其他土壤指标不显著相关					
速效磷/(mg/kg)	–1.639	8.266	0.001	0.746	0.388

表 10-3　土壤各指标（*Y*）与土壤孔隙度（*X*）的回归方程

Table 10-3　Regression equation of soil parameters（*Y*）and soil porosity（*X*）

土壤各指标	斜率	截距	R^2	*F* 值	显著性
与其他土壤指标显著相关					
总氮/(g/kg)	0.018	0.253	0.081	63.131	<0.0001
有机碳/(g/kg)	0.192	2.613	0.072	55.974	<0.0001
全磷/(g/kg)	0.004	0.161	0.030	21.972	<0.0001
碱解氮/(mg/kg)	1.308	12.047	0.030	22.553	<0.0001
全钾/(g/kg)	–0.296	63.494	0.027	19.764	<0.0001
土壤含水量/%	0.069	9.138	0.014	9.905	0.0017
电导率/(μS/cm)	0.737	80.223	0.009	6.183	0.0131
与其他土壤指标不显著相关					
速效钾/(mg/kg)	0.446	49.035	0.005	3.495	0.062
pH	–0.005	8.341	0.004	2.817	0.0937
速效磷/(mg/kg)	0.02	5.123	0.001	0.623	0.4301

比表面积主要与土壤含水量、pH、电导率、总氮含量紧密相关，多项式相关关系为：土壤比表面积=127.58+2.713×土壤含水量–10.382×pH–0.049×电导率–4.061×总氮（R^2=0.324），其中与土壤含水量相关性更高，标准化系数为 0.472。

土壤容重与有机碳含量、土壤含水量、总氮含量、全钾含量、碱解氮含量具有紧密的相关性，多项式相关关系为：土壤容重=1.532–0.004×有机碳–0.003×土壤含水量–0.037×总氮+0.001×全钾+0.000×碱解氮（R^2=0.259），逐步回归进入顺序及标准化回归

表 10-4　土壤比表面积、容重、孔隙度与土壤各指标逐步回归分析

Table 10-4　Stepwise regression analysis between soil specific surface area，bulk density，porosity and other soil parameters

模型	非标准化系数		标准化系数	*t*	Sig.
	B	标准误差			
土壤比表面积					
常量	127.580	12.378		10.307	0.000
1 土壤含水量/%	2.713	0.197	0.472	13.775	0.000
2 pH	–10.382	1.441	–0.247	–7.203	0.000
3 电导率/(μS/cm)	–0.049	0.014	–0.118	–3.533	0.000
4 总氮/(g/kg)	–4.061	1.882	–0.077	–2.158	0.031
土壤容重					
常量	1.532	0.018		86.020	0.000
1 有机碳/(g/kg)	–0.004	0.001	–0.204	–3.404	0.001
2 土壤含水量/%	–0.003	0.001	–0.150	–4.249	0.000
3 总氮/(g/kg)	–0.037	0.012	–0.176	–2.996	0.003
4 全钾/(g/kg)	0.001	0.000	0.075	2.243	0.025
5 碱解氮/(mg/kg)	0.000	0.000	–0.077	–2.035	0.042
土壤孔隙度					
常量	38.891	1.319		29.485	0.000
1 总氮/(g/kg)	4.209	0.586	0.261	7.182	0.000
2 全钾/(g/kg)	–0.060	0.020	–0.109	–2.985	0.003

系数均说明，土壤有机碳含量对容重的影响最大，标准化系数为–0.204，即其为土壤容重的主要影响因子，而其他几个因子的标准化系数为–0.176～0.075。

土壤孔隙度与土壤总氮含量、全钾含量具有紧密的相关性，多项式相关关系为：土壤孔隙度=38.891+4.209×总氮–0.060×全钾（R^2=0.092）。逐步回归进入顺序及标准化回归系数均说明，土壤总氮含量对孔隙度的影响最大，标准化系数为 0.261，即土壤孔隙度与养分总氮含量关系最紧密。

简单线性回归分析的结果不能去除变量之间的相互作用，得到的结果说服力往往不够，我们的分析加入了逐步回归的分析方法，通过对简单线性回归与逐步回归分析的结果比较，使得分析结果更具科学性与严谨性。总体来看，两种分析方法对于最大相关因子等的评价结果基本一致，而且，逐步回归结果所找到的显著相关因子个数往往比简单线性回归的要少。

简单线性回归分析得到土壤比表面积与土壤 9 个指标（土壤含水量、pH、速效钾含量、有机碳含量、电导率、总氮含量、全磷含量、速效磷含量、碱解氮含量）显著相关，而逐步回归分析得到土壤比表面积只与土壤含水量、pH、电导率、总氮含量等 4 个指标显著相关，逐步回归分析得出土壤含水量和 pH 分别为第一和第二次进入的指标，即其为主要和次要影响因子，这与简单线性分析的结果是一致的（表 10-1，表 10-4）。

简单线性回归分析得到土壤容重与 9 个指标（有机碳含量、总氮含量、土壤含水量、碱解氮含量、速效钾含量、全钾含量、全磷含量、pH、电导率）显著相关，而逐步回归分析得到土壤容重与 5 个指标（有机碳含量、土壤含水量、总氮含量、全钾含量、碱解氮含量）显著相关。逐步回归分析得出有机碳含量为第一次进入的指标，即其为主要影响因子，这与简单线性分析的结果是一致的（表 10-2，表 10-4）。

简单线性回归分析得到的土壤孔隙度与 7 个指标（总氮含量、有机碳含量、全磷含量、碱解氮含量、全钾含量、土壤含水量、电导率）显著相关，而逐步回归分析得到土壤孔隙度与 2 个指标（总氮含量、全钾含量）显著相关。逐步回归分析得出总氮含量为第一次进入的指标，即其为主要影响因子，这与简单线性分析的结果是一致的（表 10-3，表 10-4）。

10.2.1.5　土壤比表面积、容重、孔隙度与其他土壤指标相关性强弱比较分析

图 10-1 是对土壤比表面积、容重、孔隙度几种物理指标与其他土壤指标相关性强弱比较分析结果。3 个指标与理化、肥力指标显著相关个数的多少及相关系数 R^2 均值的大小顺序均为土壤容重≥土壤比表面积>土壤孔隙度，其中土壤容重、土壤比表面积均与其他 10 个土壤指标 90%显著相关，土壤孔隙度与其他 10 个土壤理化、肥力指标 70%显著相关。这一结果说明，土壤容重及比表面积在表征土壤肥力及理化性质变化方面最可靠。

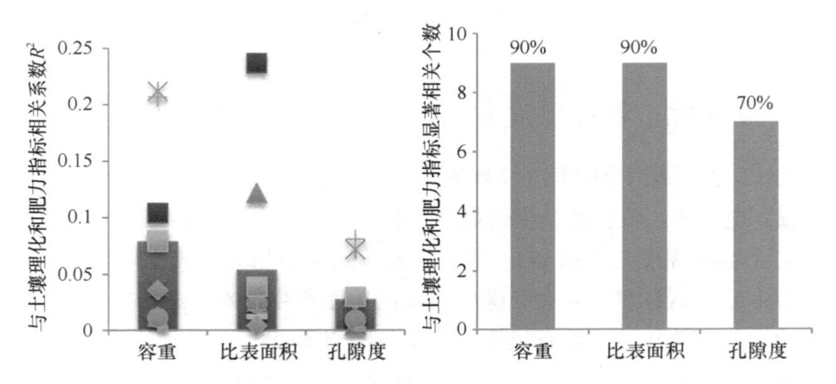

图 10-1　土壤比表面积、容重、孔隙度与其他土壤指标相关性强弱比较分析

Fig. 10-1　Comparison of correlation level between soil specific surface area，bulk density，porosity and other soil parameters

10.2.2　杨树人工林建设对各指标及孔隙指标与各指标相关关系影响

10.2.2.1　农田和杨树人工林土壤指标的差异

与农田相比，0～100cm 整体土层剖面，杨树人工林分别增加土壤孔隙度和速效钾 4.9%和 16.2%，降低土壤容重和含水量 4.1%和 7.5%（$p<0.05$）。不同土层表现形式不同。例如，不同土地利用模式下，孔隙度的差异能在整个土层内观察到，但是主要在 60～80cm 土层表现出显著的差异。农田土壤的容重值在 5 个土层内均高于杨树人工林（$p<0.05$）。土壤含水量的差异主要发生在 20～40cm 土层，表现为农田显著高于人工林。杨树人工林 0～20cm 和 60～80cm 土层土壤速效钾含量是农田土壤的 1.2～1.6 倍，但是 20～40cm 土层农田土壤显著高于杨树人工林（$p<0.05$），导致整体上杨树人工林高于农田（$p<0.05$）（表 10-5）。

一些土壤指标在土层整体剖面的比较没有显著差异，但是在不同土层内表现出差异性。例如，0～20cm 杨树人工林土壤的 pH 高于农田土壤（$p<0.05$）；0～20cm 农田土壤电导率高于人工林土壤，而 40～60cm 低于人工林土壤（$p<0.05$）；土壤全钾在 40～80cm 杨树人工林显著高于农田土壤（这是全钾在土层内仅有的显著不同）；杨树人工林土壤全磷在 80～100cm 土层内高于农田土壤（$p<0.05$）；土壤速效磷 20～100cm 土层都表现为农田土壤高于杨树人工林，但是显著差异表现在 20～40cm 和 60～80cm 土层（$p<0.05$）；杨树人工林没有影响土壤比表面积、有机碳、总氮、碱解氮、EEG 和 TG（表 10-5）。

对整体土壤剖面而言，农田相邻的杨树人工林显著影响了 3 个土壤孔隙相关指标中的 2 个（孔隙度和容重），同时影响了土壤含水量和土壤全钾含量。我们进一步解释了土壤孔隙相关指标和其他土壤指标的关系，从而阐明造林相关土壤改善的机制。

10.2.2.2　造林对土壤孔隙度与其他指标相关斜率的影响

分析的 12 个土壤指标中有 8 个没有受造林的影响（$p>0.05$），其中土壤孔隙度与土壤含水量、电导率、碱解氮及全磷显著正相关，而与土壤全钾显著负相关（$p<0.05$）（表 10-6）。土壤孔隙度与土壤 pH、速效钾及速效磷不相关（表 10-6）。

统计学上分析造林对于 4 个孔隙度相关的关系产生影响（$p<0.05$）（表 10-7）。土壤孔隙度的增加会伴随着土壤有机碳、全氮、EEG 和 TG 的增加。而且，杨树人工林这种增加的幅度通常大于农田（表 10-7，图 10-2）。斜率一致性分析显示，杨树人工林显著影响土壤孔隙度与有机碳、总氮、EEG 和 TG 的相关关系（表 10-7）。并且对

表 10-5　农田与杨树土壤孔隙指标，理化指标与肥力指标比较

Table 10-5　Comparison of soil porosity-related, physicochemical, and fertility parameters between farmland and poplar plantations

种类	指标	类型	不同土层					整体
			0～20cm	20～40cm	40～60cm	60～80cm	80～100cm	0～100cm
孔隙相关指标	孔隙度/%	农田	42.29cA	39.97bcA	37.71abA	36.15aA	38.22abA	38.87A
		杨树	45.33cA	41.58bA	39.32abA	39.40abB	38.16aA	40.76B
	容重/(g/cm^3)	农田	1.42aB	1.46abB	1.47bcB	1.50cB	1.50cB	1.47B
		杨树	1.37aA	1.39abA	1.41bcA	1.43cA	1.43cA	1.41A
	比表面积/(m^2/g)	农田	62.01abA	69.93bA	56.55aA	59.75abA	86.66cA	67.17A
		杨树	67.01aA	61.61aA	62.20aA	62.07aA	85.08bA	67.81A
其他指标	含水量/%	农田	12.56abA	14.27bB	12.65abA	11.21aA	11.06aA	12.35B
		杨树	12.92bA	12.29bA	11.36abA	10.44aA	10.09aA	11.42A
	pH	农田	7.83aA	7.96aA	8.22bA	8.25bA	8.30bA	8.11A
		杨树	8.08aB	8.01aA	8.13abA	8.32bcA	8.38cA	8.18A
	电导率/(μS/cm)	农田	159.85bB	107.11aA	95.04aA	98.04aA	93.31aA	110.67A
		杨树	105.22abA	120.20bA	113.78abB	110.18abA	92.86aA	108.45A
	有机碳/(g/kg)	农田	17.43eA	12.60dA	8.73cA	7.04bA	5.11aA	10.18A
		杨树	17.20eA	13.50dA	9.23cA	6.71bA	5.02aA	10.33A
	总氮/(g/kg)	农田	1.42dA	1.26cA	0.94bA	0.63aA	0.50aA	0.95A
		杨树	1.40cA	1.38cA	0.87bA	0.66bA	0.51aA	0.96A
	碱解氮/(mg/kg)	农田	107.92cA	80.60bA	64.70bA	28.39aA	33.49aA	63.02A
		杨树	108.48cA	76.42bA	73.94bA	34.17aA	33.15aA	65.23A
	全钾/(g/kg)	农田	44.38aA	52.17bA	44.95aA	51.93bA	60.74cB	50.84A
		杨树	40.34aA	53.38bA	54.05bB	65.07cB	49.96aA	52.56A
	速效钾/(mg/kg)	农田	82.92bA	62.86aB	61.38aA	49.54aA	52.20aA	61.78A
		杨树	135.23bB	43.44aA	57.82aA	60.98aB	61.37aA	71.77B
	全磷/(g/kg)	农田	0.47dA	0.36cA	0.28bA	0.25abA	0.19aA	0.31A
		杨树	0.42cA	0.32bA	0.25aA	0.24aA	0.25aB	0.30A
	速效磷/(mg/kg)	农田	8.28bA	5.90aB	5.56aA	5.51aB	5.47aA	6.14A
		杨树	9.73bA	4.30aA	4.98aA	4.29aA	5.18aA	5.68A
	易提取球囊霉素相关土壤蛋白/(g/kg)	农田	0.74dA	0.56cA	0.41bA	0.32abA	0.28aA	0.46A
		杨树	0.67dA	0.51cA	0.38bA	0.33abA	0.26aA	0.43A
	总提取球囊霉素相关土壤蛋白/(g/kg)	农田	5.80dA	4.17cA	3.49bA	3.07abA	2.40aA	3.79A
		杨树	6.29dA	4.51cA	3.81cA	2.92bA	2.11aA	3.93A
	显著差异/总个数		4/15	4/15	3/15	5/15	3/15	4/15

注：小写字母表示土层间显著差异（$p<0.05$）；大写字母表示类型间显著差异（$p<0.05$）

表 10-6　农田和人工林间土壤孔隙度、容重、比表面积与其他指标相似的线性关系（$p>0.05$）

Table 10-6　Similar linear relationship for soil porosity，soil bulk density，soil specific surface area between farmland and poplar plantation（$p>0.05$）

因变量		斜率	标准误	t	Sig.	95%置信区间		斜率差异	
						下限	上限	F	Sig.
土壤孔隙度与其他指标									
含水量/%	整体	0.075	0.022	3.437	0.001	0.032	0.119	0.015	0.903
电导率/(μS/cm)	整体	0.759	0.298	2.545	0.011	0.173	1.344	1.407	0.236
碱解氮/(mg/kg)	整体	1.310	0.277	4.724	0.000	0.765	1.854	3.117	0.078
全磷/(g/kg)	整体	0.004	0.001	4.814	0.000	0.002	0.005	0.955	0.329
全钾/(g/kg)	整体	−0.310	0.067	−4.636	0.000	−0.441	−0.179	0.063	0.801
pH	整体	−0.005	0.003	−1.842	0.066	−0.011	0.000	0.192	0.662
速效钾/(mg/kg)	整体	0.390	0.239	1.632	0.103	−0.079	0.859	0.136	0.712
速效磷/(mg/kg)	整体	0.023	0.025	0.907	0.365	−0.027	0.072	2.445	0.118
土壤容重与其他指标									
pH	整体	0.803	0.226	3.551	0.000	0.359	1.246	1.480	0.224
全钾/(g/kg)	整体	30.260	5.203	5.816	0.000	20.045	40.48	1.529	0.217
电导率/(μS/cm)	整体	−70.55	23.337	−3.023	0.003	−116.37	−24.74	0.412	0.521
全氮/(g/kg)	整体	−2.307	0.161	−14.300	0.000	−2.624	−1.991	2.557	0.110
碱解氮/(mg/kg)	整体	−178.4	21.045	−8.478	0.000	−219.7	−137.1	0.283	0.595
速效钾/(mg/kg)	整体	−90.36	18.477	−4.890	0.000	−126.64	−54.08	0.620	0.431
全磷/(g/kg)	整体	−0.492	0.058	−8.498	0.000	−0.065	−0.378	0.081	0.776
速效磷/(mg/kg)	整体	−2.373	1.973	−1.203	0.230	−6.247	1.501	0.949	0.330
土壤比表面积与其他指标									
含水量/%	整体	0.085	0.006	14.526	0.000	0.073	0.096	0.386	0.535
有机碳/(g/kg)	整体	0.033	0.008	3.990	0.000	0.017	0.050	0.003	0.960
全氮/(g/kg)	整体	0.002	0.001	3.338	0.001	0.001	0.004	0.000	0.982
全磷/(g/kg)	整体	0.001	0.000	5.249	0.000	0.001	0.002	3.312	0.069
碱解氮/(mg/kg)	整体	0.245	0.089	2.766	0.006	0.071	0.419	1.423	0.233
速效钾/(mg/kg)	整体	0.399	0.075	5.341	0.000	0.252	0.546	0.364	0.546
速效磷/(mg/kg)	整体	0.024	0.008	3.057	0.002	0.009	0.040	0.036	0.849
易提取球囊霉素相关土壤蛋白/(mg/g)	整体	0.002	0.000	5.343	0.000	0.001	0.003	0.149	0.700
总提取球囊霉素相关土壤蛋白/(mg/g)	整体	0.019	0.003	5.722	0.000	0.012	0.025	0.776	0.379
pH	整体	−0.008	0.001	−9.599	0.000	−0.010	−0.007	0.066	0.798
电导率/(μS/cm)	整体	−0.386	0.093	−4.157	0.000	−0.568	−0.204	2.755	0.097

表 10-7 农田和人工林间土壤孔隙度、容重、比表面积与其他指标不同的线性关系（$p<0.05$）

Table 10-7 Different linear relationship for soil porosity，bulk density，specific surface area between farmland and poplar plantations（$p<0.05$）

因变量		斜率	标准误	t	Sig.	95%置信区间		斜率差异	
						下限	上限	F	Sig.
土壤孔隙度与其他指标									
有机碳/(g/kg)	农田	0.124	0.033	3.745	0.000	0.059	0.189	10.99	0.001
	杨树	0.298	0.040	7.361	0.000	0.218	0.377		
总提取 GRSP/(mg/g)	农田	0.032	0.014	2.319	0.021	0.005	0.058	7.519	0.006
	杨树	0.091	0.017	5.450	0.000	0.058	0.123		
易提取 GRSP/(mg/g)	农田	0.000	0.002	−0.050	0.960	−0.004	0.004	6.267	0.013
	杨树	0.007	0.002	3.197	0.001	0.003	0.012		
全氮/(g/kg)	农田	0.014	0.003	4.790	0.000	0.008	0.019	4.685	0.031
	杨树	0.024	0.004	6.730	0.000	0.017	0.031		
土壤容重与其他指标									
有机碳/(g/kg)	农田	−22.36	2.598	−8.605	0.000	−27.46	−17.26	5.360	0.021
	杨树	−31.01	2.684	−11.55	0.000	−36.28	−25.74		
总提取 GRSP/(mg/g)	农田	−6.376	1.102	−5.784	0.000	−8.540	−4.211	6.388	0.012
	杨树	−10.38	1.139	−9.118	0.000	−12.62	−8.146		
易提取 GRSP/(mg/g)	农田	−0.362	0.155	−2.344	0.019	−0.666	−0.059	4.720	0.030
	杨树	−0.845	0.160	−5.294	0.000	−1.158	−0.531		
含水量/%	农田	−13.29	2.272	−5.853	0.000	−17.76	−8.835	4.159	0.042
	杨树	−19.96	2.346	−8.506	0.000	−24.56	−15.35		
土壤比表面积与其他指标									
全钾/(g/kg)	农田	0.055	0.030	1.848	0.065	−0.003	0.114	16.46	0.000
	杨树	−0.114	0.029	−3.921	0.000	−0.171	−0.057		

于 TG 和 SOC 而言，协方差分析（表 10-7）与线性回归分析（图 10-2）的斜率结果显示，人工林的斜率分别是农田的 2.4～2.8 倍和 1.4～1.5 倍。同样的，土壤孔隙度同 SOC、TG 线性回归分析的 R^2 值（显示一个相性关系拟合优度的值）显示人工林（R^2=0.10～0.19）大约是农田的（R^2=0.02～0.04）5 倍。说明土壤有机物质（有机碳氮和球囊霉素相关蛋白）同土壤孔隙度的相关关系（R^2 和斜率）在人工林营建后更加显著。

10.2.2.3 造林对土壤容重与其他指标相关斜率的影响

分析的 12 个土壤指标中有 8 个没有受造林的影响（$p>0.05$），整体数据分析显示

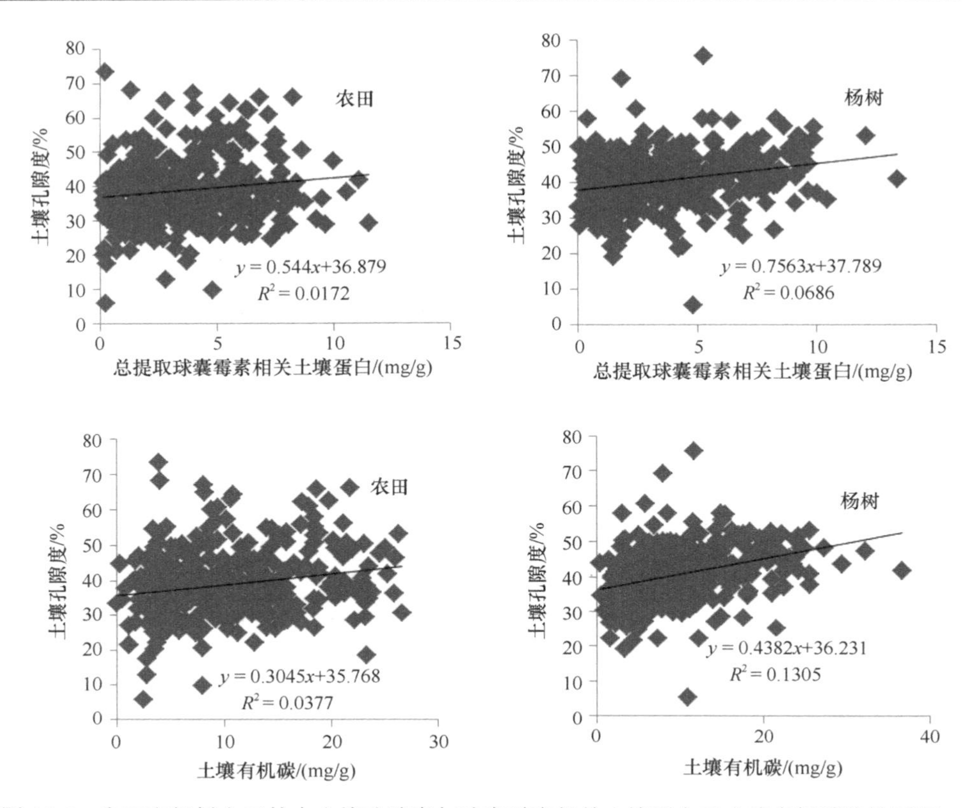

图 10-2　农田和杨树人工林中土壤孔隙度与球囊霉素相关土壤蛋白及土壤有机碳线性回归

Fig. 10-2　Linear regressions between soil porosity and GRSP，SOC in poplar shelterbelts and farmlands

增加土壤的容重引起土壤 pH 和全钾增加，然而却导致土壤电导率、全氮、碱解氮、全磷、速效钾显著降低（p<0.05）（表 10-6）。而土壤容重的增加与土壤速效磷的变化无显著相关（表 10-6）。

统计学上分析造林对于 4 个容重相关的关系产生影响（表 10-7）。土壤容重的增加会伴随着土壤含水量、有机碳、EEG 和 TG 的降低，协方差分析显示这些线性斜率在农田和人工林间存在差异（p<0.05）。以 SOC 和 TG 作为有机物质为例，线性回归显示单位有机物的变化所导致的人工林容重降低幅度大于农田（表 10-7，图 10-3）：人工林的斜率分别是农田的 1.09～1.11 倍和 1.4～1.6 倍。此外，协方差分析的 t 值（显示一个相性关系拟合优度的值）结果显示人工林是农田的 1.3～1.6 倍（表 10-7），R^2 值显示人工林（R^2=0.22～0.31）是农田的（R^2=0.10～0.20）1.6～2.4 倍（图 10-3）。这说明，单位土壤有机物质变化所导致的土壤容重变化，在种植杨树人工林后变得更加显著。

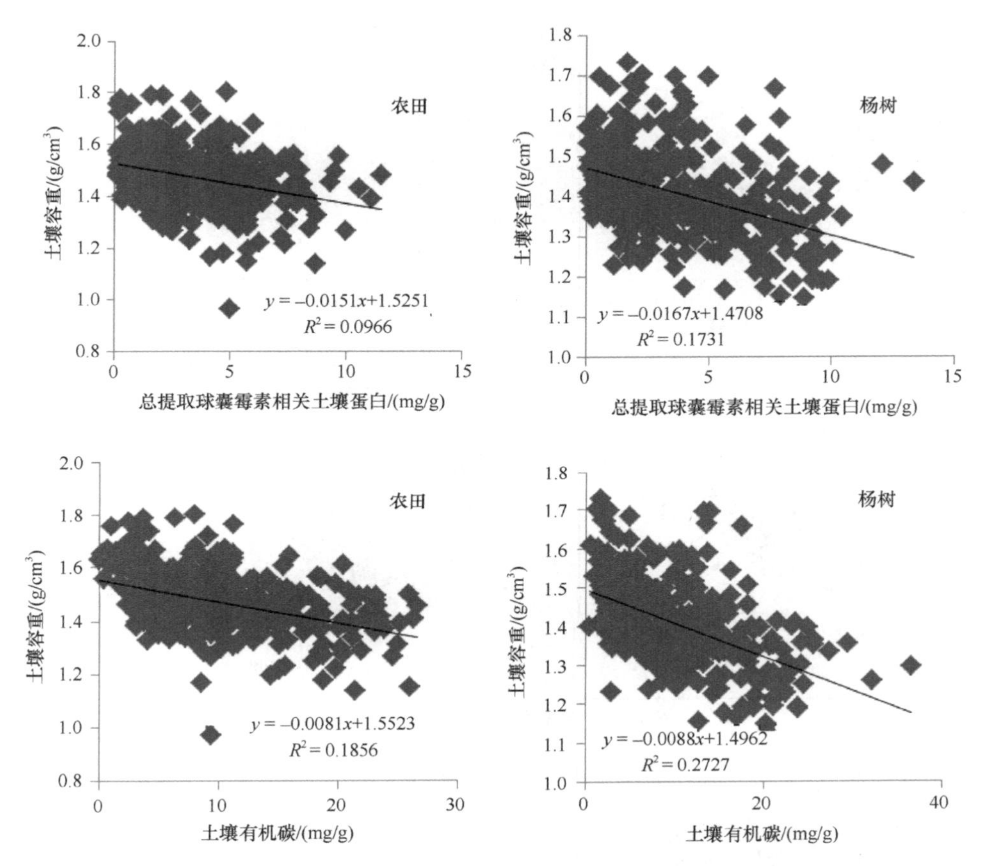

图 10-3　农田和杨树人工林中土壤容重与球囊霉素相关土壤蛋白及土壤有机碳线性回归
Fig. 10-3　Linear regressions between soil bulk density and GRSP，SOC in poplar shelterbelts and farmlands

10.2.2.4　造林对土壤比表面积与其他指标相关斜率的影响

与土壤孔隙度及土壤容重相比，杨树造林对土壤比表面积与其他土壤指标的相关关系影响微弱（表 10-6，表 10-7）。同农田相比，人工林中比表面积和全钾的相关性更强（t 值高 2.1 倍）（表 10-7），而所有其他关系在统计学上不受造林实践的影响（p>0.05）（表 10-6）。其中，土壤比表面积与土壤含水量相关性最强（R^2=0.49，p<0.0001；图 10-4）。土壤比表面积与有机碳、总氮、碱解氮、全磷、速效钾、速效磷、EEG 和 TG 显著正相关，与土壤 pH 和电导率显著负相关（p<0.05）（表 10-6）。

10.2.2.5　未受造林实践影响的土壤指标间最显著的相关关系

基于图 10-4 Pearson 相关结果显示的土壤指标间最显著的相关关系，土壤 pH 是

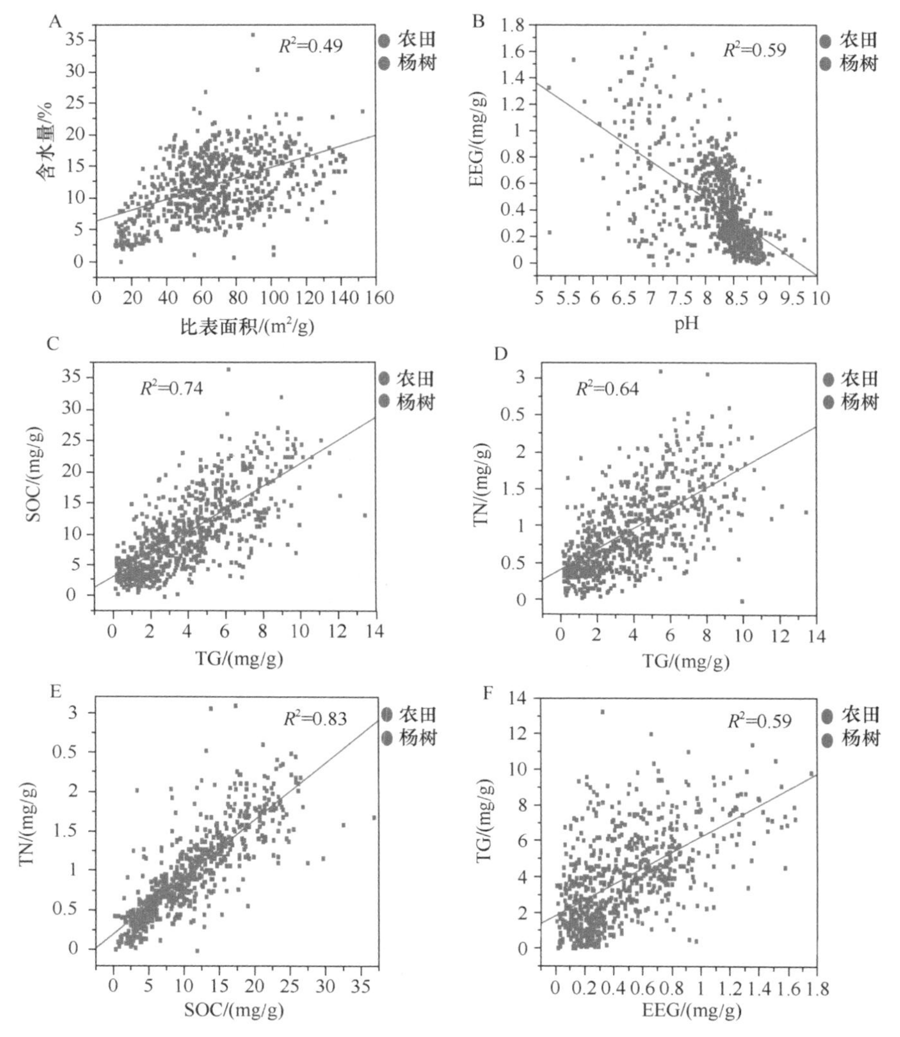

图 10-4 未受造林实践影响的土壤指标间最显著的相关关系

Fig. 10-4 The most evident linear regressions of different soil properties, and no obvious differences was found between farmlands and poplar shelterbelts

调节土壤球囊霉素（EEG）含量最主要的因素（R^2 = 0.59）。SOC 同土壤 N 密切相关（R^2 = 0.83），而球囊霉素与 SOC（R^2 = 0.74）和土壤 N（R^2 = 0.64）的变化紧密相关（图 10-4）。图 10-4 中这些相关关系不受造林实践的影响。

10.2.2.6 农田和杨树在生物生产力、根及元素吸收上的差异

玉米[13.47t/（hm²·年）]的净生产力是杨树[10.42t/（hm²·年）]的 1.29 倍（$p<0.05$），

杨树的根在 0～20cm 土层分布 40%左右，20～60cm 土层分布 51%，但是玉米的根 80%分布在 0～20cm 土层（表 10-8）。这些数据显示玉米可以返还表层土壤更多的有机物，而杨树返还深层土壤更多。

表 10-8 杨树和农田化学成分比较

Table 10-8 The comparison of organic materials between poplar shelterbelt plantations and neighbor farmland

	指标	杨树（SD）	玉米（SD）
量和深度	净生产力/[t/（hm^2·年）]	10.42（5.32）a	13.47（4.50）b
	根系占比/%	16.6（2.3）a	13.8（3.14）a
	根分布	40%分布在 0～20cm；51%分布在 20～60cm	80%分布在 0～20cm
化学	苯醇抽提物/%	1.89（1.05）a	5.95（3.38）b
	1% NaOH 抽提物/%	18.58（5.16）a	48.68（7.12）b
	纤维素/%	44.85（4.11）b	35.32（4.89）a
	半纤维素/%	33.79（5.00）b	26.11（4.22）a
	木质素/%	20.29（2.25）b	11.64（5.80）a
	C/N	68.4（6.5）b	48.1（4.0）a
元素组成	C/%	47.9（4.56）b	45.25（3.75）a
	N/%	0.62（0.08）a	0.67（0.05）a
	P/%	0.179（0.015）a	0.080（0.011）b
	K/%	0.69（0.06）a	1.19（0.13）b
肥料施加与养分盈余百分比	N	—	114kg/hm^2，2%
	P_2O_5	—	70kg/hm^2，123%
	K_2O	—	28kg/hm^2，–32.5%

注：小写字母表示杨树与玉米间的差异显著性

杨树和农田元素含量不同（表 10-8）。杨树的 C 和 P 含量显著高于玉米（$p<0.05$），而玉米秸秆中 K 含量是杨树的 1.7 倍（$p<0.05$）。杨树和玉米秸秆中 N 含量没有明显差异（$p>0.05$）。

10.2.2.7 两种土地利用方式肥料施加的差异

农田中施加化肥而杨树没有（表 10-8）。通过养分平衡分析表明，玉米田中 N 肥和 P_2O_5 的施加均多于玉米所需的 2%和 123%，而缺乏 K_2O 约 32.5%。

10.3 讨 论

10.3.1 3 种孔隙指标对土壤性质的指示作用

3 种土壤孔隙指标所能表征的土壤特征方面存在明显的差异，这可以从其相关程度的高低及逐步回归结果看出。首先，简单线性相关和逐步回归结果均说明，土壤比表面积与土壤含水量具有最紧密的相关关系（R^2=0.237）（表 10-1，表 10-4）。作为一个非常重要的物理性质，土壤中发生的物理化学现象和过程与土壤比表面积密切相关（依艳丽，2009），土壤比表面积为评价和预测土壤行为，尤其是研究水土系统中能量及物质的交换提供了极为重要的参数，我们的发现同样确认在松嫩平原，这一指标能够表征土壤持水能力的差异。

此外，从简单线性相关和逐步回归结果均可看出，土壤容重和孔隙度分别与有机碳和总氮含量相关性最显著（表 10-2～表 10-4）。土壤容重和孔隙度是比较常用的土壤物理指标，前者与土壤的质地、松紧度及有机质含量密切相关，后者的大小决定了土壤的通气性（李会科等，2008）。研究者采用微区池栽模拟试验，结果表明玉米根际微生物（细菌、放线菌、真菌）数量、微生物量碳和微生物量氮随下层土壤容重增加而降低（王群等，2009）。针对落叶松林土壤管理，林床清理使得表层土壤容重要比对照未清理样地高 53%，土壤非毛管孔隙度比未处理样地低 49.5%（王文杰等，2008）。对旱地果园土壤采用垄膜覆盖（T1）、覆草（T2）和免耕无覆盖（T3）处理不仅影响了土壤水热、萌芽开花，而且可以影响土壤物理性质：不同土层 T1 土壤容重最小，孔隙度最大，T3 土壤容重最大，孔隙度最小（刘小勇等，2014）。我们的研究确认土壤容重与有机碳相关性最强（R^2=0.212），孔隙度与总氮相关性最强（R^2=0.081），说明与全磷和全钾等相比，松嫩平原土壤容重和孔隙度的改变与土壤有机碳和总氮具有更加紧密的关系，即两个指标的高低变化在一定意义上表明了土壤中有机碳和总氮的含量。

3 种土壤孔隙指标可能对其养分形式有不同的影响，这一点可以从 3 种孔隙指标与不同养分、养分的不同形式（全量和有效量）的相关性分析结果看出。容重和孔隙度多与有机碳和总氮具有紧密相关关系（表 10-2，表 10-3），而且逐步回归结果也进一步证明了这一点（表 10-4），但是比表面积对于土壤碳、氮表征方面的作用很弱。多数情况下，本部分所研究的 3 种孔隙指标多与总氮、全磷、全钾总量相关性较高（R^2=0.058），而与碱解氮、速效磷和速效钾的相关性较弱（R^2=0.026），且土壤容重与总氮的相关程度最强（R^2=0.207）。逐步回归结果也证明了这一点，3 种孔隙指标逐步回归结果中仅碱解氮含量进入一次回归方程（B=0.000），但是总氮和全钾等指标则多次进入了回归方程（表 10-4）。

我们的发现所具有的不确定性主要表现在 2 个方面。第一，土壤物理指标之间普遍存在较高的自相关性，这可能导致它们在指示土壤特征方面存在差异。这种自相关性主要体现在土壤容重与土壤孔隙度之间的相关性（R^2=0.25），这是源于土壤的孔隙度是通过土壤比重和容重计算得来的，故它们之间的显著相关性是必然存在的。第二，3 种土壤孔隙指标与其他土壤指标的相关性均较低，R^2 最高达到 0.24（图 10-1），因此有很大部分的差异不能够用物理性质差异去解释。尽管有很多土壤学的相关研究都发现了类似的低相关性问题。我们试图用大数据量来弥补这种缺憾，由于数据量多达 700 个以上，因此很多相关性均达到了统计学显著水平，说明我们基于这些结果，得出相应的结论，所犯统计学错误的概率较小。

10.3.2　杨树造林导致土壤孔隙度增加容重降低的原因：有机物和 GRSP 调节效率提升

有大量的文献阐述耕地土壤造林的影响，然而针对不同树种、地点和土质会得到不同的结论（Olszewska and Smal，2008）。中国东北部是最重要的商品粮基地，在过去经历过大面积的土地开垦，目前导致严重的土壤退化（李正国等，2011；Gong et al.，2013；Wang et al.，2009）。我们的研究发现农田土壤上造林能够改善土壤孔隙度、容重。同前人的研究相一致，例如，与农田相比，种植 15 年墨西哥柏将会导致土壤容重降低，有机碳、阳离子交换能力、总氮和速效钾升高（Lemenih et al.，2004）。榛子树林的土壤容重（1.1g/cm^3）比与它毗邻的森林土壤（0.7g/cm^3）及玉米田地（1.0g/cm^3）都高（Gol，2009）；同样的，耕地造林会降低土壤容重，增加土壤孔隙度（Olszewska and Smal，2008）。农田区落叶松造林降低土壤容重但总氮没有显著变化（Wang et al.，2011b）。

土壤有机质和 GRSP 在维持土壤结构方面充当着“胶水”的功能（Aumtong，2010；Wright and Upadhyaya，1998），而且同土壤容重呈现负相关关系（王诚煜等，2013；Wang et al.，2014b）。人工林协方差分析与线性回归分析的斜率高于农田的 1.2～2.8 倍（表 10-5，表 10-7，图 10-2，图 10-3）。杨树人工林土壤容重线性回归相关的 R^2 值是农田的 1.6～2.4 倍，而杨树人工林土壤孔隙度线性回归相关的 R^2 值是农田的 5 倍（图 10-2，图 10-3）。鉴于农田和杨树土壤中 EEG、TG 和 SOC 不存在显著的差异（表 10-5），因此，杨树林土壤孔隙特征提升的原因，应该与土壤有机质对土壤物理结构的高效改善息息相关（表 10-7，图 10-2，图 10-3）。

10.3.3　土壤碳、养分及理化性质变化原因：生物吸收有机物质量与化肥

较农田而言，造林对 SOC 和各种土壤理化指标产生不一致的影响。在德国，南部的 Abbachhof，中心的 Canstein，北部的 Wildeshausen 3 个地点中前两个地点表现出杨树造林提高表层土壤有机碳和总氮，但是 20～30cm 土层含量较低，这表明不同地点的结果是不一样的（Jug et al.，1999）。在加拿大，Teklay 和 Chang（2008）发现造林年限影响小黑杨的 SOC，但也有研究发现 12 年的杨树林与其相邻的农田土壤的有机碳没有明显变化（Coleman et al.，2004）。生长在农田土壤的杂交杨树林能够显著增

加 30～50cm 土层的有机碳（Hansen，1993）。造林过程中通常导致土壤养分的变化（Wang et al.，2014a；Zeng et al.，2014）。在加拿大，Arevalo 等于 2009 年发现农田、杨树和山杨原始林间土壤氮没有明显的差异，而速效磷和速效钾含量在表层土壤中表现为农田和山杨原始林偏高。在加纳，农田造林始终降低土壤速效磷含量，而土壤中可交换的 Ca、K 和 Mg 的储存，以及阳离子交换量基本保持稳定（Dawoe et al.，2014）。本研究中，20～60cm 土层中防护林土壤有机碳高于农田 5%～7%，其余土层低于农田 1%～5%，导致农田和林地土壤中有机碳没有显著差异（表 10-5）。土壤养分变化主要体现在土壤 K 和土壤 P 上（表 10-5），并且较杨树人工林而言，在农田土壤的 0～20cm 土层观察到土壤的酸化和盐碱化（表 10-5）。

引起农田和林地间 SOC 储存的原因可能是生物生产力、根分布、返还到土壤中有机物的数量和质量的差异（表 10-8）。首先，玉米的净生产力高于杨树，然而二者分布到根系的生物量是相似的。与杨树相比，玉米的根大部分分布在上层土壤（表 10-8）。这些数据显示玉米可以返还表层土壤更多的有机物而杨树返还深层土壤更多。其次，二者化学成分存在差异，与玉米相比杨树的凋落物等更难分解（表 10-8）。1% NaOH 抽提物主要包括可溶于水的单宁酸、色素、生物碱、矿物质、淀粉、果胶、蛋白质和氨基酸；苯醇抽提物主要由树脂、单宁酸、色素、蜡、脂肪和香精油组成（陈茜文，1995）。与苯醇抽提物相比，可溶于水的抽提物通常易于分解。杨树和玉米中的苯醇抽提物均占有较少比例。但是玉米中 1% NaOH 抽提物是杨树的 2.62 倍（表 10-8），这表明与杨树相比，玉米凋落物中的有机物更容易返还到土壤中。杨树纤维素、半纤维素和木质素的含量都高于玉米秸秆，这些物质的分解就需要更多的能量来破坏化学键，因此更难分解。而且，杨树的 C 含量和 C/N 均高于玉米，表明杨树的凋落物更难分解。杨树归还土壤有机物特征为量少、难分解，农田归还土壤有机物的特征为量多但易分解，这些差异导致杨树造林和农田土地利用变化没有引起土壤碳汇功能的变化（表 10-5）。

对于各种土壤肥力指标而言，生物量养分吸收和储存的差异、化肥的施加等是杨树与农田间产生差异的原因（表 10-8）。农田 P 肥施加 123%的盈余（70kg/hm^2），以及玉米生物量中较低的 P 浓度（杨树的 45%）导致农田土壤中较高的速效磷含量（表 10-5，表 10-8）。相反，农田中 K 肥的施用量为 28kg/hm^2，低于作物吸收 K 的 32.5%，而且玉米需要 K 的量比杨树高 1.7 倍（表 10-8）。农田中 K 的不足及玉米的高吸收导致土壤全 K 和速效 K 较低（表 10-5）。N 肥的施加同吸收基本上处于平衡，导致两种土地利用方式的土壤全氮和碱解氮没有显著差异（表 10-5，表 10-8）。此外，土壤酸性和阳离子交换能力对于农田中土壤肥力、明显的土壤酸化（pH 降低）、盐碱化（EC 增加）都非常重要，这些都与肥料的施加息息相关。我们的数据显示农田造林在很大程度上缓解了土壤的酸化进程。

10.4　小　　结

本章对松嫩平原农田及其防护林的相关土壤指标进行测定分析，我们可以得到如下结论。

（1）土壤孔隙相关物理性质对于土壤功能具有重要作用，主要包括土壤容重指示土壤有机碳氮，土壤比表面积指示土壤持水能力、土壤孔隙度与土壤总氮等；而且这些孔隙指标多与全量养分相关性较高，而与有效氮、磷、钾相关性较弱。

（2）农田土壤造林能够提高土壤孔隙度、降低土壤容重的原因在于土壤有机碳和 GRSP 能够更有效地提升土壤物理结构。

（3）农田造林没有整体提升土壤碳汇功能，尽管在 20～60cm 有提升趋势，原因在于杨树归还土壤有机物特征为量少、难分解而且分布在更深层土壤，农田归还土壤有机物的特征为量多、易分解而且在表层更多。

（4）杨树防护林与农田“争肥”是误传，杨树防护林能够提升土壤 K 而降低有效 P，主要是与两种植被在生物量养分吸收和储存方面的差异（杨树低 K）、化肥施加（农田 P 盈余，而 K 肥不足）有关。

第 11 章　结论与建议

11.1　结　　论

11.1.1　与农田比较，杨树防护林建设影响土壤性质变化

防护林的建设极显著地降低容重（4.3%）和含水量（7.4%），同时显著地提高孔隙度（4.8%）、全钾（4.4%）及速效钾（15.1%）。这一结果是 6 个地点 0～1m 5 层土壤所有数据所具有的共同趋势。

土壤相关指标在表层的变化与其他各层有明显的不同：防护林表层土壤碳含量稍有下降，而中层土壤（20～60cm）碳含量升高 7.2%，表层的含水量升高 2.9%，而其余各层下降 6.7%～13.7%；表层的 pH 升高 3.1%，而其他各土层变化不大，表层的电导率降低 34.3%，而 20～80cm 各层均有所上升，速效磷和速效钾在表层分别升高 18.2%和 62%，20～40cm 分别下降 27.5%和 31.5%。

随着树木的逐渐长高，有机碳从变化不大（–0.11%）到提高 3.31%，随着胸径的增加，土壤全钾变化较大（降低 2.24%到升高 16.5%）。

防护林与农田之间土壤总氮的变化是影响碳截获的主导因子，碳含量变化与氮含量变化呈极显著正相关关系（$Y=4.4X-0.06$，$R^2=0.25$；$p<0.0001$），即防护林相对于农田每获得 1g N，林地就能截获 4.4g C。碳储量变化与氮含量变化也呈极显著正相关关系（$Y=1.27X+0.016$，$R^2=0.26$；$p<0.0001$），即防护林相对于农田每获得 1g N，林地就能截获 1.27kg/m^2 C。说明防护林和农田土壤能否具有碳汇功能，起重要作用的是土壤 N 肥力供应。

11.1.2　与农田比较，杨树防护林建设引起土壤及其组分发生变化

利用物理化学方法区分出 5 种土壤组分（颗粒态组分、沙和团聚体、可溶性组分、易分解组分、酸不溶组分）。酸不溶组分占比最高，接近总组分的 50%。造林后，可溶性组分占比上升，而沙和团聚体和颗粒态组分占比有下降趋势，其他 2 个组分变化程度较小（<农田对照的 1%）。

杨树 SOC 含量高于农田，起贡献作用的组分为可溶性组分、沙和团聚体、颗粒态组分和粉砂粘土（提升 5%～20%），而土壤酸不溶组分杨树 6 个地点的降低趋势表

现一致。同样，除土壤酸不溶组分外，造林后土壤及其他组分 SOC 储量均呈上升趋势（2.88%～28.57%）。这使得尽管杨树林原土 SOC 平均值有增高趋势，但仍未达到显著水平。

杨树林土壤 N 在可溶性组分、沙和团聚体内含量有上升趋势，但是在粉砂粘土、酸不溶组分、沙和团聚体 N 储量有下降趋势，特别是酸不溶组分 N 储量下降了 10%，这使得原土农田和杨树林差异不大。

杨树林土壤 P 低于农田的主要原因在于颗粒态和可溶性组分内 P 的含量差异，而其他几个组分则表现出相反的趋势。

退化的农田造林后，除土壤颗粒态组分外，原土及其他土壤组分钾含量上升 1.49%～26.11%。原土 K 储量在造林后下降 1.30%，其中土壤颗粒态组分、酸不溶组分也呈下降趋势。

农田和杨树林土壤常见 X 射线衍射峰有 9 个，涉及 5 种可能的矿物（石英、斜长石、钾长石、蒙脱石及方解石等）。杨树林内矿物衍射峰检测出的可能性较农田增加了 1.8 个。所检测的 5 种土壤矿物均表现出酸不溶组分的峰高和峰面积农田较杨树高，平均是杨树峰高的 1.42 倍，杨树峰面积的 1.20 倍。综合平均所有数据发现，峰高、峰面积、结晶尺寸相关指标，石英衍射峰和斜长石两个衍射峰均表现出农田高于杨树；9 个衍射峰中的 8 个显示半高宽平均值杨树林大于等于农田，表明杨树林有导致结晶度降低趋势。相关分析发现，衍射峰峰高、峰面积多与碳、氮、磷、钾呈现负相关关系，而半高宽呈现正相关关系。这种关系以石英两个衍射峰最为明显。

松嫩平原杨树防护林及农田土壤及 5 种组分包含 O—H、N—H、C—H、COO—、Si—O—Si、C—O 等伸缩振动带和弯曲振动带官能团。整体上，不同组分发现 57.87% 的地点官能团相对含量表现出农田高于杨树。其中，农田官能团 I（农田酸不溶组分、可溶性组分、粉砂粘土高于杨树 4%～25%）、III和IV（除了可溶性组分，其他组分均呈现农田高于杨树的趋势）、V相对含量均高于杨树（粉砂粘土和酸不溶组分表现出一致趋势），而杨树官能团II和VI相对含量均高于农田。土壤 C、N、P、K 含量与这些官能团中的大部分具有紧密的相关关系，尤其是 SOC 含量与官能团III相对含量的相关关系（R^2=0.89）和土壤 N、P、K 含量与官能团II相对含量的相关关系（R^2=0.51～0.88）最为显著。

原土及 5 种土壤组分在 6 个地点的结果均显示，杨树林土壤 ^{13}C 值低于农田土壤。可溶性组分分馏作用最大，而酸不溶组分最小，δ^{13}C 前者平均值是后者的 10 倍以上。杨树林原土中 SOC 来自杨树的比例平均为 18.5%，周转快的组分（可溶性组分和颗粒态组分）来源于杨树林的比例分别为 32.3%和 60.5%，而周转最慢的酸不溶组分仅为 5.2%，沙和团聚体内来源于林分的比例平均为 14.5%。δ^{13}C 与来自于杨树林的碳比例呈现正相关关系（R^2=0.8899），而土壤容重、土壤 K 有可能影响土壤同位素分馏。δ^{13}C、

SOC 来自杨树比例（%）与方解石的 XRD 特征、红外官能团Ⅱ和Ⅲ具有紧密关系，但是不同组分不一致。

11.1.3　以 GRSP 为代表的土壤真菌特征代谢产物产生差异

GRSP 是一种超乎预期的复杂混合物：平均结晶度较低，<1.5%，结晶位置在 19.74°～19.9°，平均晶粒尺寸为 129.3nm，具有不同的红外官能团和 7 种荧光物质。

在不同地点、不同深度具有很大的异质性。例如，农田地点间官能团差异为 1.2～2.4 倍，7 种荧光类物质地点间差异在 1.1～5.4 倍，含量也具有类似的差异变化。

GRSP 含量及组成特征与土壤理化性质存在紧密相关关系。GRSP 含量与有机碳、pH 关系最为密切，同时 GRSP 中官能团（如脂肪族 C—H、COO—、—CH_2—和—CH_3 的 C—H、粘土矿物和氧化物中 O—H 官能团）与有机碳显著相关，脂肪族 C—H 还与 pH 存在显著正相关。

防护林、农田、天然林的 TG 含量与有机碳、总氮、pH、电导率、容重显著相关。TG 组成成分中的主要官能团、荧光物质和元素也与土壤性质显著相关。防护林有效地降低农田电导率和容重，特别是电导率已经趋近恢复到天然林土壤水平。但是，在 TG 含量变化上，天然林的 TG 含量分别显著高于防护林和农田 2.35 倍和 2.56 倍。在 TG 组成成分上，天然林 TG 中的类色氨酸、类富里酸、官能团（脂肪族 C—H、C—O、—COOH 的 O—H、OH 结构的 O—H）、元素（Al、O、Si、C、Ca、N）的相对含量显著高于或低于防护林和农田对应的 TG 组成成分，而防护林和农田的 TG 组成成分则没有显著差异。因此，虽然 GRSP 可以显著改善土壤理化性质，但是在退化农田上营建杨树人工林 30 年并不能显著改善 GRSP 含量和组成成分。

11.1.4　杨树防护林土壤孔隙相关物理性质发生变化

土壤孔隙相关物理性质对于土壤功能具有重要作用，主要包括土壤容重指示土壤有机碳氮，土壤比表面积指示土壤持水能力、土壤孔隙度与土壤总氮等；而且这些孔隙指标多与全量养分相关性较高，而与有效氮、磷、钾相关性较弱。

农田土壤造林能够提高土壤孔隙度、降低土壤容重的原因在于土壤有机碳和 GRSP 能够更有效地提升土壤物理结构。

农田造林没有在统计学上显著整体提升土壤碳汇功能，尽管在 20～60cm 有提升趋势，原因在于杨树归还有机物特征为量少、难分解而且分布在更深层土壤，农田归还土壤有机物的特征为量多、易分解而且在表层更多。

杨树防护林与农田“争肥”是误传，杨树防护林能够提升土壤 K，而降低有效 P，主要是与两种植被在生物量养分吸收和储存方面的差异（杨树低 K）、化肥施加（农田 P 盈余，而 K 肥不足）有关。

11.2　建　　议

11.2.1　林分和土壤管理

纯林到混交林的转变。目前几乎所有的防护林均是杨树纯林，除了病虫害以外，本项研究也发现，其耗水特别大。野外调查也发现再次更新也是使用的杨树。这种纯林栽植 30 年对土壤的改善，仍然与天然林具有显著差异。预期通过引进优良本地树种形成混交林，能够进一步加快土壤改良提升进程。我们先前基于 25 年年代序列的研究显示，农田上种植落叶松能够以 96g/（m^2·年）速度提高有机碳水平（Wang et al.，2011b）。

土壤生物菌肥的重要性。从枝菌根真菌分泌的 GRSP 对于土壤团粒体结构（Wright and Upadhyaya，1998）及粒径（Yao et al.，2014）的重要性，以及 GRSP 在数量和组成上的变化在松嫩平原都有报道（Wang et al.，2014a）。基于芽胞杆菌、固氮螺菌、固氮菌、根瘤菌等种类的（Aseri et al.，2008；Panda，2011）从枝菌根真菌相关的生物肥料在市场上是有售的，但是在松嫩平原地区尚未使用。我们的研究确认，杨树林之所以能够改善土壤物理性质，原因之一在于 GRSP 对土壤孔隙提升的效率明显增强。

11.2.2　潜在的问题

“三北”防护林和退耕还林对土壤功能影响应该更加强调土壤物理性质的改善，如土壤孔隙度、容重等指标。对 6 个区域的研究均表明，杨树林营建能够使这些指标产生显著变化。

杨树林引起的耗水问题需要考虑。松嫩平原土壤正经历着荒漠化和盐碱化（Wang et al.，2011a），降雨量少（<550mm/年）引起的水资源短缺在很大程度上使作物减产。本研究中土壤含水量测定并没有特别考虑不同天气、是否降雨等，在整个夏天采样，分析结果仍然发现极显著的农田-防护林土壤水分含量差异，说明杨树生长确实更耗水。在该地区造林能够显著改善土壤孔隙相关指标，但是会消耗更多的土壤水，这在开展造林项目及评估该项目所提供的生态服务时都应该被考虑。

“三北”防护林和退耕还林的土壤碳汇功能问题。从整体数据分析，并没有发现显著的土壤碳累积，但是在 20～60cm 有增加趋势。这一结果尽管与一些研究不尽一致，但是原因也很明显，防护林仅仅数行，枯枝落叶很难保存在林下。反观农田，种植的 C4 植物生物量大，生产力高，归还量也大。

防护林“争肥”误区。以往谈到防护林对附近农田影响时，经常说杨树与农作物“争肥”，这可能是一个误区，我们的研究结果确认它们之间有差别，但并不是很严重。杨树与农田“争”得更多的有可能是水和光。

参 考 文 献

鲍仕旦. 2000. 土壤农化分析. 北京: 中国农业出版社.
曹晓冬, 周立刚, 谢光辉, 黄庆良. 2005. 杨树主要病虫害的防治技术. 林业实用技术, (5): 24-26.
陈光升, 胡庭兴, 黄立华, 唐天云, 涂利华, 雒守华. 2008. 华西雨屏区人工竹林凋落物及表层土壤的水源涵养功能研究. 水土保持学报, 22: 159-162.
陈静涛, 赵玉萍, 徐政, 顾其胜. 2008. 重组胶原蛋白与牛源 I 型胶原蛋白红外光谱研究. 材料导报, 22: 119-121.
陈茜文. 1995. 湖南主要树种木材的化学成分分析. 中南林学院学报, 15: 190-194.
陈尚钘, 勇强, 徐勇, 朱均均, 余世袁. 2009. 蒸汽爆破预处理对玉米秸秆化学组成及纤维结构特性的影响. 林产化学与工业, 29: 33-38.
陈兴丽, 周建斌, 刘建亮, 高忠霞, 杨学云. 2009. 不同施肥处理对玉米秸秆碳氮比及其矿化特性的影响. 应用生态学报, 20: 314-319.
代力民, 王宪礼, 王金锡. 2000. 三北防护林生态效益评价要素分析. 世界林业研究, 13: 47-51.
邓晶, 杜昌文, 周健民, 王火焰, 陈小琴. 2008. 红外光谱在土壤学中的应用. 土壤, 40: 872-877.
范志平, 余新晓. 2002. 农田防护林生态作用特征研究. 水土保持学报, 16: 130-133.
方升佐. 2008. 中国杨树人工林培育技术研究进展. 应用生态学报, 19: 2308-2316.
冯君, 张立新, 杨志超, 赵兰坡. 2007. 吉林省中部黑土黏粒矿物的组成分析. 世界地质, 25: 380-384.
高峻崇. 2010. 吉林省西部地区杨树防护林效益估算的研究. 吉林林业科技, 39: 12-19.
龚伟, 胡庭兴, 王景燕, 宫渊波, 冉华. 2008. 川南天然常绿阔叶林人工更新后土壤碳库与肥力的变化. 生态学报, 28: 2536-2545.
国家林业局. 2001. 退耕还林技术模式. 北京: 中国林业出版社.
贺学礼, 白春明, 赵丽莉. 2008. 毛乌素沙地沙打旺根围 AM 真菌的空间分布. 应用生态学报, 19: 2711-2716.
贺学礼, 陈程, 何博. 2011a. 北方两省农牧交错带沙棘根围 AM 真菌与球囊霉素空间分布. 生态学报, 31: 1653-1661.
贺学礼, 刘堤, 安秀娟, 赵丽莉. 2009. 水分胁迫下 AM 真菌对柠条锦鸡儿(*Caragana korshinskii*)生长和抗旱性的影响. 生态学报, 29: 47-52.
贺学礼, 杨静, 赵丽莉. 2011b. 荒漠沙柳根围 AM 真菌的空间分布. 生态学报, 31: 2159-2168.
汲常萍, 王慧梅, 王文杰, 韩士杰. 2014. 长白山阔叶红松林表层矿质土壤不同组分中有机碳及氮库特征研究. 植物研究, 34: 372-379.
汲常萍, 王文杰, 韩士杰, 祖元刚. 2015. 东北次生杨桦林土壤碳氮动态特征. 生态学报, 35(17): 5675-5685.
贾黎明, 刘诗琦, 祝令辉, 胡建军, 王小平. 2013. 我国杨树林的碳储量和碳密度. 南京林业大学学报(自然科学版), 37: 1-7.
江艳, 武培怡. 2009. 大豆蛋白的中红外和近红外光谱研究. 化学进展, 21: 705-714.
金传玲. 2004. 辽宁杨树主要病虫害的识别及防治. 辽宁林业科技: 3-5.
李鹤, 徐鑫, 谯兴国, 寇巍, 张大雷. 2010. 玉米秸秆化学预处理后进行厌氧干发酵试验的研究. 环境保护与循环经济, 30: 38-41.
李会科, 张广军, 赵政阳, 李凯荣. 2008. 渭北黄土高原旱地果园生草对土壤物理性质的影响. 中国农业科学, 41: 2070-2076.
李慧卿, 江泽平, 雷静品, 李清河, 李慧勇. 2007. 近自然森林经营探讨. 世界林业研究, 20: 6-11.
李涛, 赵之伟. 2005. 丛枝菌根真菌产球囊霉素研究进展. 生态学杂志, 24: 1080-1084.
李召青, 周毅, 彭红玉, 郭乐东, 钟军民, 钟锡均, 汤明霞, 张卫强, 甘先华. 2009. 蕉岭长潭省级自然保护区不同林分类型土壤水分物理性质研究. 广东林业科技, 25: 70-75.
李正国, 杨鹏, 唐华俊, 吴文斌, 陈仲新, 周清波, 邹金秋, 张莉. 2011. 气候变化背景下东北三省主要作物典型物候期变化趋势分析. 中国农业科学, 44: 4180-4189.
林大仪. 2004. 土壤学试验指导. 北京: 中国林业出版社.
林根旺. 2014. 近自然林培育管护初探. 内蒙古林业调查设计, 37: 34-35.
刘洪谔, 冯翰. 1995. 几种杨树木材化学成分分析. 浙江林学院学报, 12: 343-346.
刘润进, 李晓林. 2000. 丛枝菌根及其应用. 北京: 科学出版社.
刘小勇, 李红旭, 李建明, 王玮, 赵明新, 孙定虎. 2014. 不同覆盖方式对旱地果园水热特征的影响. 生态学报, 34: 746-754.
刘一星. 2004. 中国东北地区木材性质与用途手册. 北京: 化学工业出版社.
刘振坤, 田帅, 唐明. 2013. 不同树龄刺槐林丛枝菌根真菌的空间分布及与根际土壤因子的关系. 林业科学, 49: 89-95.
马连祥, 周定国. 2000. 酸雨对杨树生长和木材化学性质的影响. 林业科学, 36: 95-99.
马韶昱. 2014. 赤峰市敖汉旗典型农田防护林碳增汇研究. 呼和浩特: 内蒙古农业大学硕士学位论文.
苗惠田, 张文菊, 吕家珑, 黄绍敏, 徐明岗. 2010. 长期施肥对潮土玉米碳含量及分配比例的影响. 中国农业科学, 43: 4852-4861.
明安刚, 刘世荣, 农友, 蔡道雄, 贾宏炎, 黄德卫, 王群能, 农志. 2015. 南亚热带 3 种阔叶树种人工幼龄纯林及其混交林碳贮量比较. 生态学报, 35: 180-188.
彭文英, 张科利, 陈瑶, 杨勤科. 2005. 黄土坡耕地退耕还林后土壤性质变化研究. 自然资源学报, 20: 272-278.
邵龙义, 李卫军, 杨书申, 时宗波, 吕森林. 2007. 2002 年春季北京特大沙尘暴颗粒的矿物组成分析. 中国科学: 地球科学(中文版), 37: 215-221.
唐宏亮, 刘龙, 王莉, 巴超杰. 2009. 土地利用方式对球囊霉素土层分布的影响. 中国生态农业学报, 17: 1137-1142.
王诚煜, 冯海艳, 杨忠芳, 夏学齐, 余涛, 李淼, 江丽珍. 2013. 内蒙古中北部球囊霉素相关土壤蛋白的分布及其环境影响. 干旱区研究, 30: 22-28.
王金主, 王元秀, 李峰, 高艳华, 徐军庆, 袁建国. 2010. 玉米秸秆中纤维素, 半纤维素和木质素的测定. 山东食品发酵, (3): 44-47.

王进军, 柯福来, 白鸥, 黄瑞冬. 2008. 不同施氮方式对玉米干物质积累及产量的影响. 沈阳农业大学学报, 39: 392-395.

王群, 尹飞, 郝四千, 木朝海. 2009. 下层土壤容重对玉米根际土壤微生物数量及微生物量碳, 氮的影响. 生态学报: 3096-3104.

王少光, 武书彬, 郭秀强, 郭伊丽. 2006. 玉米秸秆木素的化学结构及热解特性. 华南理工大学学报(自然科学版), 34: 39-42.

王文杰, 刘玮, 孙伟, 祖元刚, 崔崧. 2008. 林床清理对落叶松(*Larix gmelinii*)人工林土壤呼吸和物理性质的影响. 生态学报, 28: 4750-4756.

王文颖, 王启基, 鲁子豫. 2009. 高寒草甸土壤组分碳氮含量及草甸退化对组分碳氮的影响. 中国科学: 地球科学(中文版), 39: 647-654.

谢萍若. 2010. 中国东北土壤化学矿物学性质. 北京: 科学出版社.

许伟, 贺学礼, 孙茜, 王晓乾, 刘春卯, 张娟, 赵丽莉. 2015. 塞北荒漠草原柠条锦鸡儿 AM 真菌的空间分布. 生态学报, 35: 1124-1133.

鄢远, 许金钩. 1997. 三维荧光光谱法研究蛋白质溶液构象. 中国科学: B 辑, 27: 16-22.

杨飞, 姚作芳, 刘兴土, 闫敏华. 2013. 松嫩平原的粮食生产潜力分析及建议. 干旱地区农业研究, 31: 207-212.

衣晓丹, 王新杰. 2013. 杉木人工纯林与混交林下几种土壤养分对比及与生长的关系. 中南林业科技大学学报, 33(2): 34-38.

依艳丽. 2009. 土壤物理研究法. 北京: 北京大学出版社.

殷秀琴, 王海霞, 周道玮. 2003. 松嫩草原区不同农业生态系统土壤动物群落特征. 生态学报, 23: 1071-1078.

张娟娟, 田永超, 姚霞, 曹卫星, 马新明, 朱艳. 2012. 基于近红外光谱的土壤全氮含量估算模型. 农业工程学报, 28: 183-188.

张强, 陈合. 2007. 玉米秸秆的酶法降解机理研究. 玉米科学, 15: 148-152.

张玉兰, 孙彩霞, 段争虎, 陈利军, 武志杰, 陈晓红, 张艾明, 刘兴斌, 王俊宇. 2010. 光谱法分析固沙工程对土壤腐殖质及组分的影响. 光谱学与光谱分析, 30(1): 179-183.

赵长凯, 王新天, 李声浩, 程前. 2012. 东北地区杨树病虫害的防治技术与对策. 吉林农业 C 版, (2): 75.

郑庆福, 刘艇, 赵兰坡, 冯君, 王鸿斌, 李春林. 2010. 东北黑土耕层土壤黏粒矿物组成的区域差异及其演化. 土壤学报, 47: 734-746.

郑庆福, 赵兰坡, 冯君, 王鸿斌, 李春林. 2011. 利用方式对东北黑土粘土矿物组成的影响. 矿物学报, 31: 139-145.

郑晓, 朱教君. 2013. 基于多元遥感影像的三北地区片状防护林面积估算. 应用生态学报, 24(8): 2257-2264.

郑晓, 朱教君, 闫妍. 2013. 三北地区农田防护林面积的多尺度遥感估算. 生态学杂志, 32(5): 1355-1363.

郑昭佩, 刘作新. 2003. 土壤质量及其评价. 应用生态学报, 14: 131-134.

仲召亮, 王文杰, 王琼, 武燕, 王慧梅, 裴忠雪, 任洁. 2015. 松嫩平原农业区土壤理化性质与真菌代谢产物——球囊霉素相关土壤蛋白的关系. 生态学杂志, 34(8): 2274-2280.

周桦, 姜子邵, 宇万太, 马强, 张璐. 2008. 氮肥用量对玉米体内养分浓度和养分分配的影响. 中国土壤与肥料, (4): 18-21.

朱青, 陈正刚, 李剑. 2009. 氮肥对不同产量水平的玉米茎叶含氮量的影响. 西南农业学报, 22: 1367-1369.

祝飞, 赵庆辉, 邓万刚, 陈明智. 2010. 不同土地利用方式下球囊霉素相关土壤蛋白与有机碳及土壤质地的关系. 安徽农业科学, 38(23): 12499-12502.

Aguilera P, Borie F, Seguel A, Cornejo P. 2011. Fluorescence detection of aluminum in arbuscular mycorrhizal fungal structures and glomalin using confocal laser scanning microscopy. Soil Biology and Biochemistry, 43: 2427-2431.

Alriksson A, Olsson MT. 1995. Soil changes in different age classes of Norway spruce (*Picea abies* (L) Karst.) on afforested farmland. *In*: Nilsson LO, Hüttl RF, Johansson UT. Nutrient Uptake and Cycling in Forest Ecosystems. Netherlands: Springer: 103-110.

Andersson CA, Bro R. 2000. The N-way toolbox for MATLAB. Chemometrics and Intelligent Laboratory Systems, 52: 1-4.

Aseri GK, Jain N, Panwar J, Rao AV, Meghwal PR. 2008. Biofertilizers improve plant growth, fruit yield, nutrition, metabolism and rhizosphere enzyme activities of pomegranate (*Punica granatum* L.) in Indian Thar Desert. Scientia Horticulturae, 117: 130-135.

Aumtong S. 2010. Glomalin-related soil protein influence on soil aggregate stability in soils of cultivated areas and secondary forests from Northern Thailand. Brisbane, Australia Proceedings of the 19th World Congress of Soil Science.

Bai XS, Hu YL, Zeng DH, Jiang ZR. 2008. Effects of farmland afforestation on ecosystem carbon stock and its distribution pattern in semi-arid region of Northwest China. Chin J Ecol, 27: 1647-1652.

Barré JLFM. 2009. Biographie Intime. Paris: Fayard: 1885-1940.

Bedini S, Avio L, Argese E, Giovannetti M. 2007. Effects of long-term land use on arbuscular mycorrhizal fungi and glomalin-related soil protein. Agriculture, Ecosystems & Environment, 120: 463-436.

Bednarek R, Michalska M. 1998. Wpływ rolniczego użytkowania na morfologię i właściwości gleb rdzawych w okolicach Bachotka na Pojezierzu Brodnickim. Zesz Probl Post Nauk Roln, 460: 487-497.

Beniston J, Dupont ST, Glover J, Lal R, Dungait JJ. 2014. Soil organic carbon dynamics 75 years after land-use change in perennial grassland and annual wheat agricultural systems. Biogeochemistry, 120: 37-49.

Berthrong ST, Jobbágy EG, Jackson RB. 2009a. A global meta-analysis of soil exchangeable cations, pH, carbon, and nitrogen with afforestation. Ecological Applications, 19: 2228-2241.

Berthrong ST, Pineiro G, Jobbágy EG, Jackson RB. 2012. Soil C and N changes with afforestation of grasslands across gradients of precipitation and plantation age. Ecological Applications, 22: 76-86.

Berthrong ST, Schadt CW, Pineiro G, Jackson RB. 2009b. Afforestation alters the composition of functional genes in soil and biogeochemical processes in South American grasslands. Applied and Environmental Microbiology, 75: 6240-6248.

Bhojvaid PP, Timmer VR. 1998. Soil dynamics in an age sequence of *Prosopis juliflora* planted for sodic soil restoration in India. Forest Ecology and Management, 106: 181-193.

Bird SB, Herrick JE, Wander MM, Wright SF. 2002. Spatial heterogeneity of aggregate stability and soil carbon in semi-arid rangeland. Environmental Pollution, 116: 445-455.

Bolliger A, Nalla A, Magid J, de Neergaard A, Nalla AD, Bøg-Hansen TC. 2008. Re-examining the glomalin-purity of glomalin-related soil protein fractions through immunochemical, lectin-affinity and soil labelling experiments. Soil Biology and Biochemistry, 40: 887-893.

Chemini C, Rizzoli A. 2014. Land use change and biodiversity conservation in the Alps. Journal of Mountain Ecology, 7: 1-7.

Chen W, Westerhoff P, Leenheer JA, Booksh K. 2003. Fluorescence excitation-emission matrix regional integration to quantify spectra for dissolved organic matter. Environmental Science & Technology, 37: 5701-5710.

Chen Z, He XL, Guo HJ, Yao XQ, Chen C. 2012. Diversity of arbuscular mycorrhizal fungi in the rhizosphere of three host plants in the farming-pastoral zone, north China. Symbiosis, 57: 149-160.

Chomel M, Desrochers A, Baldy V, Larchevêque M, Gauquelin T. 2014. Non-additive effects of mixing hybrid poplar and white spruce on aboveground and soil carbon storage in boreal plantations. Forest Ecology and Management, 328: 292-299.

Coleman MD, Isebrands JG, Tolsted DN, Tolbert VR. 2004. Comparing soil carbon of short rotation poplar plantations with agricultural crops and woodlots in North Central United States. Environmental Management, 33: S299-S308.

Connin SL, Virginia RA, Chamberlain CP. 1997. Carbon isotopes reveal soil organic matter dynamics following arid land shrub expansion. Oecologia, 110: 374-386.

Dai J, Hu JL, Gui LX, Wang R, Zhang JB, Wong MH. 2013. Arbuscular mycorrhizal fungal diversity, external mycelium length, and glomalin-related soil protein content in response to long-term fertilizer management. Journal of Soils and Sediments, 13: 1-11.

Davis M, Nordmeyer A, Henley D, Watt M. 2007. Ecosystem carbon accretion 10 years after afforestation of depleted subhumid grassland planted with three densities of *Pinus nigra*. Global Change Biology, 13: 1414-1422.

Dawoe EK, Quashie-Sam JS, Oppong SK. 2014. Effect of land-use conversion from forest to cocoa agroforest on soil characteristics and quality of a Ferric lixisol in lowland humid Ghana. Agroforestry Systems, 88: 87-99.

del Galdo I, Six J, Peressotti A, Francesca Cotrufo M. 2003. Assessing the impact of land-use change on soil C sequestration in agricultural soils by means of organic matter fractionation and stable C isotopes. Global Change Biology, 9: 1204-1213.

Domżał H, Flis-Bujak M, Baran S, Żukowska G. 1993. Wpływ użytkowania sadowniczego na materię organiczną gleb wytworzonych z utworów pyłowych. Zesz Probl Post Nauk Roln, 411: 91-95.

Drever JI, Vance GF. 1994. Role of soil organic acids in mineral weathering processes. *In*: Land LS. Organic Acids in Geological Processes. Berlin Heidelberg: Springer: 138-161.

Ellert BH, Gregorich EG. 1996. Storage of carbon, nitrogen and phosphorus in cultivated and adjacent forested soils of Ontario. Soil Science, 161: 587-603.

Engqvist L. 2005. The mistreatment of covariate interaction terms in linear model analyses of behavioural and evolutionary ecology studies. Animal Behaviour, 70: 967-971.

Fan ZP, Zeng DH, Zhu JJ, Jiang FQ, Yu XX. 2002. Advance in characteristics of ecological effects of farmland shelterbelts. Journal of Soil Water Conservation, 16: 130-221.

Farley KA, Jobbágy EG, Jackson RB. 2005. Effects of afforestation on water yield: a global synthesis with implications for policy. Global Change Biology, 11: 1565-1576.

Farley KA, Kelly EF, Hofstede RG. 2004. Soil organic carbon and water retention after conversion of grasslands to pine plantations in the Ecuadorian Andes. Ecosystems, 7: 729-739.

Feng XX, Tang M, Gong MG, Yu HX. 2011. Spatial distribution of arbuscular mycorrhizal and glomalin in the rhizosphere of *Sophora davidii* on the Loess Plateau. J Northwest Sci Tech Univ Agric For(Nat Sci Ed), 39: 96-102.

Fokom R, Adamou S, Teugwa MC, Boyogueno B, Nana WL, Ngonkeu MEL, Tchameni NS, Nwaga D, Ndzomo T, Amvam Zollo PH. 2012. Glomalin related soil protein, carbon, nitrogen and soil aggregate stability as affected by land use variation in the humid forest zone of south Cameroon. Soil and Tillage Research, 120: 69-75.

Gadkar V, Rillig MC. 2006. The arbuscular mycorrhizal fungal protein glomalin is a putative homolog of heat shock protein 60. FEMS Microbiology Letters, 263: 93-101.

Gil-Cardeza ML, Ferri A, Cornejo P, Gomez E. 2014. Distribution of chromium species in a Cr-polluted soil: presence of Cr(III)in glomalin related protein fraction. Science of The Total Environment, 493: 828-833.

Gillespie AW, Farrell RE, Walley FL, Ross ARS, Leniweber P, Eckhardt KU, Regier TZ, Blyth RIR. 2011. Glomalin-related soil protein contains non-mycorrhizal-related heat-stable proteins, lipids and humic materials. Soil Biology and Biochemistry, 43: 766-777.

Gol C. 2009. The effects of land use change on soil properties and organic carbon at Dagdami river catchment in Turkey. Journal of Environmental Biology, 30: 825-830.

Gong HL, Meng D, Li XJ, Zhu F. 2013. Soil degradation and food security coupled with global climate change in northeastern China. Chinese Geographical Science, 23: 562-573.

Graves JD, Watkins NK, Fitter AH, Robinson D, Scrimgeour C. 1997. Intraspecific transfer of carbon between plants linked by a common mycorrhizal network. Plant and Soil, 192: 153-159.

Guo LB, Gifford RM. 2002. Soil carbon stocks and land use change: a meta analysis. Global Change Biology, 8: 345-360.

Guo WD, Stedmon CA, Han YC, Wu F, Yu XX, Hu MH. 2007. The conservative and non-conservative behavior of chromophoric dissolved organic matter in Chinese estuarine waters. Marine Chemistry, 107: 357-366.

Guo XJ, He XS, Zhang H, Deng Y, Chen L, Jiang JY. 2012. Characterization of dissolved organic matter extracted from fermentation effluent of swine manure slurry using spectroscopic techniques and parallel factor analysis(PARAFAC). Microchemical Journal, 102: 115-122.

Hansen EA. 1993. Soil carbon sequestration beneath hybrid poplar plantations in the North Central United States. Biomass and Bioenergy, 5: 431-436.

Hernandez-Ramirez G, Hatfield JL, Parkin TB, Sauer TJ, Prueger JH. 2011. Carbon dioxide fluxes in corn-soybean rotation in the midwestern US: inter-and intra-annual variations, and biophysical controls. Agricultural and Forest Meteorology, 151: 1831-1842.

Hinsinger P, Jaillard B, Dufey JE. 1992. Rapid weathering of a trioctahedral mica by the roots of ryegrass. Soil Science Society of America Journal, 56: 977-982.

Hitchcock AP, Morin C, Zhang XR, Araki T, Dynes J, Stöver H. 2005. Soft X-ray spectromicroscopy of biological and synthetic polymer systems. Journal of Electron Spectroscopy and Related

Phenomena, 144: 259-269.

Hofmann-Schielle C, Jug H, Makeschin F, Rehfuess KE. 1999. Short-rotation plantations of balsam poplars, aspen and willows on former arable land in the Federal Republic of Germany. Ⅲ. Soil ecological effects. Forest Ecological Manage, 121: 85-99.

Hontoria C, Velásquez R, Benito M, Almorox J, Moliner A. 2009. Bradford-reactive soil proteins and aggregate stability under abandoned versus tilled olive groves in a semi-arid calcisol. Soil Biology and Biochemistry, 41: 1583-1585.

Hooker TD, Compton JE. 2003. Forest ecosystem carbon and nitrogen accumulation during the first century after agricultural abandonment. Ecological Applications, 13: 299-313.

Hoosbeek MR, Lukac M, van Dam D, Godbold DL, Velthorst EJ, Francesco A. 2004. More new carbon in the mineral soil of a poplar plantation under Free Air Carbon Enrichment(POPFACE): cause of increased priming effect? Global Biogeochemical Cycles: 18.

Hosny M, van Tuinen D, Jacquin F, Füller P, Zhao B, Gianinazzi-Pearson V, Franker P. 1999. Arbuscular mycorrhizal fungi and bacteria: how to construct prokaryotic DNA-free genomic libraries from the Glomales. FEMS Microbiology Letters, 170: 425-430.

Huang B, Sun W, Zhao Y, Zhu J, Yang RQ, Zou Z, Ding F, Su JP. 2007. Temporal and spatial variability of soil organic matter and total nitrogen in an agricultural ecosystem as affected by farming practices. Geoderma, 139: 336-345.

Hungate BA, Dukes JS, Shaw MR, Luo Y, Field CB. 2003. Nitrogen and climate change. Science, 302: 1512-1513.

Huntington TG. 1995. Carbon sequestration in an aggrading forest ecosystem in the southeastern USA. Soil Science Society of America Journal, 59: 1459-1467.

Jastrow JD, Miller RM, Lussenhop J. 1998. Contributions of interacting biological mechanisms to soil aggregate stabilization in restored prairie. Soil Biology and Biochemistry, 30: 905-916.

Jenkinson DS, Adams DE, Wild A. 1991. Model estimates of CO_2 emissions from soil in response to global warming. Nature, 351: 304-306.

Jobbágy EG, Jackson RB. 2004. The uplift of soil nutrients by plants: biogeochemical consequences across scales. Ecology, 85: 2380-2389.

Johnson CT, Aochi YO. 1996. Fourier Transform Infrared and Raman Spectroscopy. *In*: Sparks DL, Page AL, Helmke PA, et al., eds. Methods of Soil Analysis Part 3: Chemical Methods. Madison, Wisconsin: Soil Science Society of America, Inc. American Society of Agronomy, Inc.: 269-321.

Jorge-Araújo P, Quiquampoix H, Matumoto-Pintro PT, Staunton S. 2015. Glomalin-related soil protein in French temperate forest soils: interference in the Bradford assay caused by co-extracted humic substances. European Journal of Soil Science, 66: 311-319.

Jug A, Makeschin F, Rehfuess KE, Hofmann-Schielle C. 1999. Short-rotation plantations of balsam poplars, aspen and willows on former arable land in the Federal Republic of Germany. Ⅲ. Soil ecological effects. Forest Ecology and Management, 121: 85-99.

Kasel S, Bennett LT, Tibbits J. 2008. Land use influences soil fungal community composition across central Victoria, south-eastern Australia. Soil Biology and Biochemistry, 40: 1724-1732.

Knops JMH, Tilman D. 2000. Dynamics of soil nitrogen and carbon accumulation for 61 years after agricultural abandonment. Ecology, 81: 88-98.

Lal R. 2004a. Soil carbon sequestration impacts on global climate change and food security. Science, 304: 1623-1627.

Lal R. 2004b. Soil carbon sequestration to mitigate climate change. Geoderma, 123: 1-22.

Leenheer JA, Croué JP. 2003. Peer reviewed: characterizing aquatic dissolved organic matter. Environmental Science & Technology, 37: 18A-26A.

Lemenih M, Olsson M, Karltun E. 2004. Comparison of soil attributes under *Cupressus lusitanica* and *Eucalyptus saligna* established on abandoned farmlands with continuously cropped farmlands and natural forest in Ethiopia. Forest Ecology and Management, 195: 57-67.

Lemma B, Kleja DB, Nilsson I, Olsson M. 2006. Soil carbon sequestration under different exotic tree species in the southwestern highlands of Ethiopia. Geoderma, 136: 886-898.

Li DJ, Niu SL, Luo YQ. 2012. Global patterns of the dynamics of soil carbon and nitrogen stocks following afforestation: a meta-analysis. New Phytologist, 195: 172-181.

Li WH. 2004. Degradation and restoration of forest ecosystems in China. Forest Ecology and Management, 201: 33-41.

Li XL, Feng G. 2001. Ecology and Physiology of VA Mycorrhizaes. Beijing: Huawen Press.

Li YH, Wang HM, Wang WJ, Yang L, Zu YG. 2013. Ectomycorrhizal influence on particle size, surface structure, mineral crystallinity, functional groups, and elemental composition of soil colloids from different soil origins. The Scientific World Journal, 2013: 13.

Lim YW, Kim BK, Kim C, Jung HS, Kim BS, Lee JH, Chun J. 2010. Assessment of soil fungal communities using pyrosequencing. The Journal of Microbiology, 48: 284-289.

Liu JG, Li SX, Ouyang ZY, Tam C, Chen XD. 2008. Ecological and socioeconomic effects of China's policies for ecosystem services. Proceedings of the National Academy of Sciences, 105: 9477-9482.

Liu XB, Zhang XY, Wang YX, Sui YY, Zhang SL, Herbert SJ, Ding G. 2010. Soil degradation: a problem threatening the sustainable development of agriculture in Northeast China. Plant Soil Environ, 56: 87-97.

Lovelock CE, Wright SF, Nichols KA. 2004. Using glomalin as an indicator for arbuscular mycorrhizal hyphal growth: an example from a tropical rain forest soil. Soil Biology and Biochemistry, 36: 1009-1012.

Luo YQ, Su B, Currie WS, Dukes JS, Finzi A, Hartwig U, Hungate B, McMurtrie RE, Oren R, Parton WJ, Pataki DE, Shaw RM, Zak DR, Field CB. 2004. Progressive nitrogen limitation of ecosystem responses to rising atmospheric carbon dioxide. Bioscience, 54: 731-739.

Lupatini M, Jacques RJS, Antoniolli ZI, Suleiman AKA, Fulthorpe RR, Roesch LFW. 2013. Land-use change and soil type are drivers of fungal and archaeal communities in the Pampa biome. World Journal of Microbiology and Biotechnology, 29: 223-233.

Maciaszek W, Zwydak M. 1996. Transformation of mountain post-agricultural soils by pioneer pine stands. Part I. Changes in the profile morphology and physical properties of soils. Acta Agr Silv Ser Silv, 34: 67-79.

Mao R, Zeng DH, Hu YL, Li LJ, Yang D. 2010. Soil organic carbon and nitrogen stocks in an age-sequence of poplar stands planted on marginal agricultural land in Northeast China. Plant and Soil, 332: 277-287.

Mao R, Zeng DH. 2010. Changes in soil particulate organic matter, microbial biomass, and activity following afforestation of marginal agricultural lands in a semi-arid area of Northeast China. Environmental Management, 46: 110-116.

Mendham DS, O'connell AM, Grove TS, Rance SJ. 2003. Residue management effects on soil carbon and nutrient contents and growth of second rotation eucalypts. Forest Ecology and Management, 181: 357-372.

Merino AN, Fernández-López A, Solla-Gullón F, Edeso JM. 2004. Soil changes and tree growth in intensively managed *Pinus radiata* in northern Spain. Forest Ecology and Management, 196: 393-404.

Messing I, Alriksson A, Johansson W. 1997. Soil physical properties of afforested and arable land. Soil Use and Management, 13: 209-217.

Miller RM, Jastrow JD. 2000. Mycorrhizal fungi influence soil structure. *In*: Genre A, Bonfante P. Arbuscular Mycorrhizas: Physiology and Function. Netherlands: Springer: 3-18.

Moncada MP, Penning LH, Timm LC, Gabriels D, Cornelis WM. 2014. Visual examinations and soil physical and hydraulic properties for assessing soil structural quality of soils with contrasting textures and land uses. Soil and Tillage Research, 140: 20-28.

Morris SJ, Bohm S, Haile-Mariam S, Paul EA. 2007. Evaluation of carbon accrual in afforested agricultural soils. Global Change Biology, 13: 1145-1156.

Mujuru L, Mureva A, Velthorst E, Hoosbeek M. 2013. Land use and management effects on soil organic matter fractions in rhodic ferralsols and haplic arenosols in Bindura and Shamva districts of Zimbabwe. Geoderma, 209: 262-272.

Nichols KA. 2003. Characterization of glomalin, a glycoprotein produced by arbuscular mycorrhizal fungi. Digital Repository at the University of Maryland: University of Maryland, Doctor.

Niedźwiecki E. 1984. Zmiany cech morfologicznych i właściwości gleb uprawnych na tle odpowiadających im gleb leśnych na Pomorzu Szczecińskim: Wydaw. Akademii Rolniczej.

Nosetto MD, Jobbágy EG, Brizuela AB, Jackson RB. 2012. The hydrologic consequences of land cover change in central Argentina. Agriculture, Ecosystems & Environment, 154: 2-11.

Olszewska M, Smal H. 2008. The effect of afforestation with Scots pine (*Pinus silvestris* L.) of sandy post-arable soils on their selected properties. Ⅰ. Physical and sorptive properties. Plant and Soil, 305: 157-169.

Panda H. 2011. Manufacture of Biofertilizer and Organic Farming. New Delhi: Asia Pacific Business Press Inc.

Paul KI, Polglase PJ, Nyakuengama JG, Khanna PK. 2002. Change in soil carbon following afforestation. Forest Ecology and Management, 168: 241-257.

Pernes-Debuyser A, Pernes M, Velde B, Tessier D. 2003. Soil mineralogy evolution in the INRA 42 plots experiment (Versailles, France). Clays and Clay Minerals, 51: 577-584.

Piao SL, Fang JY, Ciais P, Peylin P, Huang Y, Sitch S, Wang T. 2009. The carbon balance of terrestrial ecosystems in China. Nature, 458: 1009-1013.

Powers RF, Scott DA, Sanchez FG, Voldseth RA, Page Dumroese D, Elioff JD, Stone DM. 2005. The North American long-term soil productivity experiment: findings from the first decade of research. Forest Ecology and Management, 220: 31-50.

Rastetter EB, Gren GI, Shaver GR. 1997. Responses of N-limited ecosystems to increased CO_2: a balanced-nutrition, coupled-element-cycles model. Ecological Applications, 7: 444-460.

Reich PB, Hungate BA, Luo YQ. 2006. Carbon-nitrogen interactions in terrestrial ecosystems in response to rising atmospheric carbon dioxide. Annual Review of Ecology, Evolution, and Systematics: 611-636.

Resh SC, Binkley D, Parrotta JA. 2002. Greater soil carbon sequestration under nitrogen-fixing trees

compared with *Eucalyptus* species. Ecosystems, 5: 217-231.
Rillig MC. 2004. Arbuscular mycorrhizae and terrestrial ecosystem processes. Ecology Letters, 7: 740-754.
Rillig MC, Allen MF. 1999. What is the role of arbuscular mycorrhizal fungi in plant-to-ecosystem responses to elevated atmospheric CO_2? Mycorrhiza, 9: 1-8.
Rillig MC, Maestre FT, Lamit LJ. 2003a. Microsite differences in fungal hyphal length, glomalin, and soil aggregate stability in semiarid Mediterranean steppes. Soil Biology and Biochemistry, 35: 1257-1260.
Rillig MC, Ramsey PW, Morris S, Paul EA. 2003b. Glomalin, an arbuscular-mycorrhizal fungal soil protein, responds to land-use change. Plant and Soil, 253: 293-299.
Rillig MC, Wright SF, Eviner VT. 2002. The role of arbuscular mycorrhizal fungi and glomalin in soil aggregation: comparing effects of five plant species. Plant and Soil, 238: 325-333.
Rillig MC, Wright SF, Nichols KA, Schmidt WF, Torn MS. 2001. Large contribution of arbuscular mycorrhizal fungi to soil carbon pools in tropical forest soils. Plant and Soil, 233: 167-177.
Ritter E. 2007. Carbon, nitrogen and phosphorus in volcanic soils following afforestation with native birch(*Betula pubescens*)and introduced larch(*Larix sibirica*)in Iceland. Plant and Soil, 295: 239-251.
Rosier CL, Piotrowski JS, Hoye AT, Rillig MC. 2008. Intraradical protein and glomalin as a tool for quantifying arbuscular mycorrhizal root colonization. Pedobiologia, 52: 41-50.
Ryals R, Kaiser M, Torn MS, Berhe AA, Silver WL. 2014. Impacts of organic matter amendments on carbon and nitrogen dynamics in grassland soils. Soil Biology and Biochemistry, 68: 52-61.
Ryan MG, Stape JL, Binkley D, Fonseca S, Loos RA, Takahashi EN, Silva CR, Silva SR, Hakamada RE, Ferreira JM, Lima AMN, Gava JL, Leite FP, Andrade HB, Alves JM, Silva GGC. 2010. Factors controlling *Eucalyptus* productivity: how water availability and stand structure alter production and carbon allocation. Forest Ecology and Management, 259: 1695-1703.
Sauer TJ, James DE, Cambardella CA, Hernandez-Ramirez G. 2012. Soil properties following reforestation or afforestation of marginal cropland. Plant and Soil, 360: 375-390.
Schindler FV, Mercer EJ, Rice JA. 2007. Chemical characteristics of glomalin-related soil protein (GRSP) extracted from soils of varying organic matter content. Soil Biology and Biochemistry, 39: 320-329.
Sierra M, Martínez F, Verde R, Martín F, Macías F. 2013. Soil-carbon sequestration and soil-carbon fractions, comparison between poplar plantations and corn crops in south-eastern Spain. Soil and Tillage Research, 130: 1-6.
Singh BK, Walker A, Morgan JW, Wright DJ. 2004. Biodegradation of chlorpyrifos by *Enterobacter* strain B-14 and its use in bioremediation of contaminated soils. Applied and Environmental Microbiology, 70: 4855-4863.
Six J, Jastrow JD. 2002. Organic Matter Turnover. Encyclopedia of Soil Science. New York: Marcel Dekker: 936-942.
Smal H, Olszewska M. 2008. The effect of afforestation with Scots pine (*Pinus silvestris* L.) of sandy post-arable soils on their selected properties. Ⅱ. Reaction, carbon, nitrogen and phosphorus. Plant and Soil, 305: 171-187.
Song XZ, Peng CH, Zhou GM, Jiang H, Wang WF. 2014. Chinese grain for green program led to highly increased soil organic carbon levels: a meta-analysis. Scientific Reports, 4: 4460.

Song YC, Li XL, Feng G, Zhang FS. 2000. A simple demonstration of acid phosphatase activity in the mycorrhizal sphere and hyphal sphere. Chinese Science Bulletin, 50: 187-191.

Sparks DL, Page AL, Helmke PA, Helmke PA, Loeppert RH, Soltanpour PN, Tabatabai MA, Johnston CT, Sumner ME. 1996. Methods of soil analysis. Part 3-Chemical methods. Madison, Wisconsin Soil Science Society of America Inc.

Stewart-Ornstein J, Hitchcock AP, Hernández Cruz D, Henklein P, Overhage J, Hilpert K, Hale JD, Hancock RE. 2007. Using intrinsic X-ray absorption spectral differences to identify and map peptides and proteins. The Journal of Physical Chemistry B, 111: 7691-7699.

Stockmann U, Adams MA, Crawford JW, Fielda DJ, Henakaarchchia N, Jenkinsa M, Minasna B, McBratneya AB, de Courcellesa VR, Singha K, Wheelera I, Abbottb L, Angersc DA, Baldockd J, Birde M, Brookesf PC, Chenug C, Jastrowh JD, Lali R, Lehmannj J, O'Donnellk AJ, Partonl WJ. 2013. The knowns, known unknowns and unknowns of sequestration of soil organic carbon. Agriculture, Ecosystems & Environment, 164: 80-99.

Sun B, Zhou SL, Zhao QG. 2003. Evaluation of spatial and temporal changes of soil quality based on geostatistical analysis in the hill region of subtropical China. Geoderma, 115: 85-99.

Tao FL, Yokozawa M, Liu JY, Zhang Z. 2008. Climate-crop yield relationships at provincial scales in China and the impacts of recent climate trends. Climate Research, 38: 83-94.

Teklay T, Chang SX. 2008. Temporal changes in soil carbon and nitrogen storage in a hybrid poplar chronosequence in northern Alberta. Geoderma, 144: 613-619.

Tripathi R, Nayak A, Bhattacharyya P, Shuklab AK, Shahida M, Rajaa R, Pandaa BB, Mohantya S, Kumara A, Thilagama VK. 2014. Soil aggregation and distribution of carbon and nitrogen in different fractions after 41years long-term fertilizer experiment in tropical rice-rice system. Geoderma, 213: 280-286.

Trumbore SE. 1997. Potential responses of soil organic carbon to global environmental change. Proceedings of the National Academy of Sciences, 94: 8284-8291.

Vågen TG, Walsh MG, Shepherd KD. 2006. Stable isotopes for characterisation of trends in soil carbon following deforestation and land use change in the highlands of Madagascar. Geoderma, 135: 133-139.

Vasconcellos RLF, Bonfim JA, Baretta D, Cardoso EJBN. 2013. Arbuscular mycorrhizal fungi and glomalin-related soil protein as potential indicators of soil quality in a recuperation gradient of the atlantic forest in Brazil. Land Degradation & Development: 10.

Velde B, Peck T. 2002. Clay mineral changes in the Morrow experimental plots, University of Illinois. Clays and Clay Minerals, 50: 364-370.

Verboom WH, Pate JS. 2006. Bioengineering of soil profiles in semiarid ecosystems: the 'phytotarium'concept. A review. Plant and Soil, 289: 71-102.

Vohland M, Besold J, Hill J, Fründ HC. 2011. Comparing different multivariate calibration methods for the determination of soil organic carbon pools with visible to near infrared spectroscopy. Geoderma, 166: 198-205.

Wang CM, Ouyang H, Shao B, Tian YQ, Zhao JG, Xu HY. 2006. Soil carbon changes following afforestation with Olga Bay larch(*Larix olgensis* Henry)in northeastern China. Journal of Integrative Plant Biology, 48: 503-512.

Wang HM, Wang WJ, Chen H, Zhang Z, Mao Z, Zu YG. 2014a. Temporal changes of soil physic-chemical properties at different soil depths during larch afforestation by multivariate analysis of covariance. Ecology and Evolution, 4: 1039-1048.

Wang Q, Wang W. 2015. GRSP amount and compositions: importance for soil functional regulation. *In*: Barrett KD, ed. Fulvic and Humic Acids: Chemical Composition, Soil Applications and Ecological Effects. Hauppauge, NY: Nova Science Publishers, Inc.

Wang Q, Wu Y, Wang WJ, Zhong ZL, Pei ZX, Ren J, Wang HM, Zu YG. 2014b. Spatial variations in concentration, compositions of glomalin related soil protein in poplar plantations in northeastern china, and possible relations with soil physicochemical properties. The Scientific World Journal 2014.

Wang WJ, Li YH, Wang HM, Zu YG. 2014c. Differences in the activities of eight enzymes from ten soil fungi and their possible influences on the surface structure, functional groups, and element composition of soil colloids. PLoS One, 9: e111740.

Wang WJ, He HS, Zu YG, Guan Y, Liu ZG, Zhang ZH, Xu HN, Yu XY. 2011a. Addition of HPMA affects seed germination, plant growth and properties of heavy saline-alkali soil in northeastern China: comparison with other agents and determination of the mechanism. Plant and Soil, 339: 177-191.

Wang WJ, Qiu L, Zu YG, Su DX, An J, Wang HY, Zheng GY, Sun W, Chen XQ. 2011b. Changes in soil organic carbon, nitrogen, pH and bulk density with the development of larch(*Larix gmelinii*)plantations in China. Global Change Biology, 17: 2657-2676.

Wang YQ, Shao MA, Zhu YJ, Liu ZP. 2011c. Impacts of land use and plant characteristics on dried soil layers in different climatic regions on the Loess Plateau of China. Agricultural and Forest Meteorology, 151: 437-448.

Wang ZQ, Liu BY, Wang XY, Gao XF, Liu G. 2009. Erosion effect on the productivity of black soil in Northeast China. Science in China Series D: Earth Sciences, 52: 1005-1021.

Wardle DA, Bardgett RD, Klironomos JN, Setälä H, van der Putten WH, Wall DH. 2004. Ecological linkages between aboveground and belowground biota. Science, 304: 1629-1633.

Wei X, Li X, Jia X, Shao M. 2012a. Accumulation of soil organic carbon in aggregates after afforestation on abandoned farmland. Journal Biology and Fertility of Soils, 49: 637-646.

Wei XR, Huang LQ, Xiang YF, Shao MG, Zhang XC, Gale W. 2014. The dynamics of soil OC and N after conversion of forest to cropland. Agricultural and Forest Meteorology, 194: 188-196.

Wei XR, Li XZ, Jia XX, Shao MG. 2013. Accumulation of soil organic carbon in aggregates after afforestation on abandoned farmland. Biology and Fertility of Soils, 49: 637-646.

Wei XR, Qiu LP, Shao MG, Zhang XC, Gale WJ. 2012b. The accumulation of organic carbon in mineral soils by afforestation of abandoned farmland. PLoS One, 7: e32054.

Woignier T, Etcheverria P, Borie F, Quiquampoix H, Staunton S. 2014. Role of allophanes in the accumulation of glomalin-related soil protein in tropical soils(Martinique, French West Indies). European Journal of Soil Science, 65: 531-538.

Wright SF. 2000. A fluorescent antibody assay for hyphae and glomalin from arbuscular mycorrhizal fungi. Plant and Soil, 226: 171-177.

Wright SF, Franke-Snyder M, Morton JB, Upadhyaya A. 1996. Time-course study and partial characterization of a protein on hyphae of arbuscular mycorrhizal fungi during active colonization of roots. Plant and Soil, 181: 193-203.

Wright SF, Starr JL, Paltineanu IC. 1999. Changes in aggregate stability and concentration of glomalin during tillage management transition. Soil Science Society of America Journal, 63:

1825-1829.

Wright SF, Upadhyaya A. 1996. Extraction of an abundant and unusual protein from soil and comparison with hyphal protein of arbuscular mycorrhizal fungi. Soil Science, 161: 575-586.

Wright SF, Upadhyaya A. 1998. A survey of soils for aggregate stability and glomalin, a glycoprotein produced by hyphae of arbuscular mycorrhizal fungi. Plant and Soil, 198: 97-107.

Wright SF, Upadhyaya A, Buyer JS. 1998. Comparison of N-linked oligosaccharides of glomalin from arbuscular mycorrhizal fungi and soils by capillary electrophoresis. Soil Biology and Biochemistry, 30: 1853-1857.

Wu FS, Dong MX, Liu YJ, Ma XJ, An LZ, Young JPW, Feng HY. 2011. Effects of long-term fertilization on AM fungal community structure and glomalin-related soil protein in the Loess Plateau of China. Plant and Soil, 342: 233-247.

Wu QS, Li Y, Zou YN, He XH. 2015. Arbuscular mycorrhiza mediates glomalin-related soil protein production and soil enzyme activities in the rhizosphere of trifoliate orange grown under different P levels. Mycorrhiza, 25: 121-130.

Wu Y, Wang WJ. 2016. Poplar forests in NE China and possible influences on soil properties: ecological importance and sustainable development. *In*: Desmond M, ed. Poplars & Willows, Cultivation, Applications & Environmental Benefits. Hauppauge: NY Novapublishers: 1-28.

Yang F, Yao ZF, Liu XT, Yan MH. 2013. Assessment of grain production potential in Songnen Plain and relevant suggestions. Agricultural Research in the Arid Areas, 3: 34.

Yao HD, Zhao WC, Zhao X, Fan RF, Ahmed Khoso P, Zhang ZW, Liu W, Xu SW. 2014. Selenium deficiency mainly influences the gene expressions of antioxidative selenoproteins in chicken muscles. Biological Trace Element Research, 161: 318-327.

Zeng X, Zhang W, Cao J, Liu X, Shen H, Zhao X. 2014. Changes in soil organic carbon, nitrogen, phosphorus, and bulk density after afforestation of the "Beijing-Tianjin Sandstorm Source Control" program in China. Catena, 118: 186-194.

Zhang K, Dang H, Zhang Q, Cheng X. 2015. Soil carbon dynamics following land-use change varied with temperature and precipitation gradients: evidence from stable isotopes. Glob Chang Biol, 21(7): 2762-2772.

Zhang PC, Shao GF, Zhao G, Le Master DC, Parker GR, Dunning Jr JB, Li QL. 2000. China's forest policy for the 21st century. Science, 288: 2135-2136.

Zhang XK, Wu X, Zhang SX, Xing YH, Wang R, Liang WJ. 2014. Organic amendment effects on aggregate-associated organic C, microbial biomass C and glomalin in agricultural soils. Catena, 123: 188-194.

Zhang XQ, Kirschbaum MUF, Hou ZH, Guo ZH. 2004. Carbon stock changes in successive rotations of Chinese fir (*Cunninghamia lanceolata* (lamb) hook) plantations. Forest Ecology and Management, 202: 131-147.

Zhao Y, Peth S, Krümmelbein J, Horn R, Wang ZY, Steffens M, Hoffmann C, Peng XH. 2007. Spatial variability of soil properties affected by grazing intensity in Inner Mongolia grassland. Ecological Modelling, 205: 241-254.

Zhao YS. 2002. Study on specifications of farmland shelterbelt net in Northeastern Plain of China. Journal of Forestry Research, 13: 289-293.

Zhou GY, Wei XH, Chen XZ, Zhou P, Liu XD, Xiao Y, Sun G, Scott DF, Zhou SYD, Han LS, Sun YX. 2015. Global pattern for the effect of climate and land cover on water yield. Nat Commun, 6(3):

5918.

Zhu JJ. 2013. A review of the present situation and future prospect of science of protective forest. Chinese Journal of Plant Ecology, 37: 872-888.

Zhu YG, Miller RM. 2003. Carbon cycling by arbuscular mycorrhizal fungi in soil-plant systems. Trends in Plant Science, 8: 407-409.

Zimmermann M, Leifeld J, Schmidt MWI, Smith P, Fuhrer J. 2007. Measured soil organic matter fractions can be related to pools in the RothC model. European Journal of Soil Science, 58: 658-667.

Zubavichus Y, Shaporenko A, Grunze M, Zharnikov M. 2008. Is X-ray absorption spectroscopy sensitive to the amino acid composition of functional proteins? The Journal of Physical Chemistry B, 112: 4478-4480.

附　　录

附录 1　松嫩平原研究区样地地理位置信息

附表 1　松嫩平原研究区 72 个样地地理位置信息

地点	样地号	经度 E	纬度 N	海拔/m
兰陵	1	126°13′05″	45°13′46″	426
	2	126°13′38″	45°13′13″	430
	3	126°13′50″	45°13′33″	312
	4	126°13′38″	45°13′13″	430
	5	126°15′47″	45°16′19″	374
	6	126°15′47″	45°16′19″	374
	7	126°15′59″	45°17′30″	446
	8	126°18′37″	45°18′08″	340
	9	126°18′41″	45°18′25″	340
	10	126°18′37″	45°18′08″	340
	11	126°18′36″	45°18′34″	350
	12	126°16′33″	45°16′55″	414
肇东	13	125°36′30″	46°19′00″	136
	14	125°39′35″	46°16′23″	155
	15	125°38′36″	46°16′24″	154
	16	125°38′6″	46°16′23″	170
	17	125°38′17″	46°16′20″	168
	18	125°38′26″	46°14′37″	170
	19	125°37′24″	46°16′54″	159
	20	125°37′10″	46°16′53″	177
	21	125°35′10″	46°15′16″	175
	22	125°35′12″	46°15′10″	180
	23	125°35′13″	46°15′19″	172
	24	125°37′14″	46°15′53″	175

续表

地点	样地号	经度 E	纬度 N	海拔/m
杜蒙	25	124°28′38″	46°53′59″	136
	26	124°27′36″	46°15′11″	146
	27	124°29′23″	46°52′50″	151
	28	124°29′59″	46°55′03″	160
	29	124°30′08″	46°53′25″	142
	30	124°28′49″	46°53′25″	144
	31	124°24′44″	46°49′24″	143
	32	124°24′33″	46°49′12″	152
	33	124°29′47″	46°50′08″	145
	34	124°28′27″	46°50′46″	148
	35	124°28′44″	46°56′05″	153
	36	124°29′16″	46°53′57″	144
肇州	37	125°12′29″	45°42′07″	154
	38	125°12′35″	45°42′16″	161
	39	125°12′40″	45°42′33″	152
	40	125°12′32″	45°42′10″	147
	41	125°58′33″	45°48′51″	144
	42	124°55′47″	45°49′25″	135
	43	125°55′37″	45°49′26″	149
	44	125°11′13″	45°44′02″	135
	45	125°01′34″	45°44′04″	151
	46	125°01′36″	45°43′41″	143
	47	125°04′32″	45°42′34″	143
	48	125°07′55″	45°41′55″	149
富裕	49	124°49′10″	47°39′32″	155
	50	124°48′15″	47°40′20″	160
	51	124°49′12″	47°39′34″	166
	52	124°50′02″	47°38′47″	146
	53	124°49′28″	47°38′55″	155
	54	124°49′00″	47°39′54″	171
	55	124°49′01″	47°38′53″	146
	56	124°49′53″	47°38′45″	160
	57	124°49′53″	47°39′42″	160
	58	124°51′28″	47°38′55″	159
	59	124°50′53″	47°37′58″	157
	60	124°51′25″	47°37′07″	160

续表

地点	样地号	经度 E	纬度 N	海拔/m
明水	61	125°58′30″	47°10′31″	267
	62	125°58′32″	47°10′31″	267
	63	125°57′53″	47°09′58″	263
	64	125°58′00″	47°09′55″	248
	65	125°58′44″	47°10′07″	270
	66	125°58′58″	47°10′04″	261
	67	125°58′29″	47°09′58″	264
	68	125°58′35″	47°10′41″	256
	69	125°57′39″	47°13′12″	260
	70	125°57′26″	47°13′39″	248
	71	125°57′40″	47°13′14″	249
	72	125°58′41″	47°10′49″	251

附录 2　松嫩平原研究区配对样地及土壤剖面图片信息

（扫描封底二维码可见彩图）

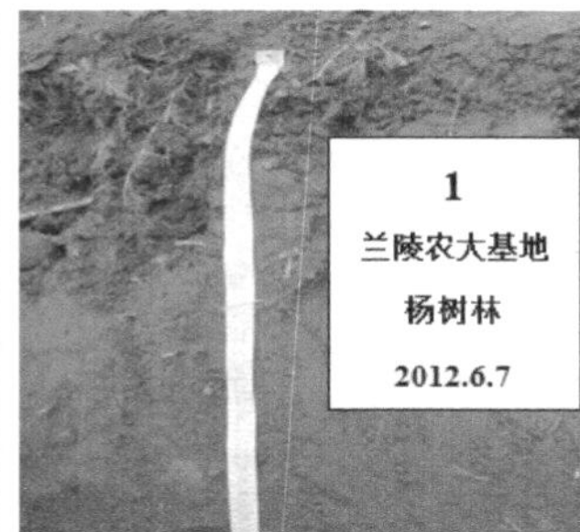

样地 1

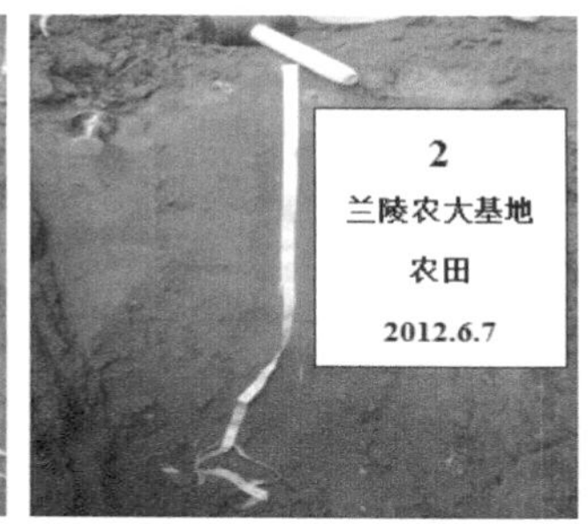

样地 2

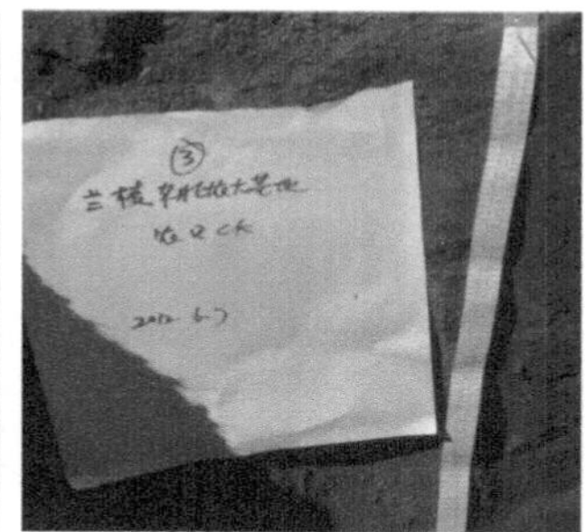

样地 3

样地 4

样地 5

样地 6

样地 7

样地 8

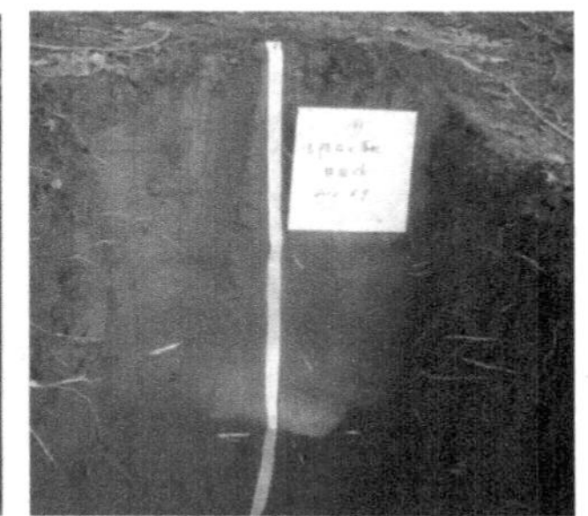

样地 9

样地 10

样地 11

样地 12

附图 1　兰陵地区杨树及农田配对样地与土壤剖面

样地 13

样地 14

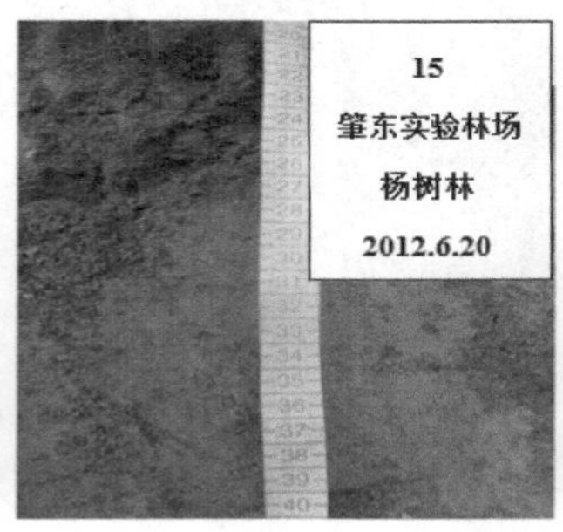

样地 15

样地 16

样地 17

样地 18

样地 19

样地 20

样地 21

样地 22

样地 23

样地 24

附图 2　肇东地区杨树及农田配对样地与土壤剖面

样地 25

样地 26

样地 27

样地 28

样地 29

样地 30

样地 31

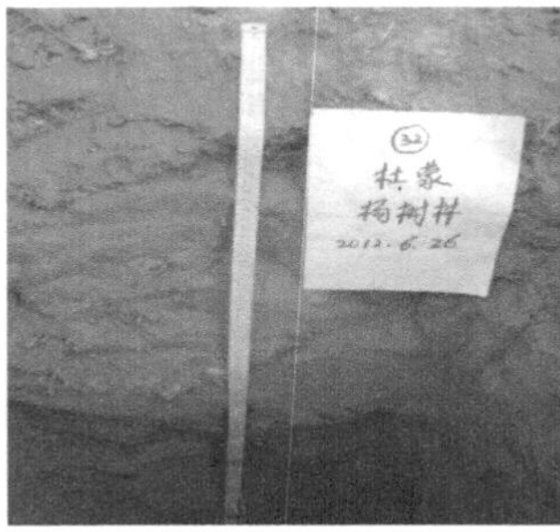

样地 32

样地 33

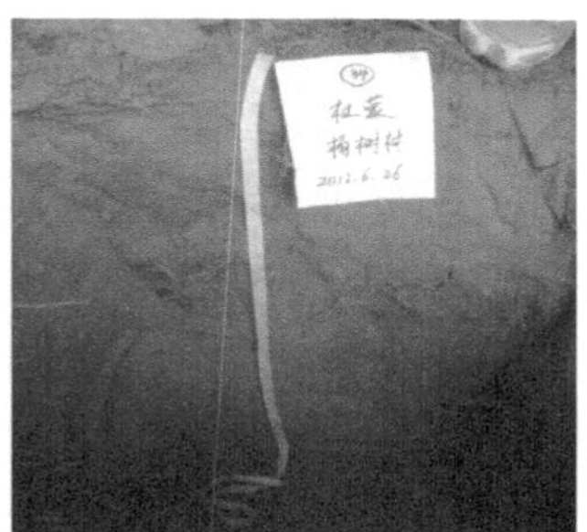

样地 34

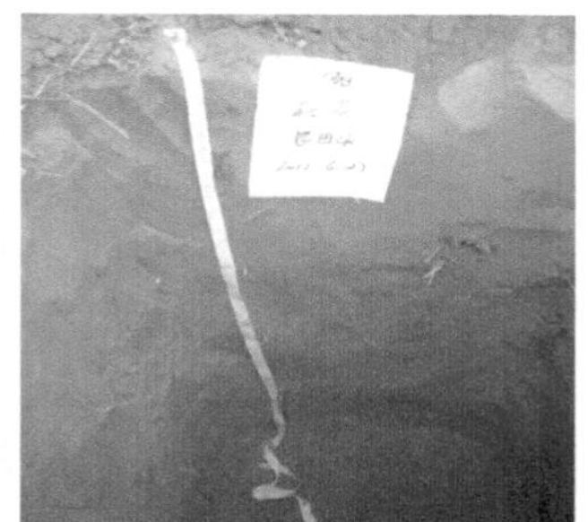

样地 35

样地 36

附图 3　杜蒙地区杨树及农田配对样地与土壤剖面

样地 37

样地 38

样地 39

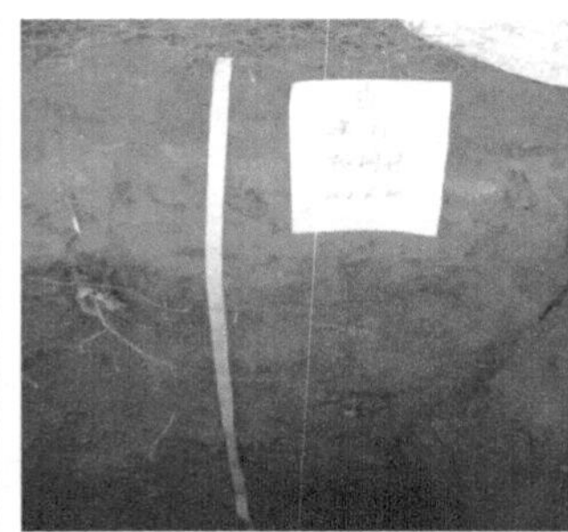

样地 40

样地 41

样地 42

样地 43

样地 44

样地 45

样地 46

样地 47

样地 48

附图 4　肇州地区杨树及农田配对样地与土壤剖面

样地 49

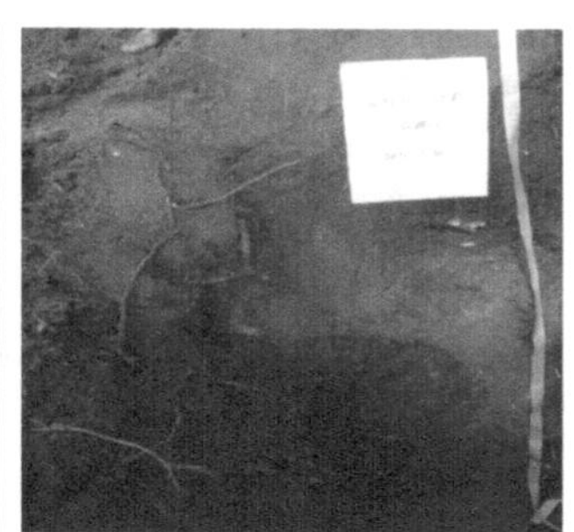

样地 50

样地 51

样地 52

样地 53

样地 54

样地 55

样地 56

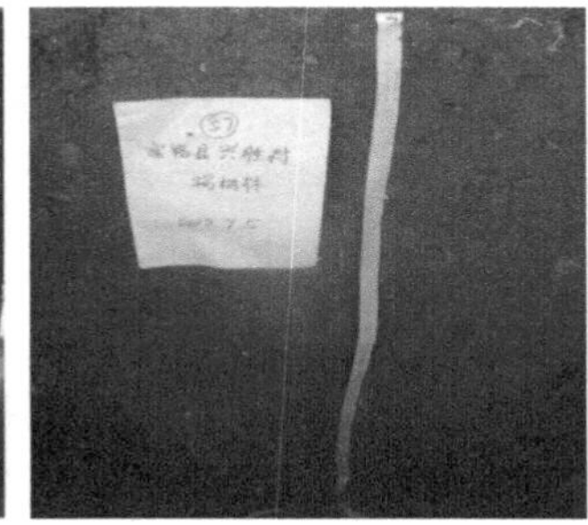
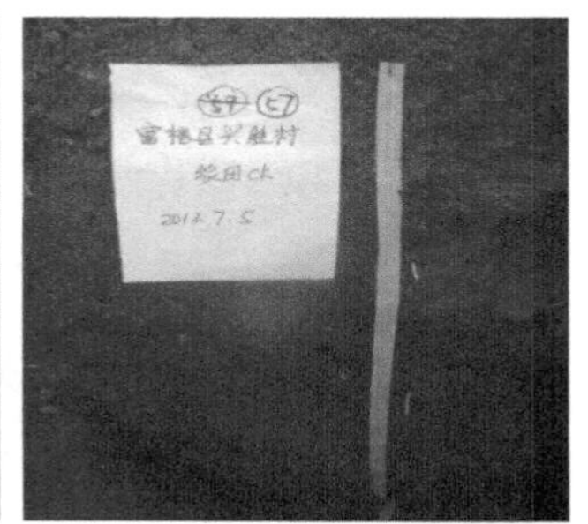

样地 57

样地 58

样地 59

样地 60

附图 5　富裕地区杨树及农田配对样地与土壤剖面

样地 61

样地 62

样地 63

样地 64

样地 65

样地 66

样地 67

样地 68

样地 69

样地 70

样地 71

样地 72

附图 6　明水地区杨树及农田配对样地与土壤剖面

编　后　记

《博士后文库》（以下简称《文库》）是汇集自然科学领域博士后研究人员优秀学术成果的系列丛书。《文库》致力于打造专属于博士后学术创新的旗舰品牌，营造博士后百花齐放的学术氛围，提升博士后优秀成果的学术和社会影响力。

《文库》出版资助工作开展以来，得到了全国博士后管委会办公室、中国博士后科学基金会、中国科学院、科学出版社等有关单位领导的大力支持，众多热心博士后事业的专家学者给予积极的建议，工作人员做了大量艰苦细致的工作。在此，我们一并表示感谢！

《博士后文库》编委会